New Media 新媒体·新传播·新运营 系列丛书

短视频创作 微课版

林亮景 佟玲 / 主编　田英伟 宋晓晴 / 副主编

人 民 邮 电 出 版 社
北　京

图书在版编目（CIP）数据

短视频创作 ： 微课版 / 林亮景，佟玲主编. -- 北京 ： 人民邮电出版社，2021.8（2024.6 重印）
（新媒体·新传播·新运营系列丛书）
ISBN 978-7-115-56587-7

Ⅰ. ①短… Ⅱ. ①林… ②佟… Ⅲ. ①视频制作 Ⅳ. ①TN948.4

中国版本图书馆CIP数据核字(2021)第101472号

内 容 提 要

本书以短视频创作的理论和技术为基础，采用理论与实践结合的方式，通过大量短视频创作的案例来讲解短视频创作的方法，并结合实际操作讲解和微课视频演示的方式帮助读者提升短视频创作能力。

本书共 6 章，主要包括认识短视频、短视频策划与拍摄筹备、短视频拍摄、短视频剪辑、短视频手机拍摄与剪辑、短视频案例分析与实训等内容。

本书适合作为本科院校、高职院校及成人教育院校的影视编辑、摄影摄像及新媒体等相关专业的教材，也可作为从事短视频或摄影摄像等工作人员的参考书。

◆ 主　　编　林亮景　佟　玲
副 主 编　田英伟　宋晓晴
责任编辑　楼雪樵
责任印制　王　郁　焦志炜

◆ 人民邮电出版社出版发行　　北京市丰台区成寿寺路 11 号
邮编　100164　　电子邮件　315@ptpress.com.cn
网址　https://www.ptpress.com.cn
优奇仕印刷河北有限公司印刷

◆ 开本：700×1000　1/16
印张：16　　　　2021 年 8 月第 1 版
字数：371 千字　　　　2024 年 6 月河北第 8 次印刷

定价：69.80 元

读者服务热线：(010)81055256　印装质量热线：(010)81055316
反盗版热线：(010)81055315
广告经营许可证：京东市监广登字 20170147 号

前言

Preface

党的二十大报告指出，加快发展数字经济，促进数字经济与实体经济深度融合，打造具有国际竞争力的数字产业集群。新媒体将是发展数字经济的有力支撑。

短视频已经完全融入了人们的生活，成为人们记录、传播和交流的重要工具。无论是时事新闻、人物故事，还是商业宣传、旅游风景，抑或是美食美妆、家庭琐事，都能通过短视频的形式展示。随着各大短视频平台的日益火爆，众多企业逐渐意识到短视频在网络营销方面起到的重要作用，这进一步助推了短视频行业的发展。因此，无论是出于个人兴趣，还是出于商业营销的需要，短视频创作、拍摄和制作都是十分重要的技能。在这样的背景下，编者总结了短视频脚本创作、拍摄和剪辑的实践经验，结合当前短视频行业的发展，编写了本书。

本书特点

本书内容新颖，难度适当。在内容上，本书从基础理论出发，介绍了短视频的发展，然后按照短视频设计与制作的流程，逐步推进，分别介绍了短视频筹备、策划、拍摄、剪辑等相关内容，最后还选择了一些经典的短视频案例进行分析。

本书具有以下几个特点。

（1）每章的内容安排和结构设计都考虑了从事短视频行业和对短视频感兴趣的读者的实际需要，具有实用性和条理性。

（2）本书除了介绍如何策划、拍摄与制作短视频外，还介绍了短视频制作流程中的器材选择、构图、选景，以及灯光配置等，全方位解决读者在短视频拍摄和制作上的问题。

（3）本书在阐述理论的同时，结合了短视频案例分析。这些案例均来自网络，且受到一致好评，具有很强的参考性，可以帮助读者掌握不同类型短视频内容的设计方法。

（4）本书穿插“小贴士”栏目，每章末还提供“课后实操”，不仅解决了读者学习短视频创作过程中可能遇到的各种问题，还能让读者学到的知识更加全面、新颖。

（5）本书针对一些实例及操作步骤录制了讲解视频，读者可以扫描对应二维码观看。配套视频一起学习有助于熟悉具体的操作过程，掌握得更扎实。

前言

Preface

【例5-2】利用变速功能制作旅行类短视频。

下面就利用剪映的变速功能制作旅行类短视频，并添加一些特效、滤镜和背景来增强短视频的视觉效果，其具体操作步骤如下。

① 在手机中点击剪映App的图标，打开剪映主界面，点击“开始创作”按钮，打开视频选择界面，点击选择视频素材（配套资源：\素材文件\第5章\变速.mp4），点击“添加”按钮。

扫描二维码查看实例的同步讲解视频

配套资源

本书提供了丰富的配套资源和教学资源，读者在人邮教育社区（www.ryjiaoyu.com）搜索本书书名，即可下载以下资源。

● 素材和效果文件：提供正文讲解、课后实操及实训中所有实例的素材和效果文件。

● 教学资源：提供与教材配套的精美PPT、教学教案、教学大纲和教学题库软件等资源，以帮助教师更好地开展教学活动。

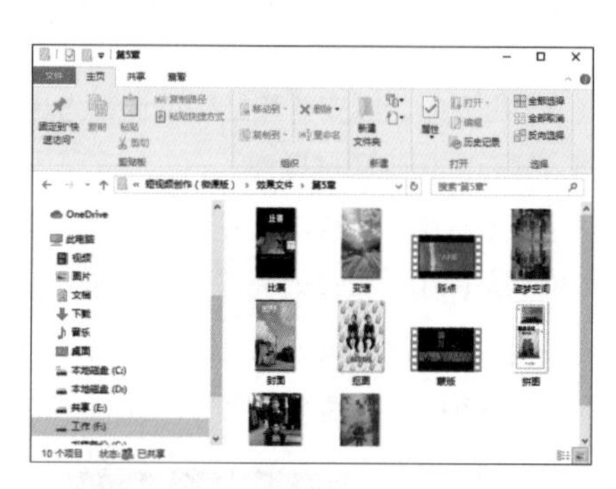

约定

本书案例素材文件所在位置表示方式：\素材文件\章号\素材文件名，如“\素材文件\第5章\变速.mp4”。

本书案例效果文件所在位置表示方式：\效果文件\章号\效果文件名，如“\效果文件\第4章\调色. prproj”。

由于编者水平有限，书中难免存在疏漏之处，敬请广大读者、专家给予批评指正。

编 者

2023年5月

目录

Contents

第1章　认识短视频 ………… 1

1.1　短视频概述 ………… 2

1.1.1　短视频的发展历程 ………… 2

1.1.2　短视频火爆的原因 ………… 3

1.1.3　短视频的发展趋势 ………… 7

1.1.4　短视频平台 ………… 8

1.1.5　短视频的分类 ………… 11

1.2　短视频创作的流程 ………… 16

1.2.1　策划与筹备阶段 ………… 16

1.2.2　拍摄阶段 ………… 16

1.2.3　剪辑阶段 ………… 17

1.3　短视频团队的组建 ………… 18

1.3.1　团队成员的基本要求 ………… 18

1.3.2　团队岗位设置及类型 ………… 19

1.3.3　短视频团队的运作 ………… 22

1.4　课后实操——学习MCN搭建美妆类短视频团队的流程 ………… 26

第2章　短视频策划与拍摄筹备 ………… 29

2.1　短视频策划 ………… 30

2.1.1　定位用户类型 ………… 30

2.1.2　定位内容方向 ………… 33

2.1.3　确定短视频的风格和形式 ………… 38

2.2　短视频脚本撰写 ………… 41

2.2.1　短视频脚本的功能与写作思路 ………… 41

2.2.2　撰写提纲脚本和文学脚本 ………… 44

2.2.3　撰写分镜头脚本 ………… 47

2.2.4　撰写短视频脚本的技巧 ………… 49

2.3　短视频拍摄筹备 ………… 51

2.3.1　摄影摄像器材 ………… 51

2.3.2　辅助器材 ………… 57

2.3.3　场景和道具 ………… 62

2.3.4　导演和演员 ………… 65

2.3.5　预算 ………… 65

2.4　课后实操——撰写剧情类短视频《星星》的分镜头脚本 ………… 66

目录
Contents

第3章　短视频拍摄 69

3.1　景别设置和拍摄方法 70

3.1.1　远景 70
3.1.2　全景 73
3.1.3　中景 75
3.1.4　近景 77
3.1.5　特写 78

3.2　短视频的构图方式 80

3.2.1　短视频构图的目的和要求 80
3.2.2　影视构图方式 81
3.2.3　突出拍摄主体的构图方式 83
3.2.4　拓展视觉空间的构图方式 84
3.2.5　提升视觉冲击力的构图方式 84

3.3　镜头运用 86

3.3.1　固定镜头 86
3.3.2　运动镜头 89
3.3.3　主客观镜头 94
3.3.4　艺术表现镜头 95
3.3.5　其他常用镜头 96

3.4　现场录音与布光 99

3.4.1　常用的录音方式 99
3.4.2　现场录音的常用技巧 101
3.4.3　现场布光 102
3.4.4　布光技巧 106

3.5　课后实操——拍摄剧情类短视频《星星》 107

第4章　短视频剪辑 111

4.1　剪辑基础 112

4.1.1　常用的剪辑手法 112
4.1.2　转场的剪辑技巧 114
4.1.3　滤镜的添加技巧 117
4.1.4　特效的制作技巧 119

4.2　调色 123

4.2.1　调色的基本目的 123
4.2.2　调色的基本流程 123
4.2.3　不同风格的色彩调制 128

4.3　处理音频 131

4.3.1　音画分离 131

目录

Contents

4.3.2 消除噪声 ……131

4.3.3 收集和制作各种音效 …133

4.3.4 设置背景音乐 ……134

4.4 制作后期效果 …… 136

4.4.1 制作字幕 ……136

4.4.2 制作封面和片尾 ……139

4.4.3 视频打码 ……144

4.5 课后实操——剪辑剧情类短视频《星星》 …… 146

第5章 短视频手机拍摄与剪辑 …… 153

5.1 手机拍摄的辅助器材 …… 154

5.1.1 自拍杆……154

5.1.2 固定支架 ……156

5.1.3 手机云台 ……157

5.1.4 外接镜头 ……159

5.2 手机拍摄短视频 …… 161

5.2.1 手机拍摄短视频的注意事项 ……161

5.2.2 手机拍摄App ……162

5.3 手机剪辑短视频 …… 168

5.3.1 常用的短视频剪辑App ……168

5.3.2 手机剪辑短视频的思路 ……170

5.3.3 手机剪辑短视频的进阶功能 ……173

5.4 手机处理图片 …… 181

5.4.1 去除水印 ……181

5.4.2 抠图 ……182

5.4.3 拼图 ……184

5.4.4 应用模板制作图片……185

5.4.5 制作封面图片 ……186

5.5 课后实操——手机拍摄和剪辑短视频《比赛》 …… 188

目录

Contents

第6章　短视频案例分析与实训 …… 197

6.1　手机大片短视频 …… 198

6.1.1　手机拍摄的青春大片《泳往春天》 …… 198

6.1.2　实训：使用手机拍摄短视频《小确幸》 …… 202

6.2　微电影短视频 …… 210

6.2.1　温情三幕剧微电影《啥是佩奇》 …… 210

6.2.2　实训：创作微电影短视频《父母的世界》 …… 213

6.3　抖音短视频 …… 223

6.3.1　萌宠类短视频《邻家护士》 …… 223

6.3.2　实训：创作搞笑类短视频《老板》 …… 224

6.4　商品短视频 …… 232

6.4.1　商品短视频《放肆吃到饱》 …… 232

6.4.2　实训：创作商品短视频《童装》 …… 234

6.5　课后实操——创作短视频《英雄》 …… 241

第 1 章 认识短视频

随着移动通信技术的发展以及智能手机的普及，拍摄和观看短视频已经成为人们日常生活中非常重要的一项活动。人们通过观看短视频了解时事、娱乐休闲，同时也将自己的生活趣事拍成短视频分享到网上，甚至很多短视频内容的创作者还通过分享短视频获得了经济收益。本章介绍短视频的相关知识，帮助读者了解和认识短视频，为后面学习短视频的策划、拍摄和制作打下坚实的基础。

学习目标

- 了解短视频的发展历程、火爆原因和发展前景。
- 熟悉短视频的主流平台和内容分类。
- 掌握短视频的创作流程。
- 熟悉短视频团队的组建。
- 掌握短视频团队的运作。

1.1 短视频概述

短视频通常是指在网络上播放的，在移动状态和短时休闲状态下观看的时间较短的视频，在内容上融合了技能分享、幽默搞怪、时尚潮流、社会热点、街头采访、公益教育、广告创意、商业定制等主题。下面就介绍短视频的发展历程、短视频火爆的原因、短视频的发展趋势、短视频平台和短视频的内容分类等内容，让读者进一步了解和认识短视频。

1.1.1 短视频的发展历程

《QuestMobile中国移动互联网2020半年大报告》统计数据显示，2020年6月的中国移动互联网短视频月活跃用户规模为8.52亿，这意味着短视频已经完全进入了人们的日常生活。短视频的发展主要经历了以下几个时期。

1. 萌芽时期

短视频的萌芽时期通常被认为是2013年以前，特别是2011—2012年，这一时期最具代表性的事件就是快手这一短视频平台的诞生，其Logo（标志）如图1-1所示。在这一时期，短视频用户群体较小，其喜好的短视频内容多以根据影视剧进行二次加工再创作，或者从影视综艺类节目中截取优秀片段为主。在短视频萌芽时期，人们开始意识到网络的分享特质以及视频生产门槛的降低，这为日后短视频的发展奠定了基础。

2. 探索时期

短视频的探索时期是2013—2015年，以美拍、腾讯微视、秒拍和小咖秀为代表的短视频平台逐渐进入公众的视野，其Logo如图1-2所示。短视频逐渐被广大用户接受。

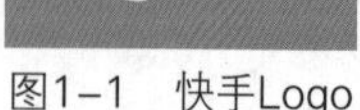

图1-1 快手Logo

图1-2 美拍、腾讯微视、秒拍和小咖秀Logo

在短视频的探索时期，随着4G移动通信技术的商业应用以及一大批专业影视制作者加入短视频内容创作者的行列，短视频在技术、硬件和内容创作者的支持下，已经被广大用户所熟悉，并表现出极强的社交性和移动性，一些优秀的短视频内容甚至提高了短视频在互联网内容形式中的地位。

3. 分水岭时期

短视频的分水岭时期是2016年，以抖音短视频（2020年9月更名为“抖音”）和西瓜视频为代表的短视频平台都在这一时期上线，其Logo如图1-3所示。

在这一时期，短视频平台投入了大量的资金补贴内容创作，从源头上激发内容创作者的创作热情，广大网络用户见识到了短视频的强大内容表现力和引流能力。短视频行业在2016年迎来了一个“爆炸式”的增长，短视频平台和内容创作者数量都在快速增长。在传播和分享短视频的同时，用户也创作出大量短视频，形成了短视频发展的良性循环。

4. 发展时期

短视频的发展时期主要是2017年，以好看视频和土豆视频为代表的短视频平台纷纷加入了短视频领域的竞争，其Logo如图1-4所示。短视频领域呈现出百花齐放的态势。

图1-3 抖音短视频和西瓜视频Logo

图1-4 好看视频和土豆视频Logo

以阿里巴巴网络技术有限公司（以下简称“阿里巴巴”）和深圳市腾讯计算机系统有限公司（以下简称“腾讯”）为首的众多互联网公司受到短视频市场巨大的发展空间以及红利的吸引，加速在短视频领域的布局，大量资金的涌入也为短视频行业的未来发展奠定了坚实的经济基础，短视频平台的用户量继续攀升。

5. 成熟时期

短视频的成熟时期是从2018年至今，这一时期的短视频出现了搞笑、音乐、舞蹈、萌宠、美食、时尚和游戏等内容垂直细分领域。另外，短视频行业发展呈现出“两超多强”（抖音、快手两大短视频平台占据大部分市场份额，其他多个短视频平台占据少量市场份额）的态势。而且，各大短视频平台也在积极探索商业盈利模式，并开发出多种变现盈利方式。这一时期的短视频行业开始逐渐规范并成熟起来，在各种政策和法规的规范下，短视频已经开始步入正规发展的道路。

↘ 1.1.2 短视频火爆的原因

人们日常生活中经常会通过移动设备在各种平台浏览大量的短视频。短视频如此受欢迎是与其自身的特点、优势，以及成熟的变现盈利模式密不可分的。

1. 短视频的特点

短视频具有一些个性化特点，包括短、低、快、强，正是这些特点让短视频更容易获得用户的青睐。

● 短：短是指短视频的内容时长短，这就有助于用户利用碎片化的时间接收其中的信息。这种简短精练且相对完整的内容形式更强调内容创作者与用户之间的互动，也非常适合做新闻报道，有利于社会整体传播效率的提高。

● 低：低是指短视频制作的成本和门槛低。首先，短视频的拍摄、剪辑和发布可以由一个人使用一部手机完成，而且短视频App的使用也很简单，用户可以轻松制作出一条特效丰富、剪辑清晰的短视频；其次，短视频的拍摄和观看对于用户时间的要求很低，使用碎片化时间即可完成。

● 快：一方面，快是指短视频的内容节奏快。由于短视频时长短，所以其内容节奏比影视剧等长视频快，能够在极短的时间内向用户完整地展示内容创作者的意图。另一方面，快是指短视频的传播速度快。短视频通过网络传播，而且具有社交属性，所以短视频通过用户的社交网络，就能够迅速在网络用户间传播。

● 强：强是指用户有很强的参与性，短视频内容创作者和观看者之间没有明确的分界线，内容创作者可以成为其他短视频的观看者，而观看者也可以创作自己的短视频。

2. 短视频的优势

与图片、文字和声音相比，短视频的表现方式更加直观且具有冲击力，能展现更加生动和丰富的内容。与长视频相比，短视频节奏快，能满足用户碎片化的信息需求，而且具备极强的互动性和社交属性；与直播相比，短视频具备更强的传播性，能够更长时间地传播和分享。这些都是短视频能够迅速获得用户认可和喜爱的原因，下面就具体介绍短视频的优势。

（1）满足移动时代碎片化的信息需求

短视频不仅符合并满足用户对于内容信息的碎片化需求，也迎合了当下用户的生活方式和思维方式。首先，用户可以利用手机等移动设备在一些零碎、分散的时间中接收内容信息，例如，上下班途中、排队等候的间隙等。其次，短视频时长较短且传递的内容信息简单直观，用户不需要进行太多的思考便能够理解内容的含义。

（2）具备极强的互动性

短视频可以直接通过App拍摄完成，然后一键发布并分享到朋友圈、微博等社交平台，从而实现用户和好友之间的互动交流。一方面，这种互动性方面的优势使得内容创作者能够通过互动获取用户对短视频内容的反馈，从而有针对性地提升短视频内容的质量；另一方面，用户可以通过互动进一步了解短视频内容的深层次含义，进一步加强对短视频内容以及内容中涉及的相关品牌和商品的理解，并发表自己的意见和见解。

（3）具有强大的社交属性

很多网络用户需要网络所提供的展示自我个性的空间，以及通过网络社交来弥补在现实生活中归属感的缺失。短视频强大的社交属性正好可以完美契合以上两种诉求。首先，短视频的内容信息能更加生动和直观地展现出来，满足了用户充分展示自己积极形象的需求。其次，用户可以对他人的短视频进行点赞、评论或跟拍，进行双向的交流，部分收到赞和评论较多的用户还有机会获得平台的推荐，从而更容易吸引其他用户的关注。

另外，短视频强大的社交属性也影响到网络社交平台的功能设计，例如，微博上线的“视频”专区以及微信推出的“视频动态”功能，如图1-5所示，其实都是在自己的网络社交平台中增加的短视频功能，这也从另一个方面表明了短视频具有强大的社交属性。

（4）具备极强的营销能力

短视频的营销能力强主要是因为用户对短视频内容的依赖不断加强，提高了短视频平台的用户留存率，大量的用户对短视频的需求从单纯的娱乐和社交转向了购物消费。此外，短视频的营销能力优势还体现在以下3个方面。

图1-5　微博的“视频”专区和微信的“视频动态”功能

- 短视频和电商的用户人群年龄分布十分相似，主流用户年龄都在25—35岁，用户群体之间的相似性能够大大提高短视频营销信息对目标用户的触达率和转化率，使短视频具备极强的营销和推广能力。
- 短视频比其他内容形式更直观和立体，可以让用户获得更真实的感受，所以，短视频营销通常会获得更佳的推广效果。
- 研究数据表明，人脑处理可视化内容的速度比纯文字快很多，也就是说，人类的生理本能更愿意接受短视频这种内容形式。营销理论指出营销推广方式的更迭应始终以用户为中心，选择短视频营销更符合人类生理的特点和需求。

小贴士

手机中常用短视频App的设计都是以竖屏为主，所以，为了满足短视频的社交和营销等属性，短视频内容采用竖屏拍摄更容易获得用户的关注。

3. 短视频的变现盈利模式

短视频能够吸引巨大的用户流量，能否将这些流量变现并实现商业盈利已成为很多短视频内容创作者普遍关注的问题。而当前短视频具有多种变现盈利模式，内容创作者可以选择适合自己的变现盈利模式获得经济收益。短视频的变现盈利模式主要有以下几种。

（1）广告植入

广告植入是指把商品或服务的具有代表性的视听品牌符号融入短视频中，给用户留下深刻的印象，从而达到营销目的，而短视频内容创作者也可以从品牌商家获得一定的经济回报，这也是短视频内容创作者的主要收入来源。广告植入又包括在短视频内容中进行品牌露出、剧情植入或口播，以此来满足广告主的诉求，并提供商品链接或服务地址的植入广告；在用户观看短视频的必经路径上展示，实现营销目的的贴片广告；以及将广告视频和短视频平台推荐的视频混合在一起的信息流广告等类型，如图1-6所示。

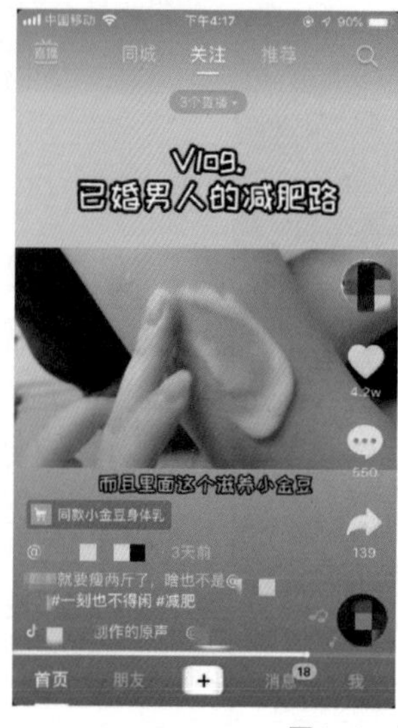

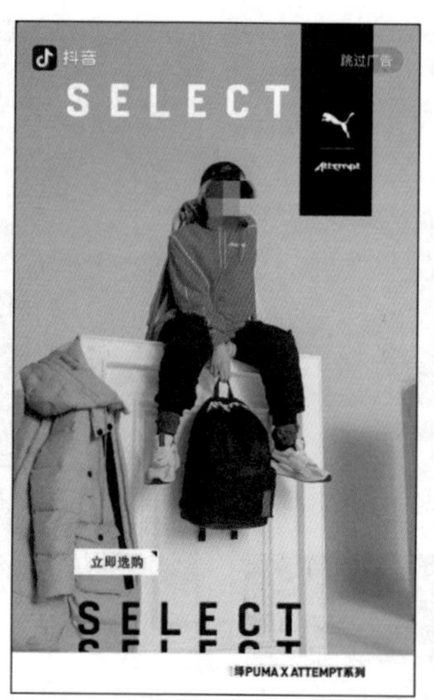

图1-6　短视频中的植入广告、贴片广告和信息流广告

（2）电商导流

短视频本身就具备内容信息展示丰富、感官刺激强烈以及跳转到其他链接方便等诸多适合与电商融合的优势特征，因此，短视频可以通过电商导流实现盈利。电商导流是指通过短视频引导用户到电商平台或网络店铺中消费，从而实现短视频的变现盈利。电商导流通常有两种方式：一种是通过短视频内容介绍，将用户引流到短视频平台中的网络店铺，以进一步获得商品销售收入，图1-7所示为短视频平台中的网络店铺；另一种则是直接将用户引流到其他电商平台，图1-8所示的电商导流短视频中，单击“查看详情”按钮即可前往天猫电商平台。

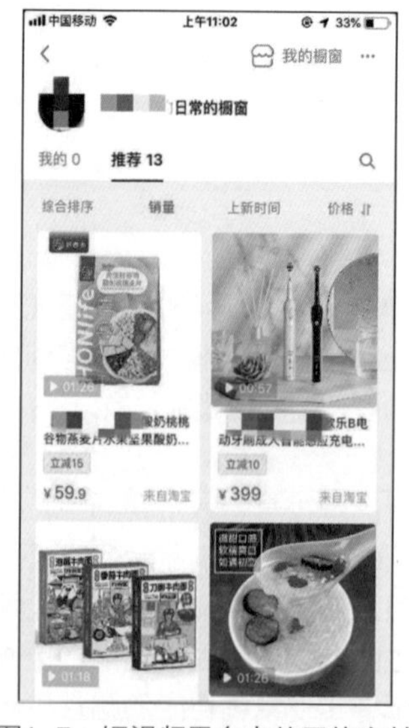

图1-7　短视频平台中的网络店铺

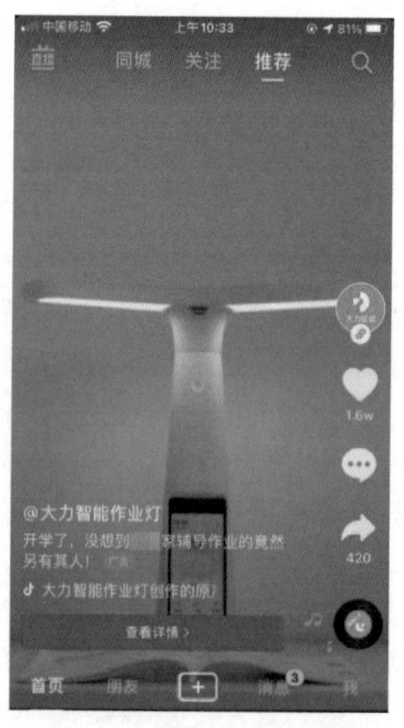

图1-8　电商导流短视频

（3）内容付费

内容付费是把短视频当作商品或服务，让用户通过支付费用的方式观看，从而实现短视频的商业价值。内容付费又分为用户对喜爱的短视频内容通过赏金的方式进行资金支持的用户打赏；用户定期向短视频平台支付一定的费用，用于优先获得优质短视频内容的观看权限的平台会员制付费；以及对单个短视频进行付费观看的内容商品付费3种主要形式。

（4）渠道分成

渠道分成是短视频内容创作者初期最直接的收入和盈利来源，因为短视频内容创作者初期没有足够数量的用户和粉丝，只能通过平台的现金补贴政策获得收入。这里的渠道主要包括推荐渠道、视频渠道和粉丝渠道3种。推荐渠道是指向用户推荐短视频的平台，如今日头条、一点资讯等；视频渠道是指各种短视频平台；粉丝渠道则主要以各种社交媒体平台为主。

（5）签约独播

签约独播是短视频平台十分希望内容创作者选择的一种盈利模式。签约独播是指由短视频平台向内容创作者支付一笔费用，与其签订法律合同，该内容创作者的所有短视频都必须在该短视频平台上独家播放。短视频内容创作者选择签约独播模式的优势在于能够直接获得一大笔收益，并在一段时间内有稳定的内容输出渠道；缺点则是不能获得其他短视频平台的支持，且单一的流量渠道可能限制短视频的传播范围，无法获得更多的经济收益。

（6）直播带货

直播带货是目前主流的短视频变现盈利模式之一。短视频和直播是两种不同的内容展现形式，进行直播带货的前提是短视频账号具有一定数量的粉丝，同时有一个具备用户号召力的主播。在现今的短视频行业中，能够进行直播带货的主播通常是短视频“达人”和具有知名度的艺人或名人，其短视频账号的粉丝数量能达到几百万甚至上千万。直播带货其实就是借助主播在短视频平台积累的人气和信誉，通过直播的形式，以主播展示的方式给用户带来真实的商品使用体验，进而促成商品交易，获得经济收益。

↘ 1.1.3 短视频的发展趋势

在短视频行业飞速发展的今天，越来越多的商家和企业意识到短视频行业所拥有的巨大商机，并迅速进入该领域，通过短视频进行各种商业营销和推广，而且取得了可观的经济效益。与此同时，大量名人和艺人也入驻各种短视频平台，使得短视频的营销价值进一步增长，很多公司和企业纷纷将短视频纳入自己的产业布局中。

由此可见，短视频已经成为互联网发展的新风口，短视频行业已经呈现出以下发展趋势。

- 市场规模仍将维持高速增长：随着短视频行业的进一步规范，以及短视频内容质量的进一步完善，短视频的商业价值会越来越高，市场规模也将维持高速增长的态势。
- MCN将进一步发展壮大：MCN（Multi-Channel Network）是一种代理机构，可以简单地将其理解为短视频“达人”的经纪公司。未来短视频行业的发展趋于成熟，平台补贴将逐渐缩减，很多短视频“达人”将不得不加入实力雄厚且专业的MCN机构，以获得更多的资源和经济收益。而MCN作为短视频的内容创作者、平台和企业广告主3者之间的桥梁，未来将可能获得更有利的发展机会。

- **重心转向深度挖掘用户价值**：进入成熟阶段的短视频行业，未来用户数量难以出现爆发式增长，实现短视频商业价值的重心也将从追求用户数量的增长向深度挖掘单个用户的价值转变。这也需要短视频行业发掘和完善出一种持续输出、传导和实现用户价值的商业盈利模式。
- **跨界整合式的商业营销逐步兴起**：短视频商业价值的不断提升，要求企业在进行短视频营销时，要将商品、渠道和文化等进行跨界整合，从多个角度诠释品牌和商品的特点和价值，并融入短视频的内容中，借助短视频的传播和社交属性，提升营销效果。
- **新兴技术将助力短视频的深化发展**：5G技术的发展和应用，以及农村互联网的进一步普及，会给短视频行业带来一波强动力。人工智能技术的应用有助于提高短视频平台的审核效率，降低运营成本，提升用户体验，推进平台的商业化进程。增强现实（Augmented Reality，AR）、虚拟现实（Virtual Reality，VR）、无人机拍摄和全景等摄影摄像技术的成熟和应用，也会提升用户的视觉体验，进一步促进短视频内容的创作质量。

↘ 1.1.4 短视频平台

短视频的蓬勃发展带动了一大批出色的短视频平台的发展和壮大，不同的短视频平台有着不同的特点。下面就介绍短视频平台的分类以及主流的短视频平台。

1. 短视频平台的分类

下面按照短视频平台自身的功能和性质进行短视频平台的分类。

- **社交媒体类**：社交媒体的主要功能是让用户直接在平台中进行交流和互动，短视频作为交流的一种媒介，当然也可以在社交媒体的平台中发布。社交媒体类的短视频平台包括微博、微信等。
- **单一形式类**：单一形式类的短视频平台包括秒拍、美拍、梨视频和西瓜视频等，平台中短视频的内容形式比较单一，所涉及的领域也比较单一，例如，美拍就是泛生活类的内容短视频平台，用户以女性群体为主，短视频内容以美妆、健身和穿搭等为主。
- **综合内容类**：综合内容类短视频平台以抖音、快手和腾讯微视等为主，这些短视频平台中的内容包罗万象，但最多的是用户自己创作并发布的短视频。
- **视频网站类**：视频网站是指一些以播放影视剧和视频节目等为主要内容的长视频网站，这类网站通常也会设置短视频专区，发布和传播短视频来丰富自己的内容领域，并吸引更多的用户群体，从而获取更多的经济收益。这类短视频平台的代表包括爱奇艺、腾讯视频、搜狐视频、优酷视频、芒果TV、咪咕视频和哔哩哔哩等，图1-9所示为爱奇艺中的短视频频道相关界面。
- **综合资讯类**：综合资讯类应用通常也会开辟短视频专区或频道，而且各种资讯中也会增加短视频来增加信息的真实性和现场感。这一类短视频平台的代表包括今日头条、网易新闻、澎湃新闻和央视新闻等。图1-10所示为今日头条中的短视频频道相关界面。
- **电商平台类**：电商平台的短视频内容主要以商品推广为主，而且短视频作为主流商品展示推广方式已经应用到电商的多数商品中，目前主流的电商平台（如淘宝网、京东商城和拼多多等）上都有大量商品推广短视频，淘宝网中也开辟了专门的短视频频道——哇哦视频，如图1-11所示。

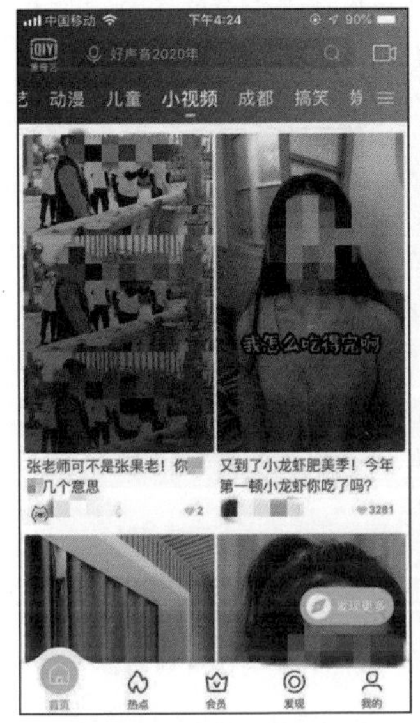

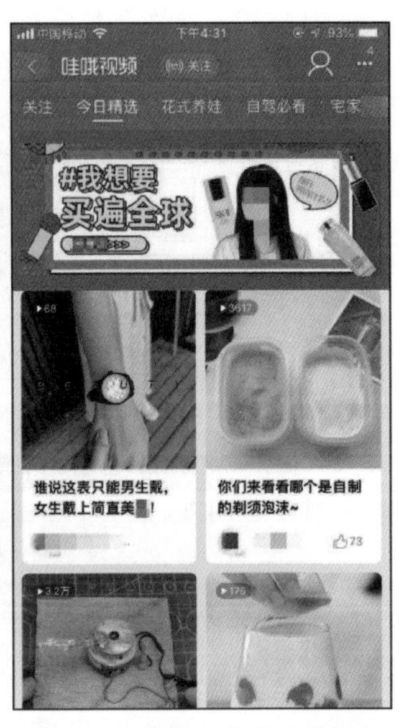

图1-9　爱奇艺中的短视频频道　图1-10　今日头条中的短视频频道　图1-11　淘宝网中的哇哦视频

- **垂直领域类**：垂直领域类短视频平台通常是指在不同领域中的专业应用，这些应用以发布专业的短视频来获得用户的关注。例如，专门展示制作美食短视频的美食App，展示健身短视频的健身App，展示小动物短视频的宠物App等。
- **互联网电视类**：互联网电视是一种通过宽带网络观看电视和视频的互动电视，用户通过互联网电视的App也可以观看短视频。目前常见的互联网电视平台如未来电视、百视通、华数传媒、南方新媒体和国广东方等都有短视频内容。
- **线下平台类**：除了线上短视频平台外，线下也有一些可以发布和传播短视频的平台，包括飞机、地铁和公交车的视频播放平台，以及小区、写字楼和电梯间的视频播放平台等。

小贴士

很多互联网公司旗下有多个短视频平台，所以也可以根据所属公司来划分短视频平台，目前已经形成了字节跳动系（北京字节跳动科技有限公司主导）、腾讯系（深圳市腾讯计算机系统有限公司主导）、百度系（百度在线网络技术（北京）有限公司主导）、阿里系（阿里巴巴集团控股有限公司主导）等多个短视频平台派系。

2. 主流短视频平台

短视频平台数量众多，其中一些主流的平台占据了相对较大的市场份额，下面具体介绍。

- **抖音**：抖音是目前短视频领域的超级平台，也是进行短视频设计和制作的首选短视频平台之一。互联网数据统计显示，抖音在2020年7月移动App排行榜中名列第6，在短视频平台中名列第1，其7月活跃人数达到61282.6万，用户以年轻、时尚的女性和一二线城市的中产白领为主。

● 快手：快手是目前短视频行业的领头羊之一，对短视频内容创作者的支持力度相对较大。互联网数据统计显示，快手在2020年7月移动App排行榜中名列第9，在短视频平台中名列第2，其7月活跃人数达到46977.9万，其用户多热衷“老铁文化”，生活于三四线城市，热衷于分享生活，如图1-12所示。

● 西瓜视频：西瓜视频是今日头条旗下的个性化推荐短视频平台，如图1-13所示，互联网数据统计显示，西瓜视频在2020年7月移动App排行榜中名列第22，在短视频平台中名列第3，其7月活跃人数达到15459.9万，其女性用户略多于男性用户。

● 抖音火山版：抖音火山版是火山小视频的升级版平台，该平台主要通过短视频帮助用户迅速获取内容和粉丝，并发现具有相同爱好的用户。互联网数据统计显示，抖音火山版在2020年7月移动App排行榜中名列第38，在短视频平台中名列第4，其7月活跃人数达到12535.4万。

● 腾讯微视：腾讯微视是腾讯旗下的短视频创作与分享平台，如图1-14所示，可以将拍摄的短视频同步分享到微信群、朋友圈和QQ空间中，且用户以女性为主。腾讯微视在2020年7月移动App排行榜中名列第54，在短视频平台中名列第6，其7月活跃人数达到8066.5万。

图1-12　快手

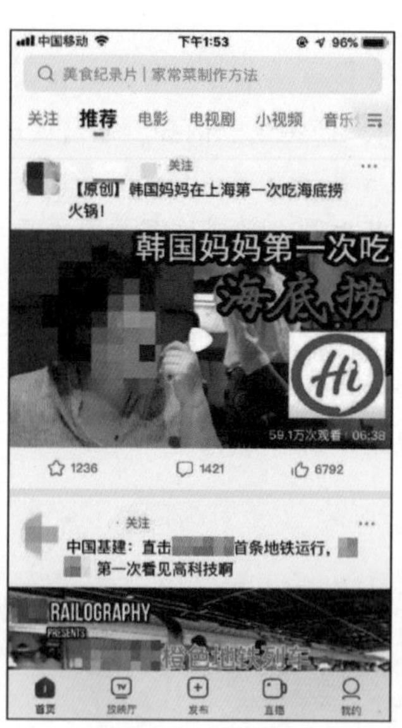

图1-13　西瓜视频

图1-14　腾讯微视

● 好看视频：好看视频是百度旗下的一个重要的短视频平台，用户群体在地域、年龄方面的分布都比较分散，内容以泛娱乐、泛文化和泛生活短视频为主。互联网数据统计显示，好看视频在2020年7月移动App排行榜中名列第57，在短视频平台中名列第7，其7月活跃人数达到7820.3万。

1.1.5 短视频的分类

短视频最吸引用户关注的还是内容，目前短视频可以按照生产方式和内容来分类。

1．按照生产方式分类

按照生产方式，短视频内容可以分为用户生产内容、专业用户生产内容和专业机构生产内容3种类型。

（1）用户生产内容

用户生产内容（User Generated Content，UGC）类型的短视频通常拍摄和制作比较简单，制作的专业性和成本较低，内容表达涉及日常生活的各方面且碎片化程度较高。而且，这种短视频一般无盈利目的，商业价值较低，但具有很强的社交属性。短视频平台中大部分内容创作者初期会发布此类短视频，只有在获得一定数量的粉丝之后才会发布其他专业性更强的短视频内容。图1-15所示为UGC短视频，制作较为简单，没有太多技巧。

（2）专业用户生产内容

专业用户生产内容（Professional User Generated Content，PUGC）类型的短视频通常是由在某一领域具有专业知识技能的用户或具有一定粉丝基础的网络“达人”或团队所创作的，内容多是自主编排设计，且短视频内容主角多充满个人魅力。这种短视频有较高的商业价值，主要依靠转化粉丝流量来实现商业盈利，兼具社交属性和媒体属性。图1-16所示为PUGC短视频，是由粉丝数量超过4000万的短视频“达人”创作的。

（3）专业机构生产内容

专业机构生产内容（Partner Generated Content，PGC）类型的短视频通常由专业机构或企业创作并上传，对制作的专业性和技术性要求比较高，且制作成本也较高。这种短视频主要依靠优质内容来吸引用户。具有较高的商业价值和较强的媒体属性。例如，知乎官方抖音账号创作的短视频都属于PGC短视频，制作水准较高，如图1-17所示。

图1-15 UGC短视频

图1-16 PUGC短视频

图1-17 PGC短视频

2. 按照内容分类

按照短视频的内容，短视频可分为以下几种。

- 剧情类：剧情类短视频是指短视频的内容以短剧、表演或访谈为主，通过具体的故事表演来吸引用户关注。其细分类型包括故事、搞笑等，例如，@天津一家人发布的短视频就以普通的天津一家人的家庭故事为主要内容，故事性强；@疯产姐妹发布的短视频以闺密之间的恶作剧故事和段子为主要内容，常常让用户捧腹大笑。
- 情感类：情感类短视频通常有3种表现形式，一是以文字和语音来展现情感短文，二是真人出演的情感短剧，三是主要以声音来呈现的情感类短视频。例如，@放扬的心心发布的短视频主要表现情侣爱情，内容情节细腻动人，如图1-18所示。
- 美食类：美食类短视频是指短视频的内容以美食制作、美食展示和试吃为主，其细分类型包括菜谱分享、美食制作、烹饪技巧，以及小吃、饮品、水果、蔬菜、甜品、西餐和海鲜等。例如，@家常美食—白糖发布的短视频就以家常美食制作教学为主要内容，具有较强实用性，如图1-19所示。
- 时尚类：时尚类短视频是指短视频的内容以展示时尚内容为主，包括美妆展示和穿衣打扮等，旨在推荐各种美妆和服装商品，并指导用户自己化妆、护肤和穿衣搭配。例如，@柚子cici酱发布的短视频就以化妆教程为主要内容，@只穿高跟鞋的汪奶奶发布的短视频就主要介绍老年人的穿搭方式。
- “种草”类：“种草”类短视频是指短视频的内容以商品的分享和推荐为主，主要是向用户推荐各种商品，由此激发用户的购买欲望。例如，@老爸测评发布的短视频就以商品评测为主要内容，如图1-20所示。

图1-18　情感类短视频

图1-19　美食类短视频

图1-20　“种草”类短视频

- 影视娱乐类：影视娱乐类短视频是指短视频的内容以介绍电影电视为主，主要是通过剪辑展示各种影视剧和综艺节目等。例如，@毒舌电影发布的短视频就以推荐电影为主要内容，@抖音综艺发布的短视频就以展示和推荐综艺节目为主要内容。

● **游戏类**：游戏类短视频是指短视频的内容以计算机和手机游戏为主，主要内容包括各种类型的游戏视频、游戏直播、游戏解说和游戏达人的日常生活等。例如，@林颜发布的短视频就以介绍各种游戏技能和技巧为主要内容，@狗子队长★发布的短视频就以展示游戏中的搞笑画面为主要内容。

● **宠物类**：宠物类短视频是指短视频的内容以宠物和动物为主，具体内容包括各种宠物的日常生活、习性介绍和人宠互动，以及饲养技巧等。例如，@金毛蛋黄发布的短视频以人宠互动为主要内容，如图1-21所示。

● **才艺类**：才艺类短视频是指短视频的内容以音乐或舞蹈等才艺展示为主，具体内容包括音乐表演、音乐制作、舞蹈和舞蹈教学等。例如，@白小白发布的短视频就以唱歌和歌曲播放为主要内容，@不齐舞团发布的短视频就以户外多人舞蹈为主要内容，如图1-22所示。

● **萌娃类**：萌娃类短视频是指短视频的内容以展示天真可爱的小孩为主，主要内容包括小娃日常生活趣事等。例如，@一一丫丫发布的短视频就以双胞胎的日常生活为主要内容，如图1-23所示。

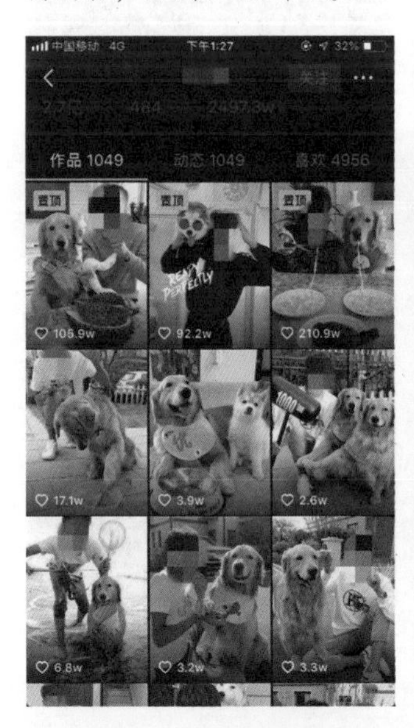

图1-21　宠物类短视频

图1-22　才艺类短视频

图1-23　萌娃类短视频

● **生活类**：生活类短视频是指短视频的内容以展示人们的日常生活为主，具体内容包括生活探店、生活小技巧、婚礼相关、民间活动等。例如，@李子柒发布的短视频就以乡村日常生活为主要内容，@小野不听话发布的短视频就以展示国外日常生活为主要内容。

小贴士

按照具体表现形式进行分类并不是绝对的，很多短视频在内容类型上有重合的部分，例如，@李子柒的生活类短视频也有很多美食制作的内容。

●运动类：运动类短视频是指短视频的内容以体育竞技、休闲健身和健康知识为主，具体内容包括各种竞技运动、体育名人的工作和生活、健康知识普及、健康锻炼等。例如，@丁香医生发布的短视频就以大众健康知识普及为主要内容，@JJYOGA瑜伽的短视频则以瑜伽健身指导为主要内容，如图1–24所示，@用武之地–讲武学堂发布的短视频就以武术搏击防身课程为主要内容。

●旅行类：旅行类短视频是指短视频的内容以旅行见闻和攻略为主，具体内容包括风景和人文建筑介绍，以及旅行中的故事、旅游注意事项等。例如，@itsRae发布的短视频就以旅行见闻为主要内容。

●动漫类：动漫类短视频是指短视频的内容以动画和漫画为主，具体内容包括动漫介绍、动漫故事等。例如，@萌芽熊就以动漫方式创作故事，如图1–25所示。

●创意类：创意类短视频是指短视频的内容以创新事物和新奇意识为主，具体内容包括手工制作、贴纸道具、特效和新奇艺术等。例如，@黑脸V发布的短视频就充满了各种创意特效，如图1–26所示。

图1–24　运动类短视频　　图1–25　动漫类短视频　　图1–26　创意类短视频

小贴士

Vlog（video blog 或 video log，视频日志）也是一种短视频的内容类型，在很多短视频平台和社交平台中比较常见，其主要内容就是对自己的日常生活的记录，例如，散步时看到的美景、逛街时看到的趣事等，很多时候也被划分到生活类的短视频中。

●母婴育儿类：母婴育儿类短视频是指短视频的内容以怀孕和育婴的相关知识技巧应用为主，具体内容包括母婴拍摄、婴儿用品推荐、母婴育儿知识教授等。例如，@年糕妈妈发布的短视频就以分享母婴育儿知识为主要内容，@美妈游戏王发布的短视频就以分享亲子陪伴技能为主要内容。

● **教育类**：教育类短视频是指短视频的内容以各种知识的教授为主，具体内容包括中小学和大学教育、艺术培训、语言和专业技术教育等。例如，@MrYang杨家成英语发布的短视频就以英语学习为主要内容，@秋叶Excel发布的短视频就以教授实用商务技能为主要内容，如图1–27所示。

● **职场类**：职场类短视频是指短视频的内容以分享各种职场知识为主，具体内容包括职场知识和技能培训、职场故事、经典案例分析等。例如，@斌斌有礼发布的短视频就以职场礼仪介绍为主要内容。

● **汽车类**：汽车类短视频是指短视频的内容以汽车的相关知识和应用为主，具体内容包括汽车选购、二手车选购、汽车评测、维修改装和外观展示等。例如，@虎哥说车发布的短视频就以汽车评测为主要内容，@车哥测评发布的短视频就以分享养车用车知识为主要内容。

● **科技类**：科技类短视频是指短视频的内容以科技展示为主，具体内容包括普及科学知识和展示先进科技等。例如，@科技公元发布的短视频就以分享先进科学技术和科普为主要内容，如图1–28所示。

● **摄影教学类**：摄影教学类短视频是指短视频的内容以分享摄影摄像知识为主，具体内容包括摄影摄像教学、美图展示、软件教学等。例如，@摄影志先森上海发布的短视频就以分享摄影技巧主要内容，如图1–29所示，@泽一拍照教学发布的短视频就以分享拍摄剪辑修图教程为主要内容。

图1–27　教育类短视频

图1–28　科技类短视频

图1–29　摄影教学类短视频

● **政务类**：政务类短视频是指短视频的内容以传播主流舆论、弘扬主流价值为主，具体内容包括日常新闻播放、百科知识普及、文化传播等。例如，@央视新闻发布的短视频就以官方主流新闻播报为主要内容。

1.2 短视频创作的流程

短视频的创作过程主要是指短视频拍摄和剪辑过程，通常分为前期的策划与筹备阶段、中期的拍摄阶段和后期的剪辑阶段3个主要阶段。

1.2.1 策划与筹备阶段

策划与筹备阶段主要是为中后期的短视频拍摄和剪辑做好准备工作，这一阶段的主要工作包括组建短视频团队、撰写和确定脚本、准备资金，以及落实拍摄工作。

- 组建短视频团队：短视频团队通常包括导演、编剧、摄像和剪辑等。有时候为了节约成本，很多短视频创作团队仅由一两个人组成，每个人都身兼数职。
- 撰写和确定脚本：撰写和确定脚本是短视频创作过程中最重要的一个步骤，一个好的脚本才是创作出热门短视频的关键。脚本可以由专门的编辑撰写，也可以根据其他的热门短视频或故事、段子等改编。撰写完的脚本需要经过制片人、导演和编剧的共同确认，才能作为短视频拍摄的剧本。
- 准备资金：资金是短视频拍摄的物质基础。在拍摄短视频前，需要根据团队的规模、各种器材和道具、拍摄时间和难度，以及剪辑过程等，预估并获得尽可能多的资金。
- 落实拍摄工作：资金到位后，就可以开始落实各项拍摄准备工作，例如，导演和编剧需要根据脚本对短视频的故事情节、场景安排、道具灯光和镜头设计等进行策划，设计好拍摄使用的分镜头脚本。制片人和编剧、导演等需要安排好演员、服装道具、场景灯光、食宿交通和拍摄剪辑日程等方面事宜，最好制订一个详细的工作计划。

1.2.2 拍摄阶段

拍摄是短视频创作过程中十分繁忙且重要的阶段，起着承上启下的作用。拍摄阶段是在策划和筹备阶段的基础上进行短视频的实际拍摄，为后面的剪辑阶段提供充足的视频素材，为最终的短视频成片奠定基础。

拍摄阶段的主要工作人员是导演、摄像和演员。导演需要安排和引导演员、摄像的工作，并处理和控制拍摄现场的各项工作；摄像则负责根据导演和脚本的安排，拍摄好每一个镜头；演员则需要在导演的指导下，完成脚本中设计的所有表演。另外，拍摄过程中诸如灯光、道具和录音等方面的工作人员也需要全力配合。图1-30所示为短视频拍摄现场，工作人员包括导演、制片人、演员、化妆、摄像、摄像助理和灯光等。

图1-30 短视频拍摄现场

↘ 1.2.3 剪辑阶段

拍摄完成后，就可以进入短视频创作的剪辑阶段。在该阶段，剪辑人员要使用专业的视频剪辑软件进行短视频素材的后期剪辑，包括剪辑、配音、调色、添加字幕和特效等具体工作，最终制作成一个完整统一的短视频作品，如图1-31所示。

图1-31 短视频的剪辑

通常，短视频的剪辑有以下几个流程。

- 整理视频素材：这一个步骤的基本工作就是将拍摄阶段拍摄的所有视频素材进行整理和编辑，按照时间顺序或脚本中设置的剧情顺序进行排序，甚至还可以将所有视频素材进行编号归类。
- 设计工作流程：熟悉短视频脚本，了解脚本对各种镜头和画面效果的要求，并按照整理好的视频素材，设计剪辑工作的流程，并注明工作重点。
- 粗剪：粗剪就是观看所有整理好的视频素材，从中挑选出符合脚本需求，并且画质清晰且精美的视频画面，然后按照脚本中的剧情顺序进行重新组接，使画面连贯、有逻辑，形成第一稿影片。
- 精剪：精剪就是在第一稿影片的基础上，进一步分析和比较，剪去多余的视频画面，并为视频画面设置调色、添加滤镜、特效和转场效果，以增强短视频画面的吸引力，进一步突出内容主题。
- 成片：在完成了短视频的精剪过程后，可以对其进行一些细小的调整和优化，然后添加字幕，并配上背景音乐（Backgroud Music，BGM）或旁白解说，最后再为短视频添加片头和片尾，形成一条完整的短视频。
- 发布：短视频剪辑完成后，通常需要将剪辑好的短视频上传到各大短视频平台中进行发布，这样用户才能看到最终成片。

当然，由于短视频的制作门槛很低，很多短视频创作者仅仅使用一部手机就能独立完成一条短视频的创作。所以，在短视频创作时，不一定要严格遵照以上的流程和框架，只要认真去拍摄和实践，就很可能开创出一套适合自己的短视频创作流程。

小贴士

发布短视频后，为了获得更多的流量和粉丝，通常还需要对短视频进行运营。短视频运营的具体工作包括了解各平台的推荐规则，选择适合自己的平台；通过积极寻求商业合作、互推合作等方式来拓宽短视频的曝光渠道；不定时与用户互动，以增强用户黏性，不断强化自己账号的个性色彩，对用户进行垂直价值输出。以上这些运营工作有时候也被划分到短视频创作的流程中，作为整个流程的最后一个步骤。

1.3 短视频团队的组建

虽然一个人也能创作出短视频，但随着短视频领域的竞争越来越激烈，单打独斗很难脱颖而出。短视频创作过程是比较复杂的，只有组建一个专业的团队来运作，才能保证短视频内容产出的质量和效率。

1.3.1 团队成员的基本要求

短视频团队需要完成脚本创作、拍摄和剪辑等工作，而团队成员也应该具备以下基本工作能力。

1. 内容创作能力

短视频的内容是其核心竞争力，内容创作是创作短视频时的主要工作之一。如何制作出有创意、有看点，且能吸引用户注意力的内容是短视频团队需要重点考虑的问题。同时，短视频账号需要有保持一定的发布频率才能持续获得用户的关注，这就对团队的内容创作能力提出了较高的要求，但由于个人的创作能力是有限的，所以往往需要集思广益，因此团队中的所有成员都应具备一定的内容创作能力。

2. 职业工作能力

大多数短视频创作的预算不多，所以，团队中每个成员都需要负责多项工作并掌握多项技能，例如，视频拍摄和剪辑能力。同时，作为职场人员，团队成员也需要具备一定的学习能力和抵抗压力的自我心理调节能力。

- 视频拍摄和剪辑能力：视频拍摄和剪辑通常属于专业性比较强的工作，但为了节约创作成本，需要短视频团队的所有成员都具备一些基本的视频拍摄和剪辑技能，例如，能够使用手机、数码相机或摄像机进行拍摄，能够使用Premiere、剪映或爱剪辑等软件对短视频进行简单的处理，并能将短视频发布到短视频平台等。
- 学习能力：短视频的发展速度很快，各种知识的更迭也快，需要每一位从事短视频创作的团队成员不断在自己专业的领域内摸索、创新，不断学习、进步和突破。
- 自我心理调节能力：为了维持关注度，短视频团队需要经常更新短视频，如此高的工作频率容易让团队成员的身体和心理处于疲惫状态，尤其是心理方面。因此，团队成员需要具备较强的自我心理调节能力，能够自己疏解内心的苦闷，缓解精神压力，甚至在受到用户和粉丝误解和谩骂时，能够通过自我暗示来鼓励自己，使自己以最佳的心理状态和积极向上的精神风貌投入工作中。

3. 运营推广能力

短视频的发布与商品的市场推广类似，短视频的推广主体就是内容。这项工作不仅需要专业的运营人员全力参与，也需要短视频团队的其他成员通过点赞或转发等方式，向身边的朋友或关注自己的用户推广该短视频，所以，短视频团队成员必须具备运营推广能力。运营推广能力包括以下5个方面。

- 营销意识：短视频内容如果是商品推销，就需要短视频团队在脚本创作、视频拍摄和剪辑等各个步骤都表现出一定的营销意识，这样制作出来的内容才能够获得足够的关注和流量。

● 运营能力：运营能力是指根据各个短视频平台的推荐机制，形成一套自己的短视频推广方案进行推广，增强用户对短视频账号的认知度，扩大传播范围的能力。

● 分析能力：分析能力是指分析同类型传播量较大的短视频的相关数据和用户反馈等多方面的信息，从中摸索出一套普遍的、实用的规律。例如，在抖音平台中可以通过完播量、点赞量、评论量和转发量来分析其短视频的受欢迎情况。通常情况下，完播量高的短视频较受欢迎；点赞量高说明短视频调动了用户的情绪；评论量高说明短视频有话题点，能让用户有评论的欲望；转发量高说明短视频的内容有较强的社交属性，能让用户产生分享的欲望。

● 社交能力：短视频合作需要团队成员收集较多的用户反馈信息，在该过程中会产生人际交往活动，因此要求团队成员具备一定的社交能力。

● 执行能力：短视频合作需要团队成员以一个参与者的身份参与到整个运营活动中。例如，与用户沟通，引导用户形成正面的反馈，在这过程中，需要较强的执行力，否则无法应对大量的用户。

↘ 1.3.2 团队岗位设置及类型

短视频创作流程主要包含策划、拍摄和制作3个主要的模块，短视频团队也可以根据这3个模块的具体工作需求设置岗位。

1. 短视频团队的岗位设置

一个专业的短视频创作团队主要包含导演、主角、编剧、摄像、剪辑、运营以及辅助人员等岗位，下面分别进行介绍。

（1）导演

导演在短视频团队中起到的是统领全局的作用，短视频创作的每一个环节通常都需由导演来把关。导演在短视频团队中的主要工作职责包括以下两点。

● 负责短视频拍摄及后期剪辑，能充分通过镜头语言及后期剪辑实现短视频脚本所要表达的意图。

● 拍摄工作的现场调度和管理。

短视频团队对导演岗位的要求通常包括以下3点。

● 能够熟练运用手机、相机和摄像机进行独立拍摄，并有拍摄、场景搭建、布光和剪辑等方面的能力。

● 有一定的视频拍摄相关工作经历，参与过短视频的拍摄工作。

● 具备一定的现场指挥能力，并能够熟练使用专业的短视频剪辑和制作软件。

（2）主角

主角是真人类短视频内容中不可或缺的一个角色。凭借着独特的主角人物设定，以及主角在语言、动作和外在形象等方面的呈现，可以打造出具有特色的人物形象，从而加深用户的印象。主角在短视频团队中的主要工作职责包括以下3点。

● 根据编剧创作的短视频脚本，完成短视频剧情的表演。

● 在外拍或街拍时，完成对观众或路人的采访。

● 在短视频创作过程中提供创意，增加短视频的吸引力。

短视频团队对主角岗位的要求通常包括以下6点。

- 通常需要有极佳的外形条件和气质，至少有一定的辨识度。
- 通常需要毕业于演艺或相关专业，口齿清晰，普通话标准，或者能掌握特殊方言。
- 具备一定的演艺经验，擅长表达，且有极强的镜头感。
- 具备一定的沟通能力。
- 性格活泼开朗，遵纪守法，维持正面形象。
- 能按照短视频脚本设定的人设进行表演。

（3）编剧

编剧的主要工作是确定选题，搜寻热点话题并撰写脚本。编剧在短视频团队中的主要工作职责包括以下3点。

- 根据短视频内容的类型和定位，收集和筛选短视频的选题。
- 收集和整理短视频创意。
- 撰写短视频脚本。

短视频团队对编剧岗位的要求通常包括以下9点。

- 具备独立创作短视频脚本的能力，最好有成熟的作品。
- 熟悉短视频领域中的某一个内容类型。
- 了解短视频的主流平台和相关渠道。
- 熟悉网络文化，具备捕捉网络热点的能力。
- 能够从网上收集和归纳各种内容素材。
- 最好毕业于影视和文学创作专业，熟悉影视剧和脚本的创作流程。
- 具备一定的文字欣赏、分析和评论能力。
- 对流行时尚内容元素有敏锐的反应能力。
- 有一定的团队协作能力，并能迅速融入创作团队。

（4）摄像

摄像的主要工作是拍摄短视频，搭建摄影棚，以及确定短视频拍摄风格等。专业的摄像在拍摄时会使用独特的手法，呈现出独特的视觉感官效果，并使短视频呈现有质感的画面。图1-32所示为摄像工作场景。摄像在短视频团队中的主要工作职责包括以下4点。

图1-32　摄像工作场景

● 与导演一同策划拍摄的场景、构图和景别等。

● 熟悉手机、相机和摄像机等摄影摄像器材的使用方法，能独立完成或指导其他工作人员完成场景布置和布光等操作。

● 按照短视频脚本完整地拍摄短视频。

● 编辑和整理拍摄的所有视频素材。

短视频团队对摄像的岗位要求通常包括以下4点。

● 具备影视剧或短视频拍摄的工作经验，对时尚和潮流有一定的敏锐度。

● 有较强的美术和摄影功底，对颜色、构图等视觉表达有自己的独特见解。

● 能够熟练使用Photoshop、Premiere等对图片和视频进行后期处理。

● 对工作耐心负责，并注重工作效率。

（5）剪辑

剪辑需要对最后的成片负责，其主要工作是把拍摄的短视频内容素材组接成视频，涉及配音配乐、添加字幕文案、视频调色以及特效制作等工作。好的剪辑工作能起到画龙点睛的作用；反之，则会严重影响成片效果。剪辑在短视频团队中的主要工作职责包括以下两点。

● 根据短视频脚本的要求独立完成相关短视频的后期剪辑工作，包括视频剪辑、特效制作和音乐的合成等。

● 根据短视频脚本的要求指导拍摄过程中的场景布置和打光等操作。

短视频团队对剪辑岗位的要求通常包括以下4点。

● 具备一定的创意和策划能力，能从剪辑的角度就剧本撰写给予编剧帮助。

● 熟悉常用的短视频剪辑软件，精通After Effects、Premiere、Photoshop等软件。

● 能够较好地把握短视频内容的主题创意、动画、质感和节奏等。

● 具有良好的团队意识，工作积极负责。

（6）运营

运营的工作主要是针对不同平台及用户的属性，通过文字引导提升用户对短视频内容的期待度，尽可能提高短视频的完播量、点赞量和转发量等数据，进行用户反馈管理、维护以及评论维护。这些工作都有利于提高用户活跃度，使得短视频账号更容易得到平台的推荐。运营在短视频团队中的主要工作职责包括以下4点。

● 负责各个平台中短视频账号的运营。

● 根据短视频账号的发展方向和目标规划短视频账号的运营重点和内容主题。

● 具备一定的短视频运营经验，具备一定行业人脉资源，能够与一些短视频“达人”联系并促成合作。

● 负责与用户互动，并提升用户的黏性。

短视频团队对运营岗位的要求通常包括以下4点。

● 具备短视频运营的经验。

● 具备较强的文案写作和创意能力，能够独立完成短视频账号的整体规划和内容输出。

● 熟悉各大短视频平台的内容发布机制和运营规则，保证短视频账号的正常运营。

● 具有良好的团队意识，工作积极负责。

（7）辅助人员

辅助人员主要是指灯光、配音、录音、化妆造型和服装道具等，这些岗位通常只会在预算比较充裕的短视频团队中出现，其主要工作是辅助拍摄和剪辑，提升短视频的输出质量。

- 灯光：灯光的主要工作是搭建摄影棚，运用明暗效果进行巧妙的画面构图，创作出各种符合短视频格调的“光影效果”，以保证短视频内容的画面清晰、主角突出。
- 配音：声音有时候也会影响短视频的质量，普通话标准、好听且有磁性的配音可能会让观看短视频的用户多停留一会儿。而对于以语音为呈现形式或以虚拟形象为主角的短视频，配音的水平甚至能直接影响粉丝的数量和黏性。
- 录音：录音的主要工作是根据导演和脚本的要求完成短视频拍摄时的现场录音。
- 化妆造型：化妆造型的主要工作是根据导演和脚本的要求给主角化妆和设计造型。
- 服装道具：服装道具的主要工作是根据导演和脚本的要求准备好主角的服装以及短视频中可能使用到的道具。

小贴士

为了提升短视频的输出质量，在一些PUGC和PGC内容的短视频创作中，还可能会出现监制、制片人、副导演、场务，以及各种助理等岗位。

2. 短视频团队的类型

短视频团队的岗位设置通常是由预算和具体的内容定位来决定，例如，资金充足时就可以搭建分工明确的多人团队，而内容定位为汽车评测类的短视频团队通常就比美食评测类的短视频团队人数多。按照岗位的数量，短视频团队可分为高配、中配和低配3种类型。

- 高配团队：高配团队人数较多，通常有8人或以上，团队中每个成员都有明确的分工，有效把控每一个环节，当然产出的短视频质量也较高。高配团队通常包括导演、编剧、主角、摄像、剪辑、运营、灯光和配音/录音等岗位。
- 中配团队：中配团队人数通常低于8人，以5人的配备最为普遍，其岗位包括编导、主角、摄像、剪辑和运营。其中，编导就是导演和编剧的合一，灯光由摄像兼任，配音/录音也由其他的岗位兼任。
- 低配团队：低配团队人数很少，甚至只有一人，此时整条短视频的创作由一个人完成。低配团队要求个人具备策划、摄像、表演、剪辑和运营等多种技能，以及耐心和忍受孤独的能力。

1.3.3 短视频团队的运作

短视频团队搭建好以后，其基本运作的方式是将日常工作标准化为具体项目，然后按照这个标准项目开展工作。短视频团队的日常工作项目如表1-1所示。

表1-1 短视频团队的日常工作项目

岗位	职责	结果	负责人
编导	确定内容选题	每周至少确定5个选题	A
	根据运营的反馈修改选题和短视频内容	每周针对出现的问题列出改进方案	
	制作出明确的拍摄大纲和脚本	将确定的选题内容展示给摄像剪辑	
摄像剪辑	根据脚本拍摄短视频	每周至少拍摄5条短视频的素材	B
	对拍摄的短视频进行剪辑	每周至少剪辑5条短视频	
	根据运营的反馈补拍短视频素材并重新剪辑短视频	每周根据问题列出改进方案，并完成短视频的最终形态	
运营	对完成的短视频进行多平台分发	选择短视频分发的平台	C
	对发布的短视频进行数据分析，并进行内容和用户运营	完成目标任务，例如，用户增加数量、转发数量、收益金额等	
	根据分析结果及运营情况，向编导和摄像剪辑提出反馈意见	根据具体的情况提出改进方案	

1. 短视频团队的日常工作流程

短视频团队在确定了日常工作项目后，应对具体的工作进行细分，并制订相应的工作计划。只有将每一项工作的内容分解落实到每一周、每一天，才会让团队人员明确自己的工作，且按时执行。通常一个专业且高效的短视频团队的日常工作流程如下。

（1）讨论选题

在专业的短视频团队中，通常导演会带领编剧、运营等组成选题小组，召开选题会，与会人员陈述自己认为合适的选题，然后所有人一起讨论，讨论的范围包括以下内容。

- 选题的内容方向是否符合短视频账号的定位，是否有趣且能吸引用户？
- 内容有没有传播性？
- 内容是否符合该短视频账号的用户定位？
- 内容的切入角度对不对？价值观是否正面、积极？

讨论完成后，对于有问题的选题可以直接剔除或修改，而没有问题的选题可以交给负责人或制片人审核。

（2）审核选题

负责人或制片人会审核所有的选题，对有问题的选题，会与编剧进行沟通，说明问题的出处，并要求编剧进行修改；审核通过的选题则直接发给编剧。

（3）撰写脚本大纲

编剧收到审核通过的选题后，可以参考负责人的意见，撰写脚本大纲，然后发送给负责人或制片人审核。

（4）审核脚本大纲

负责人或制片人再次审核编剧撰写的脚本大纲，向编剧返回修改意见，直至最终确定脚本大纲。

（5）撰写脚本初稿

编剧根据脚本大纲撰写短视频的脚本，然后发送给负责人或制片人审核。

（6）审核初稿

负责人或制片人再次审核脚本初稿，提出修改意见。

（7）完善脚本

编剧根据负责人或制片人的意见修改短视频脚本。

（8）脚本评级

负责人或制片人开始对脚本进行审核评级，通常脚本的级别关乎编剧的绩效，写得越好，绩效越高。通常短视频制作的相关公司会实行二稿评级制，就是对短视频修改完善后的第二稿进行评级，目的是让编剧更用心地写好脚本。

（9）完成脚本创作

制片人组织编剧、负责人和运营对完成的脚本进行最后审核，并根据短视频账号的定位，从细节上完善脚本的内容，完成脚本的最终稿。

（10）拍摄

拍摄过程主要涉及导演、主角和摄像3个岗位，其需要完成的工作分别如下。

- 导演：根据脚本准备各种摄影摄像器材，安排其他团队人员布置场景、灯光，准备服装和道具等，然后根据脚本安排拍摄。
- 主角：熟悉脚本的内容和台词，更换服装并化妆，然后在导演的指挥下进行表演。
- 摄像：拍摄短视频，拍摄完成后需要与导演确认。

（11）导演初审

导演初步审核拍摄的所有素材，主要是根据脚本查看是否符合要求。如果素材不符合要求，可能需要重新拍摄。

（12）剪辑

剪辑需要对拍摄素材进行后期处理，包括添加字幕和背景音乐、配音，以及制作特效等。

（13）导演审核

短视频剪辑完成后再次交由导演审核，如果有问题导演会返给剪辑继续修改直至最终定稿。定稿后剪辑会输出完整的短视频，然后发给运营。

（14）发布短视频

运营收到短视频之后，会将其发布到各个短视频平台，并根据这个短视频的内容和特点来确定标题和文案，以吸引更多的用户观看。

小贴士

短视频发布到短视频平台后，平台通常会有专门的部门对短视频进行审核，审核通过后才能正式发布，此时短视频才能被用户看到。

（15）数据统计

在短视频正式发布后，运营人员可以实时关注短视频的相关数据，定期统计数据并制作数据报表，根据数据表现找到该短视频存在的问题，并将相关结论发送给短视频团队的其他成员，以此为依据对下一期短视频内容进行调整，图1-33所示为某抖音账号的数据报表。

账号	基础数据							互动数据					互动率数据				DOU+		
	发布内容	发布时间	视频时长	内容	拍摄	剪辑	数据统计时间	推荐量	评论量	转发量	点赞量	粉丝量	评论率	转发率	点赞率	总点赞率	是否投放	投放次数	合计金额（元）
		10月19日 16:05	59S				10月22日	132000	119								是	4	
							10月30日	140000	118										
							11月5日	145000	117										
		10月20日 13:00	51S				10月22日	805000	89								是	3	
							10月30日	1162000	135										
							11月5日	1673000	157										
		10月22日 16:00	60S				10月22日	875	56								否	0	
							10月30日	2542	60										
							11月5日	3481	57										
		10月25日 17:29	52S				10月30日	38000	42								是	3	
							11月5日	40000	41										
		10月26日 13:00	55S				10月30日	60000	38								是	4	
							11月5日	65000	39										
		10月28日 16:14	59S				10月30日	38000	26								是	2	
							11月5日	58000	29										
		10月30日 16:06	52S				10月30日	691	22								是	2	
							11月5日	26000	37										
		11月01日 17:54	77S				11月5日	19000	26								是	2	
		11月02日 15:28	56S				11月5日	34000	52								是	2	
		11月03日 13:00	56S				11月5日	31000	27								是	2	

图1-33　某抖音账号的数据报表

2. 短视频团队提高工作效率的方法

短视频团队要想提高工作效率，可以参考以下3种方法。

- **网感训练：**短视频团队成员每天最好花一定的时间观看各个平台中的热门短视频，了解目前短视频热门的内容形式、热门的背景音乐，以及当下的热点话题和新闻等，并考虑能否与自己团队创作的短视频内容相结合。

小贴士

网感是指一个人对与网络热点话题及话题价值的敏感程度，具有网感的人可以在众多新媒体平台中找到最具价值的话题和内容，通过对该内容的演绎获得较高的流量和关注度，甚至制造出网络热点。

- **多开选题会：**短视频团队可以利用选题会讨论选题并提出内容创意，再利用多种方法延伸创意，以求找到更多更好的创意。
- **坚持开晨会：**晨会可以提高短视频团队的工作效率，短视频团队可以在晨会上根据数据报表定期做短视频项目的复盘讨论，例如，已经发布的短视频存在哪些问题、要如何解决、下一步的创作主题和运营方向等。在晨会上，也可以分析近期热门的短视频，剖析其成功的原因，让团队成员都保持旺盛的学习力和敏锐的洞察力。

1.4 课后实操——学习MCN搭建美妆类短视频团队的流程

MCN旗下往往签约了多位短视频“达人”，其主要工作是帮助这些“达人”创作和发布短视频，联络广告商等洽谈合作，以及协助短视频“达人”账号的运营等。下面就以某MCN搭建美妆类短视频团队为例，介绍如何搭建短视频团队，以及基本的短视频制作流程。

1. 团队的角色分工

该MCN旗下的各短视频团队固定成员有编导、“达人”、摄像和后期，而服装、化妆和运营等人员则是整个MCN共用。该MCN根据短视频“达人”的受欢迎程度来确定其所在团队的规模，将团队分为初级、中级和高级3种类型，每种类型的团队及其成员组成和角色分工情况如下。

（1）初级团队

短视频账号运营初期适合搭建初级团队。初级团队需要简化团队人员，节约成本，这样才有利于团队存活。初级团队由编导、“达人”和后期组成，MCN会派驻一位项目负责人负责指导团队工作。

- 项目负责人：项目负责人主要工作是把控整个短视频团队的内容方向和质量，梳理团队的工作流程，制定任务目标，指导编导的工作。
- 编导：编导是整个短视频团队的核心人员，需要对整个团队负责。其主要工作是统筹“达人”及后期的所有工作内容，把控账号的调性和“达人”的定位，辅助“达人”调整脚本，把控短视频的节奏和质量。
- “达人”：“达人”是短视频内容的主角，也是该短视频账号的代表。美妆“达人”的主要工作是根据自身优势和定位来策划选题，撰写脚本并作为主角主演短视频，以及对该短视频账号进行运营和维护。
- 后期：后期主要负责拍摄并剪辑短视频，参与选题策划，并提出拍摄计划，需要对短视频内容的成片质量负责。

初级团队通常会集体讨论工作的方向，以及“达人”的定位、拍摄的方法等一系列内容，但最后的决策权还是在编导手中。

（2）中级团队

当短视频账号收获一定用户流量，形成一定规模的时候，团队就需要调整成员的数量，升级为中级团队。该MCN的短视频中级团队就是在初级团队的基础上，增加了造型和摄像两个岗位，并将后期的工作职责调整为仅负责剪辑短视频，如图1-34所示。

- 造型：造型需要对“达人”的整体形象负责，具体工作是为“达人”设计造型和妆容，并调整和把控“达人”的服装风格等。
- 摄像：摄像需要根据脚本的要求拍摄各种短视频和图片，用来作为剪辑的素材。

图1-34 美妆短视频的中级团队

（3）高级团队

当短视频账号发展成为美妆领域中受关注度居于前列的短视频账号时，相应的短视频团队就可以发展为高级团队。该MCN将原本由多个团队共用的造型和摄像单独配备给高级团队，甚至为高级团队配备单独的内容策划、编剧和运营等人员，保证高级团队短视频的内容质量和数量。

2. 团队人员的招聘要求

该MCN通过招聘来获得短视频团队人员，相关的招聘要求如下。

- “达人”：美妆领域对“达人”的专业性的要求是比较高的，需要“达人”擅长化妆或护肤。招聘时会主要考核“达人”美妆知识储备、表现力和外形条件等。美妆短视频的用户多数是女性，有亲和力的长相更容易受到女性的喜爱和关注，所以对“达人”的容貌没有特别高的要求。
- 编导：美妆短视频团队对编导的要求相对较高，除了需要具备美妆方面的专业知识外，还需要有2年以上的编导从业经验，最好有网剧、微电影或广告片的编导经历。
- 其他人员：其他团队成员的招聘要求则比较简单，具备相应的岗位技能即可。

3. 团队制作短视频内容的流程

美妆短视频团队的短视频制作流程如下。

- 选题：选题人员需要在各个短视频平台中观看美妆短视频，关注美妆热门账号，借鉴其优点和特性，找到适合自己账号调性的选题。
- 撰写脚本：确认选题后需要根据自己账号的调性和人物的特性，由“达人”或编导撰写比较口语化的脚本，脚本一般在300个字左右，时长不超过3分钟。
- 拍摄：确定脚本之后，需要由摄像做好灯光等道具的准备，并进行拍摄。拍摄过程中其他团队成员通常也会到场，大家同心协力完成拍摄任务。
- 剪辑：拍摄后就应由后期对拍摄的素材进行剪辑，添加背景音乐、音效、字幕等，期间编导、“达人”和摄像等成员都可以发表自己的意见和建议，以提升成片质量。

● **发布与维护**：短视频制作完成后需要选择短视频平台进行发布，然后由运营人员对评论区进行维护，统计并分析用户点赞、分享和播放等数据情况。

课后练习

试着组建一个短视频团队，以拍摄学校日常学习生活为主要内容，首先设计具体的岗位，并列出岗位要求，然后根据团队发展的不同阶段来设计不同的岗位，最后列出制作短视频的相关流程。

第 2 章 短视频策划与拍摄筹备

随着短视频完全融入人们的日常生活中，用户对优秀短视频的渴求和对内容质量的高期待使得短视频的内容创作者不得不投入更多的精力，并增加制作成本，以打造出更加精美的视频画面，创作出更有创意的内容。下面就介绍短视频的策划与拍摄筹备的相关知识。

学习目标

- 策划短视频。
- 撰写短视频脚本。
- 筹备短视频的拍摄。

2.1 短视频策划

短视频策划的目的就是要吸引用户的注意力，通过视频内容打动用户，使其贡献出自己的流量或成为粉丝，并能使短视频内容得到更广泛的传播。短视频的策划并不是一件简单的事情，短视频所针对的用户群体不同，短视频内容方向、内容主题和风格也就不同，相应的内容脚本、拍摄前的筹备工作也不同。总的来说，短视频策划主要包括定位用户类型、定位内容方向、确定短视频的风格和形式等内容，下面进行具体介绍。

2.1.1 定位用户类型

用户是短视频创作的基础，任何短视频创作的前提都是获得用户的喜爱。所以，短视频创作者在进行短视频策划时，首先需要定位用户类型，具体包括收集用户的基本信息、归纳用户的特征属性、整理用户画像，以及推测用户的基本需求。

1. 收集用户的基本信息

用户的基本信息是指短视频用户在网上观看和传播短视频的各种数据，通过收集这些数据可以归纳出短视频用户的特征属性、整理用户画像和推测用户的基本需求等，所以，也可以把这些用户的基本信息称为用户特征变量，其主要包括以下几个方面。

- 人口学变量：在收集短视频用户的基本信息时，涉及的人口学变量包括用户的年龄、性别、婚姻状况、教育程度、职业和收入等。通过这些人口学变量进行分类，可以了解每类用户对短视频内容的需求差异。
- 用户目标：用户目标是指用户观看短视频过程中各种行为的目的，例如，用户使用某款短视频App的目的，特别关注剧情类短视频的目的，以及下载短视频的目的等。了解不同目的用户的用户特征，有助于查找目标用户。
- 用户使用场景：用户使用场景是指短视频用户在什么时候、什么情况下观看短视频的相关性信息，通过这些信息可以了解用户在各类使用场景下的偏好或行为差异。
- 用户行为数据：用户行为数据是指用户在观看短视频过程中的各种行为特征，例如，观看短视频的频率、时长，通过短视频购物的客单价等。通过用户行为数据的收集，可以分析和划分用户的活跃等级和用户价值等级等，为短视频的内容定位和脚本创作提供数据支持。

小贴士

态度倾向量表也可以用于用户基本信息的收集。态度倾向量表是一种较为客观的测量用户态度倾向的工具，常用的态度倾向量表数据信息包括用户的消费偏好和价值观等，可以从中归纳出不同价值观、不同生活方式的用户群体在消费取向或行为上的差异。

2. 归纳用户的特征属性

在收集了短视频用户的基本信息后，就可以分析这些信息并归纳用户的特征属性，从而实现对短视频用户的定位。归纳用户特征属性的数据可以从专业的数据统计机构发布的报告中获取，例如QuestMobile的报告、巨量算数发布的抖音用户画像报告等。

● 用户规模：用户规模是指某个行业、领域中用户的数量，用户规模越大，说明该行业、领域的商业盈利能力和发展潜力越大。

● 日均活跃用户数量：日均活跃用户数量（Daily Active User，DAU）通常用于统计一日（统计日）之内，登录或使用了某个平台的用户数（去除重复登录的用户）。在短视频领域，日均活跃用户数量是使用短视频平台的每日活跃用户数量的平均值，能够反映短视频平台的运营情况、用户的黏性。

● 使用频次：使用频次这里是指使用短视频平台的频率和次数，根据这个数据能够判断出用户对于短视频平台的喜爱程度和对短视频的关注程度。

● 使用时长：使用时长是指该平台程序界面处于前台激活状态的时间，通常以日使用时长为单位。

● 性别分布：性别分布可以反映不同性别的用户对于短视频的关注和喜爱程度。

● 年龄分布：年龄分布可以反映不同年龄的用户对短视频的偏好和认知程度。

● 地域分布：地域分布可以通过不同省、市或地区的用户规模，反映用户的文化程度和对短视频的审美偏好等。

● 活跃度分布：活跃度分布可以反映用户的黏性，分析用户的活跃度可以按一天24小时进行数据统计，也可以根据工作时间和节假日的不同时间段进行数据统计。

3. 整理用户画像

在归纳了用户的特征属性后，就可以将这些信息将整理成一个完整的短视频用户画像。这里的用户画像其实就是根据用户的属性、习惯、偏好和行为等信息抽象描述出来的标签化用户模型。在这个大数据时代，获取用户数据最简单、常用的方法就是通过专业的数据统计网站查看，例如，通过专业的短视频数据统计网站巨量星图、抖查查等查看用户画像。从用户画像信息中推导出用户偏好的短视频内容类型，再针对用户偏好进行选题，可以有效地促进用户增长，提升内容定位的精准度。

【例2-1】某成都的家庭主妇王某要创作美食类短视频，可以通过在网站中整理该领域短视频“达人”的用户画像来精准定位自己的用户群体，其具体操作如下。

① 打开对应的数据网站，这里打开抖查查网站，查看“达人榜—粉丝总榜”。

② 在“分类”栏中选择“美食”类型，然后选择一个排名靠前的短视频“达人”账号，单击其右侧的“人物详情”按钮。

③ 进入该短视频“达人”的信息介绍网页，首先看左侧的“达人”信息，该“达人”为女性，所在地区为九江，通过分析发现该“达人”的基本情况与王某类似，性别相同，所在地区都是南方，做菜也都是南方口味，且主要是为自己的家人做菜，因此两人创作的美食短视频的用户群体也可能类似。

④ 单击“粉丝画像”选项卡，即可查看该短视频“达人”的用户画像，如图2-1所示。

⑤ 就性别分布来看，男性用户只占27%，也就是说，该“达人”创作短视频主要针对女性群体，风格也偏向女性用户的审美。

⑥ 就用户年龄分布来看，25～35岁这个年龄段的用户占比高达44.13%，也就是说，该“达人”创作短视频应该主要针对年轻用户，创作的内容也应该偏年轻化。

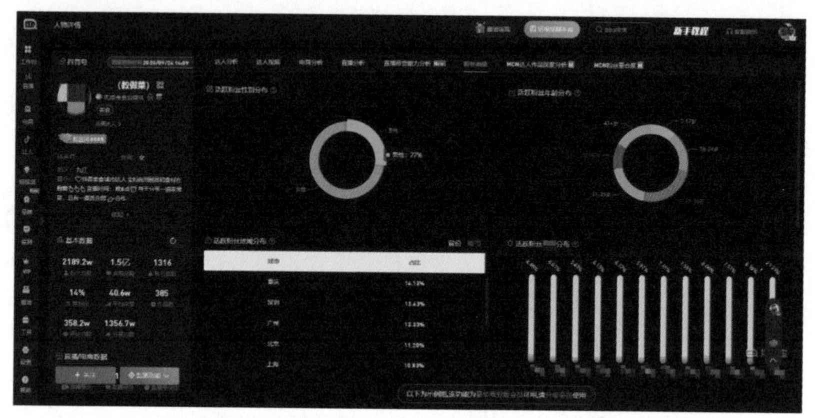

图2-1　美食类短视频“达人”的用户画像

⑦ 就用户的地域分布来看，除北京外，该短视频“达人”的用户主要分布在南方城市，也就是说，该“达人”创作短视频应该主要针对南方人，美食可能以南方美食为主。

⑧ 最后，得出该“达人”短视频的用户定位：以25～35岁的南方女性为主。以该“达人”的用户定位为参考，王某在创作内容时就需要根据以上用户定位选择南方菜系，例如川菜、湘菜和粤菜；针对25～35岁的女性上班族，可以介绍制作简单、快捷的家常菜；针对为孩子制作美食的母亲，还可以介绍外观漂亮且营养丰富的菜品等。

4. 推测用户的基本需求

推测用户的基本需求有助于创作出更有吸引力的短视频，提升用户黏性。短视频用户的基本需求主要有以下5种。

- 获取知识技能：用户观看短视频时希望获取一定的知识技能，短视频中如果能够加入实用的知识或技巧，就能够满足用户获取知识技能的需求。图2-2所示为专门介绍生活小技巧的短视频，这类短视频的播放量较高。
- 获取新闻资讯：通过手机短视频获取的新闻资讯不仅直观、明了，而且比图文内容生动、方便。图2-3所示为实时传播各种新闻资讯的短视频，其中有些热点新闻短视频的点赞数在几十万甚至上百万。
- 休闲娱乐：娱乐性是短视频这个大众传播媒介的主要属性之一，获取娱乐资讯、满足精神消遣也是用户使用短视频的主要目的之一。大部分热门短视频平台发展较快的一大原因就是平台上有大量奇趣精美的视频内容满足了用户的娱乐需求。
- 满足自身渴望，提升自我的归属感：短视频由于自身表达方式更具体直观、生动形象，除社交外还可以满足用户对某种事物或行为的愿望和期望。短视频涵盖各方面的内容，具备发布、评论、点赞和分享等社交功能，在满足用户自身渴望的同时，还能提升用户的自我认同和归属感。
- 寻求指导消费：短视频已经成为电商推广和销售商品的主要渠道之一，而通过观看短视频来指导自己的购物也成了一种新的用户需求。用户可以通过短视频“达人”的推荐以及短视频内容的介绍，对一些商品的基本信息、优惠信息及购买价值等内容有一个基本的了解，从而决定是否进行消费。

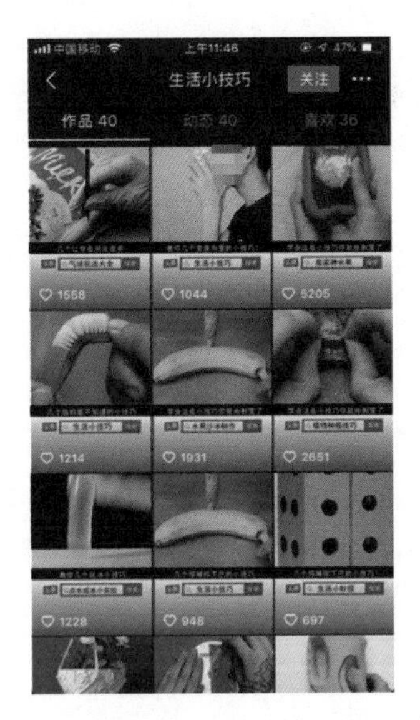

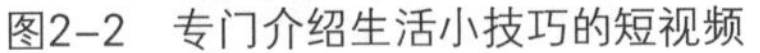

图2-2　专门介绍生活小技巧的短视频

图2-3　实时传播各种新闻资讯的短视频

【例2-2】根据美食类短视频内容的用户画像，可以分析推测出美食类短视频的用户需求，并在短视频内容中加入一些具体的内容来满足用户的需求。

- 休闲娱乐：美食类短视频可以通过表现诱人的食物来让用户放松心情，得到视觉和心理上的享受。同时，美食类短视频还可以加入乡村风情，让用户的心灵得到片刻宁静。
- 满足自身渴望，提升自我的归属感：在美食类短视频中可以引导用户互动、留言，让用户通过评论与他人交流，从而满足用户的社交需求。
- 获取知识技能：美食类短视频中可以介绍美食的制作过程，让用户学到实用的做菜技巧。同时，还可以加入地方特色美食介绍，让用户增长见识，为今后旅游和寻找美食提供帮助。
- 寻求指导消费：在美食类短视频中可以介绍美食类商品的基本信息、优惠信息及购买价值等，并让用户可以直接通过短视频中提供的链接跳转到电商网站购买。

2.1.2　定位内容方向

不同的短视频内容创作者的知识文化水平、人生经历和兴趣爱好不同，擅长的短视频内容领域也不同，因此，根据自己的特长来定位内容类型是十分有必要的。只有选择自己擅长的领域，才能创作出高质量的短视频。

1. 个人特长定位

短视频内容创作者可以根据自己的特长来定位内容类型。例如，某短视频内容创作者是一位平面设计师，精通Photoshop，并且能够轻松制作各种精美的广告图片。他经过考察后发现，在大多数的短视频平台中，知识技能教学类短视频比较受欢迎，用户黏性也大，且用户付费意愿也强。该短视频内容创作者根据自己的技能特长，将内容类型定位为知识技能教学内容。严格来说，根据个人特长定位短视频内容类型有以下步骤。

（1）分析自身条件，包括自己所处的城市，自己的知识水平、年龄、擅长的技能和工作领域，自己的爱好，是否能熟练使用各种拍摄设备、拍摄软件和视频剪辑软件等。

（2）观看各种类型的短视频，以短视频创作者的角度分析这些具体案例，考虑自己能不能创作同样类型的短视频，并根据自己的特长和知识技能选择几种比较适合自己的类型，做出详细的书面分析（形成分析报告）。

（3）根据分析结果找到二三个短视频内容类型，然后在短视频平台中搜索该类型的优秀“达人”的账号，观看其发布的短视频，学习和模仿短视频的创作。

（4）尝试制作并发布该内容类型的短视频，一段时间后（通常是一到两个月），如果用户关注度和粉丝量没有达到预期，再考虑其他的内容类型。

2. 内容类型推荐

除了考虑自己的特长外，在定位时还应选择热门的内容方向，这样才更容易获得较高的播放量和粉丝量。图2-4所示为2019年下半年抖音中用户偏好的短视频内容领域。

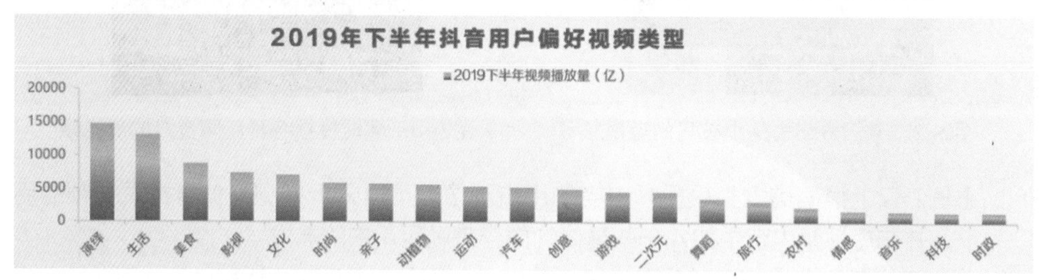

图2-4　2019年下半年抖音中用户偏好的短视频内容领域

表2-1所示的内容类型目前较为热门，十分值得短视频内容创作者去尝试。

表2-1　热门的短视频内容类型

内容类型	特点	内容领域	典型案例
干货	干货其实是指精练的、实用的、可信的内容，干货类短视频的内容具备较强的实用性，并能给用户带来足够多的价值，所以通常很容易受到用户关注	化妆知识、美容技巧、减肥技巧、生活小妙招和健康常识等	@商业小纸条real，该账号创作的短视频内容主要是通过一些具体的案例介绍职场和商业的成功之道，收获了超过1200万粉丝和5700万次点赞
情感	情感类短视频通常能够使用户感同身受产生共鸣，较容易获得高播放量和转发量。情感类短视频目前最常见的形式是系列短剧，能吸引用户持续关注	情感剧情故事、心灵感悟等	@一禅小和尚，该账号创作的短视频内容主要是通过动画片剧集的形式发表各种情感和人生感悟，收获了超过4300万粉丝和2.5亿次点赞
搞笑	搞笑类短视频主要是通过反转和冲突来形成幽默感，带给用户快乐，所以较受欢迎	搞笑段子、搞笑剧情故事等	@大狼狗郑建鹏 & 言真夫妇，该账号创作的短视频内容主要是以夸张的表演和幽默的语言来吸引用户关注，收获了超过4300万粉丝和7亿次点赞

续表

内容类型	特点	内容领域	典型案例
正能量	正能量类短视频能够唤起用户内心的正义和积极的情感，并得到大量点赞和转发	社会公益、好人好事等	@浙有正能量，该账号创作的短视频内容主要是通过真实案例向用户展示各种健康乐观、积极向上的行为，并弘扬社会正气，收获了超过1900万粉丝和12.9亿次点赞
Vlog	Vlog类短视频通过自然、真实的方式来展示日常生活，具有很强的生活气息，受到很多用户喜爱	农村生活、旅游见闻、日常工作和生活等	@itsRae，该账号创作的短视频内容主要是记录自己在各地旅游时的日常片段，收获了超过1200万粉丝和5800万次点赞
宠物	宠物类短视频以可爱的宠物为主角，让人心生怜爱，能吸引较多喜爱宠物的用户	宠物日常生活分享、宠物喂养技巧等	@♥会说话的刘二豆♥，该账号创作的短视频主要是通过一只名叫“刘二豆”的猫出镜并配音的方式来吸引用户的关注，收获了超过4000万粉丝和4.4亿次点赞
美食	美食类短视频能带给用户很强的感官刺激，使用户获得视觉感受，因而具有很强的吸引力	日常生活、家庭务农、美食试吃和制作技巧等	@麻辣德子，该账号创作的短视频内容主要是在家中制作各种日常美食，收获了超过3500万的粉丝和3.2亿的点赞
商品评测	商品评测类短视频主要通过拆箱的形式，由主角亲自测试商品的质量以及使用效果，可以为用户购物提供指导性意见，甚至激发用户的购买欲望	生活用品、家居用品和科技数码等	@老爸评测，该账号创作的短视频内容主要是以亲身体验和使用的方式评测商品，收获了超过1700万的粉丝和8900万的点赞
才艺展示	才艺展示类短视频内容是展示唱歌、跳舞、运动、乐器、插画和茶艺等才艺，这类内容在短视频中最为常见	穿衣打扮和歌唱舞蹈等	@🚦惠子ssica🚦，该账号创作的短视频主要是通过展示动人的舞蹈，来获得用户的喜爱，收获了超过2800万粉丝和3.9亿次点赞

【例2-3】小蔡是一名专业厨师，他想拍摄一些美食类短视频，下面就分析美食类短视频包括的具体内容类型，并根据小蔡的特长给出意见。

① 参考主流短视频平台中的热门美食类短视频，将美食类短视频划分为以下4种具体的内容类型。

第一种：美食“达人”类。

美食“达人”类短视频内容通常以美食“达人”介绍和试吃美食的过程为主，视频中的美食“达人”通常有比较鲜明的个人特色，辨识度很高，容易获得用户关注。根据内容侧重点的不同，美食“达人”类短视频又可以分为创意“达人”类、乡村“达人”类和美食家“达人”类3种细分类型。

● 创意“达人”类：创意“达人”类短视频是指将美食与一些特殊且能够吸引用户关注的元素进行搭配，然后以此为内容创作短视频，例如，搞笑和美食搭配、“达人”和美食搭配，以及使用特殊的器物制作和盛装美食等，如图2-5所示。

● 乡村“达人”类：乡村“达人”类短视频是指以日常的乡村生活作为美食短视频的主要内容，通过展示特定的乡村美食，与城市的高压快节奏生活形成反差，以吸引对乡村生活有美好向往的用户，如图2-6所示。

● 美食家“达人”类：美食家“达人”类短视频是由对美食有自己的独特见解，并能向用户介绍和推荐美食的“达人”创作的短视频，通常只有美食杂志编辑、美食畅销书作者、专业厨师或资深美食爱好者才能制作这种类型的短视频。

图2-5　创意“达人”类美食短视频

图2-6　乡村“达人”类美食短视频

第二种：美食制作过程展示类。

美食制作过程展示类短视频的内容主要是美食制作过程，其呈现形式以肢体动作和语音为主，有时也会有真人出镜。根据不同的辅助形式，此类短视频又可以细分为以下两种类型。

● 美食制作+旁白解说：此类短视频通常专注于向用户传授制作美食的方法和技巧，如图2-7所示，画面中可能还会出现主角的手部或脸部。

● 美食制作+背景音乐：此类短视频通过优美的BGM来增强表现力，但内容同质化较为严重，无法形成个人特色。

第三种：美食评测类。

美食评测类短视频中通常会有主角出镜，若主角知名度较高也可被归到美食“达人”类中。美食评测类短视频中可以植入美食广告，从而实现内容变现，如图2-8所示。目前，此类短视频的制作重心都在美食的选择和广告推广等方面。

图2-7 “美食制作+旁白解说”类短视频

图2-8 美食评测类短视频

第四种：街头美食类。

街头美食类短视频的内容主要是在逛街过程中展示各种地方的特色美食，内容的核心要素通常包括有趣的主角、美丽的街景、娓娓道来的故事和丰富的美食体验等。成功制作这类短视频的前提是有充足的经费、能言善辩且风趣幽默的主角，以及内容丰富的脚本文案。

② 具体分析不同类型的美食类短视频的优缺点。

表2-2所示为4种美食类短视频的优缺点对比。

③ 为小蔡选定一个具体的内容类型。

● 传统方向：小蔡是一个厨师，具备非常强的美食制作能力，以及美食鉴赏能力。作为新手，最简单的内容类型就是制作美食过程展示。小蔡可以先试试创作该类型的短视频，在获得一定数量的粉丝后，再试着转型为美食“达人”类。

● 融合创新：小蔡也可以积极寻求创新，将多种内容类型融合在一起，打造更有创意的短视频内容，例如，将美食制作过程展示与乡村文化相结合，将美食评测和街头美食相结合等，打造出综合性的美食类短视频。

表2-2　4种美食类短视频的优缺点对比

内容类型	优点	缺点
美食“达人”	主角人物设定鲜明、有辨识度，容易积累忠实粉丝	需要一个长期的传播和分享过程，对团队和资金方面的需求较高，对主角的个人魅力要求较高
美食制作过程展示	拍摄和制作都比较简单，耗时较短，制作成本较低，非常适合新手	内容的同质化较严重，通常只是简单的美食制作过程展示，没有新意，无法吸引用户的持续关注
美食评测	制作简单，且没有统一的标准，发挥空间较大，比较适合新手	对内容的专业性要求较高，娱乐性较弱，不容易吸引用户的关注
街头美食	新兴内容方向，容易吸引用户的关注	制作成本较高，适合有团队支持或资金充裕的短视频内容创作者

2.1.3　确定短视频的风格和形式

在完成了短视频的用户和内容定位之后，就需要确定短视频的风格和形式。

1. 确定短视频的风格

短视频的风格是影响短视频受欢迎程度的重要因素，当前比较流行且容易获得用户关注的短视频风格主要有以下几种。

- 图文拼接：在各大短视频平台中，有许多以图片和文字为主要内容，并辅以BGM的短视频。这些短视频通常是使用平台自带的视频模板，将自己的照片和文字添加到其中制作而成的，如图2-9所示，这种短视频的风格就叫作图文拼接。图文拼接风格短视频的制作十分简单，制作门槛很低。

图2-9　图文拼接风格的短视频模板和用此模板创作的短视频

● 讲故事：短视频内容中出现有新意、有创意的故事总是能够吸引用户的关注，特别是内容脚本较好，具备正能量且能够引起用户共鸣的系列短视频是当下比较受欢迎的。很多短视频为了提高播放量，通过讲故事的风格来创作内容，如图2-10所示。

● 模仿：模仿风格就是模仿其他流行的短视频制作自己的短视频内容。这种风格的短视频由于不需要自己创作内容脚本，只需照搬或稍加改进即可制作，所以被很多短视频新手应用。需要注意的是，如果要想获得更多用户的关注，短视频内容要在模仿的基础上突出个人特色，形成自己的独特风格和人物标签。

● 生活Vlog：记录日常生活的Vlog也是目前非常热门的短视频内容风格，特别是记录国外生活的Vlog，能够吸引大量想了解不同生活方式的用户的关注和播放，如图2-11所示。

图2-10　讲故事风格的短视频

图2-11　生活Vlog风格的短视频

● 反差：反差是指光线明暗的不同，泛指好坏、优劣和美丑等方面对比的差异，是当下非常流行的一种短视频内容风格。例如，比较流行的换装类短视频，在前期展现普通甚至难看的形象，而后期则展示时尚精致的形象，形成强烈的反差以达到吸引用户关注的目的。另外，还有一些剧情类的短视频，内容为主角通过努力奋斗实现人生反转，因为这种内容设定让用户看了有一种自己也能实现的代入感，容易获得用户的关注。

● 脱口秀：脱口秀是在抖音等短视频平台中使用较多的短视频内容风格，这种风格的短视频通常以讲坛形式向用户讲解各种知识或灌输正能量，并为用户提供更好的、有价值的内容，吸引到用户的关注和转发，提高短视频的播放量。

2. 确定短视频的形式

短视频的形式是指短视频的拍摄、制作和呈现形式。常见的短视频形式主要有以下几种。

● 以肢体或语音为主：以肢体或语音为主的短视频是指以声音和肢体作为内容的一个主体展示给用户，以视频画面为另一个主体，例如，被遮挡的面部、手部等。这种形式最显著的特点就是以特殊物体替代脸部作为记忆点，例如，辨识度极高的声音、某种特殊样式的标记等。图2-12所示为以声音为主的短视频，图2-13所示为以手部为主的短视频。

图2-12　以声音为主的短视频

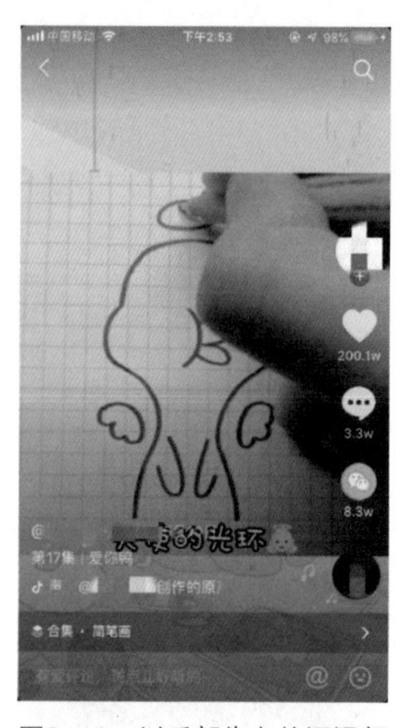

图2-13　以手部为主的短视频

● 以真人为主：以真人为主的短视频形式是目前的主流形式。以真人为主角往往有更大的创作空间，并形成非常深刻的记忆点。而且，主角本人往往也可以获得较大的知名度，成为短视频“达人”，并获得一定的影响力和商业价值。

小贴士

以真人为主的短视频形式也存在一定的缺点。首先，如果是组建团队进行短视频创作，就需要考虑签约成熟“达人”或培养潜力“达人”等问题。以真人为主的短视频如果由短视频内容创作者本人来担任主角，则创作者的表演和外形需要达到要求。另外，动物作为拍摄主体制作出的短视频内容也是真人为主的一种特殊形式，这种形式的内容必须通过配音、字幕和特定的表情抓拍等手段赋予动物“人的属性”，才能获得用户关注。

● 以虚拟形象为主：以虚拟形象为主的短视频需要专业人员设计虚拟形象，通常会花费较大的人力和时间成本。但这种形式的短视频具有更高的可控性，创作者能够自己控制整条短视频的内容走向、精准表达情绪并直观简要地推动剧情。而且，虚拟形象可以制作得精致可爱，增加用户好感，促使用户观看并关注短视频，图2-14所示为以虚拟形象为主的短视频，左图是二维动画风格的虚拟形象，右图是三维动画风格的虚拟形象。

图2-14　以虚拟形象为主的短视频

● 以剪辑内容为主：以剪辑内容为主的短视频就是以各种影视剧或综艺节目为基础，通过截取精华看点或情节编辑制作短视频。这种形式的短视频可以起到二次传播、宣传节目、制造话题营销等作用。此类短视频在制作上具有连续性、高频率的特点，不仅节约人力和时间成本，还具备非常大的传播优势。

小贴士

以制作剪辑内容为主的短视频形式需要注意版权问题。任何未经授权擅自挪用他人版权视频进行二次加工并获得商业利益的行为都属于侵权行为。创作前需要获得原版权方授权，若没有获得授权，则不能将相关短视频用于获取商业利益。

2.2　短视频脚本撰写

脚本通常是指表演戏剧、拍摄电影等所依据的底本或书稿的底本，而短视频脚本是介绍短视频的详细内容和具体拍摄工作的说明书。最初的短视频创作通常没有脚本，短视频拍摄也较为随意。后来，随着短视频质量要求越来越高，内容越来越丰富，进一步明确短视频的具体内容和各项具体工作就显得很有必要了，于是为短视频撰写脚本成了一项重要工作。下面就详细介绍撰写短视频脚本的相关知识。

2.2.1　短视频脚本的功能与写作思路

短视频脚本为短视频创作提供了内容提纲和框架，提前统筹安排好了每一个成员要做的工作，能够为后续的拍摄、制作等工作提供流程指导，明确各种分工职责。而了解短视频脚本的写作思路，对于撰写脚本有很大帮助。

1. 短视频脚本的功能

短视频脚本是短视频内容的发展大纲，可以确定内容的发展方向，有助于呈现出反转、反差或令人疑惑的情节，引起用户的兴趣。除此以外，短视频脚本还有以下4个功能。

- 提高拍摄效率：短视频脚本的一个重要的作用是提高短视频团队的工作效率。首先，短视频脚本可以让拍摄团队有清晰的目标，形成顺畅的拍摄流程；其次，一个完整、详细的脚本能够让摄像在拍摄的过程中更有目的性和计划性；再次，短视频脚本有助于为拍摄做好准备工作；最后，短视频脚本能为后期剪辑提供依据，提升最终的成片质量。
- 保证短视频的主题明确：在拍摄短视频之前，通过脚本明确拍摄的主题能保证整个拍摄的过程都围绕核心主题进行，为核心主题服务。
- 降低沟通成本：短视频脚本可以减少拍摄过程中由调解分歧和争论产生的沟通成本，让整个拍摄工作进行得更加顺畅。
- 提高短视频制作质量：短视频脚本可以呈现景别、场景，演员服装、道具、化妆、台词和表情，以及BGM和剪辑效果等，有助于精雕细琢视频画面细节，提升短视频制作质量。

2. 短视频脚本的写作思路

短视频脚本的写作思路，主要包括以下4个步骤。

（1）主题定位

短视频的内容通常都有一个主题，主题可以展示内容的具体类型。例如，以乡村生活为主题的短视频，其内容应始终围绕乡村生活的日常细节来展开，如田间耕种过程、村民的日常生活，以及传统风俗等，如图2-15所示。明确的主题定位可以为后续的脚本写作奠定基调，让短视频内容与相应账号的定位更加契合，有助于形成鲜明的个性，提升吸引力，所以，在写作短视频脚本时，首先确定主题。

图2-15　以乡村生活为主题的短视频

（2）写作准备

写作准备是指为撰写短视频脚本进行一些前期准备，主要包括确定拍摄时间、拍摄地点和拍摄参照等。

● 拍摄时间：确定拍摄时间通常有两个好处，一是可以落实拍摄方案，为短视频拍摄确定时间范围，从而提高工作效率，二是可以提前与摄像约定拍摄时间，规定好拍摄进度。

● 拍摄地点：提前确认好拍摄地点有利于内容框架的搭建和内容细节的填充，因为不同的拍摄地点对于布光、演员和服装等的要求不同，也会影响最终的成片质量。例如，以乡村美食“达人”为主角的短视频最好选择风景秀丽的农村地区作为拍摄地点，提前确认这一点，有助于在脚本中明确布光、服装等细节。

● 拍摄参照：通常情况下，短视频脚本描述的拍摄效果和最终成片的效果会存在差异，为了尽可能避免这个差异，可以在撰写短视频脚本前找到同类型的短视频与摄像人员进行沟通，说明具体的场景和镜头运用，摄像人员才能根据需求进行内容拍摄。

（3）内容框架搭建

做好前期准备工作后，就可以开始搭建短视频的内容框架了。搭建内容框架是指确定通过什么样的内容细节以及表现方式来展现短视频的主题，包括人物、场景、事件以及转折点等，并对此做出详细的规划。例如，短视频的主题是普通社区工作人员扎根基层实现人生价值，那么人物设定可以是一个大学毕业生，事件是居委会工作的日常、帮助社区居民、为普通老百姓排忧解难等。

在搭建内容框架时需要明确以下内容要素，并将其详细地记录到脚本中。

● 内容：内容是指具体的情节，就是把主题内容通过各种场景进行呈现，而脚本中具体的内容就是将主题内容拆分成单独的情节，并使之能用单个的镜头展现。

● 镜头运用和景别设置：镜头运用是指镜头的运动方式，包括推、拉、摇、移等。景别设置是选择拍摄时使用的景别，如远景、全景、中景、近景和特写等。相关内容将在下一章中详细介绍。

● 时长：时长是指单个镜头的时长，撰写脚本时，需要根据短视频整体的时间以及故事的主题和主要矛盾冲突等因素来确定每个镜头的时长，加强故事性，方便后期的剪辑处理，提高后期制作效率。

● 人物：在短视频脚本中要明确主角的数量，以及每个主角的人物设定、作用等。

● BGM：在短视频中，符合画面气氛的BGM是渲染主题的最佳手段。例如，拍摄以时尚街拍为主题的短视频，可以选择快节奏的嘻哈音乐；拍摄中国风短视频，则可以选择慢节奏的古典或民族音乐；拍摄自然风景，可以选择轻音乐、暖音乐等。在短视频脚本中明确BGM，可以让摄像更加了解短视频的调性，也让剪辑的工作更加顺利。

（4）内容细节填充

短视频内容质量的好坏很多时候体现在一些小细节上，比如一句打动人心的台词，或某件唤起用户记忆的道具。细节最大的作用就是加强用户的代入感，调动用户的情绪，让短视频的内容更有感染力。短视频脚本中常见的细节如下。

● 机位选择：机位是摄像机相对于被摄主体的空间位置，包括正拍、侧拍或俯拍、仰拍等。选择不同的机位展现的效果是截然不同的。

● 台词：无论短视频内容中有没有人物对话，通常台词都是必不可少的，应该根据不同的场景和镜头设置合适的台词。台词是为了镜头表达准备的，可起到画龙点睛、加强人物设定、助推剧情、吸引用户留言和增强粉丝黏性等作用。台词应精炼、恰到好处，能够充分表达内容主题即可，例如，60秒的短视频，台词最好不要超过180个字。

● 影调运用：影调是指画面的明暗层次、虚实对比和色彩的色相明暗等之间的关系，影调的运用应根据短视频的主题、内容类型、事件、人物和风格等来综合确定。在短视频脚本中，应考虑画面运动时影调的细微变化，以及镜头衔接时不同镜头的色彩、影调和节奏关系。简单地说，影调要与短视频的主题相契合，例如，冷调配合悲剧，暖调配合喜剧等。

● 道具：在短视频中，好的道具不仅能够起到助推剧情的作用，还有助于优化短视频内容的呈现效果。道具会影响短视频平台对视频质量的判断，选择足够精准妥帖的道具会在很大程度上提高短视频的流量、用户的点赞和互动数等。例如，一些怀旧主题的美食短视频就是通过大量具有年代感的道具（如自行车、黑白电视、搪瓷盆、汽水、具有年代感的海报和挂历等），将用户带入怀旧情绪之中，如图2-16所示。当然，道具只能起到画龙点睛的作用，不能喧宾夺主。

图2-16 使用怀旧道具的美食短视频

2.2.2 撰写提纲脚本和文学脚本

短视频脚本通常分为提纲脚本、分镜头脚本和文学脚本，不同脚本适用于不同类型的短视频内容。分镜头脚本适用于有剧情且故事性强的短视频，脚本中的内容丰富而细致，需要投入较多的精力和时间。而提纲脚本和文学脚本则更有个性，对创作的限制不多，能够给摄像留下更大的发挥空间，更适合短视频新手，下面就先介绍提纲脚本和文学脚本。

1. 提纲脚本

提纲脚本涵盖短视频内容的各个拍摄要点，通常包括对主题、视角、题材形式、风格、画面和节奏的阐述。提纲脚本对拍摄只能起到一定的提示作用，适用于一些不容易提前掌握或预测的内容。在当下主流的短视频创作中，新闻类、旅行类短视频就经常使用提纲脚本。需要注意的是，提纲脚本一般不限制团队成员的工作，可让摄像有较大发挥空间，对剪辑的指导作用较小。

【例2-4】下面为一条介绍青龙湖风光的短视频——《青龙湖》，撰写提纲脚本。

① 明确短视频的主题。本短视频的主题是青龙湖的美丽风景，属于纪录片类型的短视频。

② 确定短视频的主要内容。本短视频的主要内容包括地理位置、著名景观、人文特色和美丽夜景4个部分。

③ 确定提纲脚本的主要项目。提纲脚本的主要项目通常包括提纲要点和要点内容两个部分。

④ 撰写脚本，如表2-3所示。

表2-3　《青龙湖》提纲脚本

提纲要点	要点内容
主题	短视频的主题是青龙湖的美丽风景
地理位置	1. 远处清晰可见的龙泉山、对面的成都大学、附近的东风渠、通向青龙湖的主要道路（高架桥、三环路、四环路）（以摇镜头为主、包括全景、远景，使用无人机航拍） 2. 拍摄地铁站和公交站、步行道和骑行道、青龙湖东南西北4个大门及门前的主要标志（使用无人机拉镜头航拍4个大门）
著名景观	1. 湖景、亭台楼阁、两个长堤、青龙渡口、观景平台、墨池怀古、润荷听雨、石桥龙泽、龙舞花间、黄泥堰、湖心岛 2. 各种植物、鸟类（剪辑时加入珍稀动植物的图片和视频）
人文特色	1. 朱熹宗祠、明代蜀王陵 2. 儿童科普园、运动健身器材（最好有市民健身的视频）
美丽夜景	1. 青龙湖夜景（使用无人机航拍） 2. 傍晚的湖堤、湖面上星星点点的灯光

2. 文学脚本

文学脚本中通常只需要写明短视频中的主角需要做的事情或任务、所说的台词和整条短视频的时间长短等。文学脚本类似于电影剧本，以故事开始、发展和结尾为叙述线索。简单地说，文学脚本需要表述清楚故事的人物、事件、地点等。

文学脚本是一个故事的梗概，可以为导演、演员提供帮助，但对摄像和剪辑的工作没有多大的参考价值。常见的教学、评测和营销类短视频就经常采用文学脚本，很多个人短视频创作者和中小型短视频团队为了节约创作时间和资金，也都会采用文学脚本。

【例2-5】下面为一条用于电商App营销的剧情短视频撰写文学脚本。

① 明确短视频的主题。本短视频的主题为推广某电商App，属于剧情类短视频。

② 确定短视频的主要内容。本短视频的主要内容是两个女性朋友的一次见面，通过不同的衣着打扮等来对比两人的不同状态，衬托出状态较好的女性，然后通过该女性台词说明该电商App的优点，并提供相关链接。

③ 确定文学脚本的主要项目。文学脚本的主要项目通常包括脚本要点和要点内容两个部分，其中脚本要点包括短视频的标题、演员和时长，以及最重要的3个场景（场景通常对应剧情的开始、发展和结尾3个部分）。

④ 撰写脚本，如表2-4所示。

表2-4 《闺密的不同生活》文学脚本

脚本要点	要点内容
标题	闺密的不同生活
演员	两名女性
时长	40秒
场景1：咖啡厅	咖啡厅角落的一个沙发上，一个没有化妆、穿着朴素的女人正在焦急地打电话。 闺密甲：唉，你刚辞职两个月，我们公司就开始裁员了，好多人都被辞退了，我好不容易留了下来，也被降薪了。我刚看了一个新的包，本来准备下手，这下可好，连信用卡都还不上了！（烦躁地叹了口气）你还有多久到啊，我再不和你倾诉一下，都快憋不住了！
场景2：路边	迎面走过来的一个女人，穿着细跟高跟鞋、时尚的套裙，拿着名贵的手包和新款手机，步履轻快，说话也很平稳。（镜头从下往上，不拍脸） 闺密乙：呵呵，我不是来了嘛，你别急，我到门口了。
场景3：咖啡厅	闺密乙走近闺密甲，把手包和手机放到桌上，闺密甲看到闺密乙全身上下的打扮，以及包包和手机后感到很惊讶。 闺密甲：你这是中彩票了吗？我现在连化妆品都不敢买了，你连工作都没有，居然买了限量版的套裙和包。 闺密乙：发什么财啊，我上个月不是给你说，我开了个网店呀，这不赚了点小钱么。 闺密甲：你这是赚了点小钱的样子吗？给我看看你这个网店里到底卖的啥？ 闺密乙打开手机，屏幕中显示的是一家卖日用百货的网店，销量十分可观。 闺密乙：就这个，刚开始我不懂，开了一个星期，一件都没卖出去，后来找了个老师，教我装修店铺，做标题优化，参加年货节等各种活动。最重要的是，刚开始网店不需要我囤货，就算一件货都能包代发包售后，完全没有后顾之忧。现在网店一个月的利润比我以前在公司两三个月的工资都高！ 闺密甲：这么好！我也想试试。 闺密乙：早就叫你和我一起干了！点击视频右下角的链接，下载并安装××App，在评论区还可以领取开店专属的新人福利，为新手开店提供专业的帮助和资金支持，咱们一起争当“小富婆”吧！

小贴士

文学脚本采用线性叙事，即把短视频内容分为开始、发展和结尾3个部分：开始部分介绍短视频的主要人物，以及故事的前提和情境等，主要是吸引用户的注意；发展部分设置冲突，设置冲突的方法很多，比如为人物的追求设置障碍等；结尾部分则是故事的结局，如果能设置转折或反转，就能进一步加强戏剧效果。

2.2.3　撰写分镜头脚本

分镜头脚本主要是以文字的形式直接表现不同镜头的短视频画面。分镜头脚本的内容更加精细，能够表现短视频前期构思时对视频画面的构想，可以将文字内容转换成用镜头直接表现的画面，因此，比较耗费时间和精力。通常分镜头脚本的主要项目包括景别、拍摄方式（镜头运用）、画面、内容、台词、音效和时长（景别、拍摄方式和音效等具体内容将在下一章进行详细讲解）等。有些专业短视频团队撰写的分镜头脚本中甚至会涉及摇臂使用、灯光布置和现场收音等项目。分镜头脚本就像短视频创作的操作规范一样，为摄像提供拍摄依据，也为剪辑提供剪辑依据。

分镜头脚本又分为图文集合和纯文字两种类型，其中，图文集合的分镜头脚本是最专业的，很多影视剧在拍摄前会由专业的分镜师甚至导演本人来绘制和撰写分镜头脚本。

- 图文集合的分镜头脚本：图文集合的分镜头脚本通常是由脚本撰写人员或专业的分镜师负责，他们会先和编剧或导演沟通，听取对其视频内容的描述，然后进行整理，绘制出导演心中的成片画面，并在其中添加一些必要的文字内容。这种类型的分镜头脚本的主要项目通常包括镜号、景别、画面、内容和台词等，其中，“画面”项目是指分镜图画，一般是16：9的矩形框，“内容”项目则是对“画面”项目的描述以及补充说明，如图2-17所示。

镜号	景号	画面	内容	台词
1	中景		男主角从房间探出头，观察四周	
2	全景	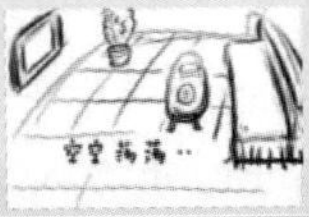	客厅空荡荡的	
3	全景		男主角偷偷地溜进厨房	
4	特写		拿出热水瓶，翻开瓶盖	
5	特写		男主角脸上露出了一丝胜利的笑容	

图2-17　图文集合的分镜头脚本（节选）

● **纯文字的分镜头脚本**：纯文字的分镜头脚本将短视频的整个内容用文字的方式呈现，在写作此类脚本时通常将所涉及的项目制作成表格的表头，然后按照短视频的成片效果将具体的内容填入表格中，供拍摄和后期剪辑时参照。纯文字的分镜头脚本也是短视频创作中十分常用的脚本类型。

小贴士

图文集合的分镜头脚本还有另一种表现模式，如图2-18所示，这种模式经常被用于影视剧的脚本创作中，有时会直接使用真实的照片或动态图片作为“画面”项目的内容。

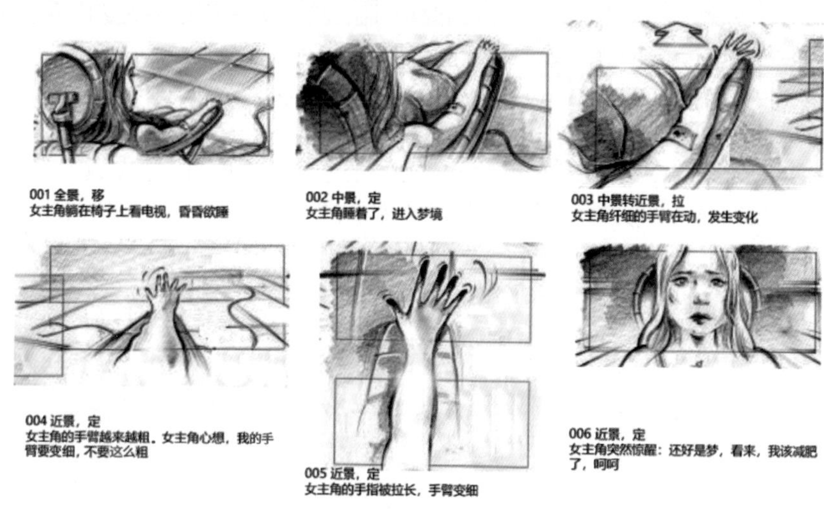

图2-18　另一种模式的图文集合分镜头脚本（节选）

【例2-6】下面为一条搞笑类短视频——《搞笑夫妻之私房钱》撰写纯文字的分镜头脚本。

①明确短视频的主题。本短视频的主题为夫妻间的斗智斗勇，属于剧情类短视频，也可以归类到夫妻情感类短视频。

②确定短视频的主要内容。本短视频的主要内容是一对夫妻之间的小故事，丈夫藏了私房钱，妻子想当场“捉住”他，但由于丈夫藏得比较隐蔽，结果妻子并没有发现。

③确定分镜头脚本的主要项目。本例的纯文字的分镜头脚本主要项目包括镜号、景别、拍摄方式、画面内容、台词、音效和时长。

④撰写脚本，如表2-5所示。

表2-5　《搞笑夫妻之私房钱》分镜头脚本

镜号	景别	拍摄方式	画面内容	台词	音效	时长
1	中景	固定镜头，正面拍摄	男主角从房间悄悄探出头，观察四周		表现紧张的音效，例如007系列电影的配乐	5s

续表

镜号	景别	拍摄方式	画面内容	台词	音效	时长
2	全景	移动镜头	客厅空荡荡，女主角在阳台做瑜伽		女主角锻炼时发出的声音	3s
3	中景	固定镜头，侧面拍摄	男主角偷偷地溜进厨房		表现紧张的音效，例如007系列电影的配乐	3s
4	特写	固定镜头	男主角拿出热水瓶，翻开盖			3s
5	特写	固定镜头	女主角伸手抢过热水瓶的瓶盖		表示突然的音效	2s
6	特写	固定镜头，正面拍摄	女主角一脸兴奋的表情	女主角：终于抓住你了，藏私房钱，哼!		3s
7	中景	固定镜头，侧面拍摄	女主角从瓶盖中拿出20元钱			3s
8	特写	固定镜头，正面拍摄	男主角一脸羞愤		表示凄凉的音效	2s
9	中景转特写	推镜头，正面拍摄	女主角转身离开，男主角倒水，热水瓶底还粘有100元钱	男主角：老婆，我错了，我给你倒水喝	反转音效	5s

2.2.4　撰写短视频脚本的技巧

如果将创作短视频比作盖房子，那么脚本的作用就相当于“施工方案”，重要性不言而喻。撰写短视频脚本，除了要掌握基本的写作方法外，还有必要掌握一些技巧，以提升脚本的质量。

1. 内容风格设计技巧

短视频的内容风格需要在撰写短视频脚本时在脚本中表现出来，并通过拍摄和剪辑的短视频画面展现给用户。设计短视频的内容风格有以下几点技巧。

- **选择风格类型：**撰写短视频脚本前可先在心中把短视频的画面串联起来，然后根据用户定位，有针对性地选择脚本文案的风格。
- **在开头设置吸引点：**短视频需要在一开始（5秒以内）就吸引用户的注意力，因此必须要设置一个能抓住用户眼球的点，可以是视频画面、人物动作、音效或特效等。只要能在开头吸引住用户，后面的内容只要适当加入亮点或设置情节反转，基本上就能吸引用户将整个视频看完。

- 故事情节尽量简单易懂：首先故事情节不要太复杂，尽量不要让用户动脑子思考；其次，要将故事情节的逻辑简单地呈现出来；最后，利用短视频标题对内容做补充说明。剧情类短视频尤其需要做到这一点，否则会使用户因无法理解情节而放弃观看。
- 以近景为主：短视频画面大部分采用竖屏形式，这一点决定了在短视频拍摄过程中，近景使用得比较多。在撰写短视频脚本的时候也要考虑到这一点，不要使用太多种景别，应该以近景为主，以带给用户更清晰、舒适的观看体验。
- 适当添加音效与BGM：BGM能够引导用户的情绪，合适的音效可以增加短视频的趣味性，提升用户的观看体验。
- 控制短视频时长：目前主流的短视频通常控制在1分钟以内。随着用户观看习惯越来越碎片化，短视频的时长还会有所降低。对短视频创作新手而言，在撰写短视频脚本时应把短视频的时长控制在30秒至1分钟。
- 设计一定的转场：转场能让短视频的衔接变得流畅，常见的短视频转场效果包括橡皮擦擦除画面、手移走画面、淡化和弹走等。在撰写短视频脚本时就设计一定的转场可以减少剪辑的工作，并提升短视频的画面品质。

2. 内容写作技巧

短视频吸引用户的根本是短视频的内容，所以，在撰写脚本时，一定要在文字上下功夫，内容写作时有以下几个要点。

- 内容要有反差：观看短视频的用户通常没有耐心去等待漫长的铺垫，所以，短视频的内容不能像普通影视作品那样安排铺叙情节，一定要设置反转、反差或令人疑惑的情节，这样才能引起用户的兴趣，获得点赞和关注。
- 内容节奏要快：内容节奏要快是指短视频的信息点要密集，让用户有继续看下去的欲望。短视频中的部分镜头没有必要交代得太清楚，仅通过一些小细节的设置和主角之间的对话来推动剧情的发展即可。
- 通过关键词联想出画面：文案中往往会有一些关键词，通过这些关键词可以联想出短视频画面。例如，从“后悔”这个关键词，可以联想到经典影视剧中的“曾经有一段真挚的感情放在我面前，我没有珍惜……”，这时就可以加以模仿，将该画面表现在短视频脚本中。
- 在短视频脚本中适当增加分镜图画：在撰写故事性比较强的短视频脚本时，有些内容仅凭一段文字无法直观展示，这时就可以适当增加分镜图画。例如，通过绘制几张主角或主要元素不变，只是场景变化的分镜图画，直观地表现出整个故事的连贯性。

3. 写作公式

在撰写短视频脚本时，为了保证内容的质量和完整性，可以套用以下既定的公式来进行写作。

- 搞笑段子=熟悉的场景+反转+反转=熟悉的场景或镜像场景（通常反转的次数超过两次以上才能吸引用户反复观看）
- 正能量/励志=故事情景+金句亮点+总结（短视频的画面和背景音乐都应该有一定的感染力，且内容要符合普通用户的价值观）
- 教程教学=提出问题+解决方案+展示总结（首先开头抛出一个问题，再提出解决

的方法并输出详细的干货内容，最后总结案例）

● 单品“种草”=超赞商品+亮点1+亮点2+亮点3+总结=超赞商品+适用场景+非适用场景+总结（目前比较流行的写法是通过剧情引出商品，然后由短视频“达人”展示商品亮点，最后告诉用户商品的购买链接或品牌名称）

小贴士

在学习了撰写短视频脚本的相关知识后，如果觉得自己仍无法写出短视频脚本，可以尝试采用模仿的方式来进行写作。这里的模仿是指仿照热门的短视频撰写类似的脚本，或者提炼出热门短视频中的亮点，加以借鉴后创作一个新的短视频脚本。

2.3　短视频拍摄筹备

如果说短视频策划是对短视频创作的初步规划和设计，那么短视频拍摄筹备则是指落实短视频策划的内容，为短视频拍摄做好准备，主要涉及准备摄影摄像器材、辅助器材、场景和道具，以及确定导演和演员、预算等，下面分别进行介绍。

2.3.1　摄影摄像器材

摄影摄像器材是短视频创作最重要的工具，主要功能是拍摄短视频的画面。目前在短视频的拍摄中，常用的摄影摄像器材包括手机、相机和无人机。

1. 手机

大部分短视频是使用手机拍摄，然后通过手机中的App剪辑后直接发布到短视频平台中的。

（1）手机拍摄短视频的优势

在短视频拍摄方面，使用手机拍摄具有拍摄方便、操作智能、编辑便捷和互动性强等优势，这也是手机成为主流短视频拍摄器材的原因。

● 拍摄方便：人们在日常生活中会随时携带手机，这就意味着只要看到有趣的画面、绝美的风景或突然发生的新闻事件，都可以使用手机随时捕捉和拍摄。

● 操作智能：无论是使用手机自带相机还是App拍摄短视频，其操作都非常智能化，只需要点击相应的按钮即可开始拍摄，拍摄完成后手机会自动将拍摄的短视频保存到默认的文件夹中。

● 编辑便捷：手机拍摄的短视频直接存储在手机中，可以通过相关App来进行编辑，编辑好后可以直接发布。而相机和摄像机拍摄的短视频通常需要先传输到计算机中编辑后再发布。

● 互动性强：手机具备极强的互动性，能够在拍摄的同时通过网络与其他用户进行交流，这点是其他摄影摄像器材所不具备的。

（2）手机拍摄短视频的不足

手机在防抖、降噪、广角和微距等方面的性能与相机和摄像机这些专业摄影摄像器材相比还有差距，需要进一步提升。

● 防抖功能较弱：手机的防抖功能相对较弱。在使用手机拍摄短视频过程中容易抖动，导致成像效果不好，这一点可以使用手机稳定器或脚架来弥补。

● 没有降噪功能：降噪是指减少噪点，噪点是短视频画面中肉眼可见的小颗粒。噪点过多会让画面看起来比较混乱、模糊、朦胧和粗糙，无法突出拍摄重点，影响短视频的成像效果。目前，大部分手机不具备降噪功能，需要通过后期剪辑实现降噪。

● 广角或微距功能较弱：广角功能可以使短视频画面在纵深方向上产生强烈的透视效果，进而增强画面的感染力。微距功能则能拍摄一些细节画面，提升画面质感的同时带给用户视觉上的震撼。手机上的这两个功能相对较弱，无法与相机、摄像机相提并论。

（3）如何选择拍摄短视频的手机

如果要选择手机作为短视频的摄影摄像器材，那么需要注意的是，所选的手机除了具备基本的高清晰分辨率外，还应具备防抖、降噪、广角和微距等功能。此外，还应考虑价格和电池容量等其他综合性的因素。在选择手机时可参考一些专业网站和权威机构对手机的性能评测，特别是对手机的相机传感器和镜头的评测，然后根据自己的需求和预算进行选择。

2. 相机

如果短视频团队中的摄像具备一些拍摄的基础知识，且团队的运营资金较为充足，可以考虑选用相机作为短视频的拍摄器材。相机有多种类型，能够进行短视频拍摄的相机主要有单反相机、微单相机和运动相机3种，下面分别进行介绍。

（1）单反相机

单反相机（Single Lens Reflex，SLR）的全称是单镜头反光式取景照相机，是指用单镜头，并且光线通过此镜头照射到反光镜上，通过反光取景的相机，如图2-19所示。

图2-19　单反相机

单反相机拍摄短视频的优势主要在于其比手机拥有更高的画质和更丰富的镜头可供选择，同时其价格和使用的综合成本又低于摄像机，且兼顾静态和动态的图像画面拍摄，一机两用，具有极强的便利性和更高的性价比，是很多专业短视频团队的首选摄影摄像器材。虽然目前很多手机的摄像头已经达到几千万像素，但是具备同样像素的单反相机拍摄的视频画面质量更高，其原因主要是单反相机的感光元件、动态范围、编码码率和镜头直径都比手机更大。单反相机的另一个优势是镜头可以拆卸和更换，即可以选择不同的镜头拍摄不同景别、景深及透视效果的画面，丰富视觉效果。表2-6所示为拍摄不同类型短视频推荐使用的单反相机。

（2）微单相机

微单相机和单反相机最大的区别在于取景结构不同。单反相机采用光学取景结构，机身内部有反光板和五棱镜；微单相机则采用电子取景结构，机身内部既没有反光板，又没有五棱镜，如图2-20所示。

表2-6　拍摄不同类型短视频推荐使用的单反相机

型号	主要规格	性能优势	主拍类型
佳能200D II	视频拍摄：4K @25P 屏幕类型：3英寸触控翻转屏 ISO值范围：100～25600	容易上手，操作系统简单直观，同时带有可翻转触控屏（侧翻、旋转都可以）	Vlog、“种草”等静态物品展示类
尼康D7500	视频拍摄：4K @30P 屏幕类型：3.2英寸触控上翻屏 ISO值范围：100～51200	支持进行8fps的连续拍摄，具备成熟的51点自动对焦系统以及捕获4K视频的能力，性价比高	Vlog、美食、剧情等室内动态类
佳能5D Mark IV	视频拍摄：4K @30P 屏幕类型：3.2英寸触控固定屏 ISO值范围：100～32000	顶级的画质，优秀的动态范围，令人满意的直出色彩，能够完美胜任绝大部分的短视频拍摄	各种类型均适用，特别是体育运动或极限运动类

单反相机和微单相机在取景结构上的不同不影响成像效果与画质水平，也就是说两种类型的相机之间无绝对优劣之分。微单相机内部没有反光板和五棱镜等部件，因此普遍比单反相机的重量更轻，体积更小，具有更好的便携性。表2-7所示为拍摄不同类型短视频推荐使用的微单相机。

图2-20　微单相机

表2-7　拍摄不同类型短视频推荐使用的微单相机

型号	价格范围	性能优势	主拍类型
索尼Alpha 6100	3000～5000元	快速抓拍小孩、宠物、运动中的人等快速移动的主体，也能拍摄风光、夜景	Vlog、旅行、萌娃和萌宠等
富士X-T30	5000～8000元	具备胶片模拟功能，能够拍摄出富有质感和时代感的文艺画面，以及更具电影感的画面	剧情、旅行、美妆和穿搭等
佳能R6	10000元以上	非常适合拍摄儿童和宠物等需要抓拍的主体，以及各种商业题材	各种类型，甚至包括商业广告

（3）运动相机

运动相机是一种专门用于记录运动画面的相机，特别是体育运动和极限运动，如图2-21所示。由于这种相机拍摄的对象是运动中的人，且通常安装在运动物体上，例如，滑板底部、宠物身上、头盔顶部和汽车空间内等，所以，运动相机必须具备防水防摔防尘、结实耐用，体积小、可穿戴、不影响摄像活动，以及超强的防抖技术这3大基本特性。

图2-21　运动相机

运动相机受到体积影响，其镜头尺寸较小，理论上拍摄的视频的画质和手机是一个等级的。但运动相机具有以下3个手机没有的特点。

- 超广角：运动相机为了拍摄更多的画面，通常配备了超广角镜头，但这也会同时带来明显的镜头畸变（这里指视频画面的周围卷翘或膨鼓）。当然，部分运动相机已具备了消除畸变的功能，但这种功能通常也会降低视频的画质。
- 超焦距：使用运动相机拍摄视频的过程中通常无法进行手动对焦，只能预设超焦距让视频画面中的所有物体始终保持清晰，这也导致运动相机几乎拍不出背景虚化的效果。
- 定焦单摄：运动相机基本都是固定焦距、单一拍摄功能的相机，也就是说，运动相机无法实现光学变焦。这意味着运动相机拍出来的视频画面虽然都很宽广，但很难拍摄清楚远处的景物，而近处的物体也必须在固定焦距的范围内才能被拍到特写。

表2-8所示为拍摄不同类型短视频推荐使用的运动相机。

表2-8　拍摄不同类型短视频推荐使用的运动相机

型号	主要规格	性能优势	主拍类型
GoPro	视频分辨率：5K/30fps 高帧率视频：1080P/240fps 防水性能：10m 最大续航：47～81min	机身小巧，可以直接安装到自行车或头盔上，便携性极高，还能外接闪光灯、话筒、前置翻转屏等	Vlog和体育类（常见户外运动，例如骑自行车、游泳、徒步和越野跑等）
大疆 Pocket 2	视频分辨率：4K/60fps 高帧率视频：1080P/240fps 防水性能：不防水/可选配防水壳 最大续航：140min	具有更大的传感器和更广角的大光圈镜头，同时夜拍表现不俗	日常的户外短视频均适用

（4）全景相机

现在有些短视频的拍摄也会使用到全景相机。全景相机有很多和运动相机相似的特征，其相比于运动相机的优势在于可以360度无死角地拍摄像机周围的场景，比运动相机的超广角镜头更实用，而且这种全景视角的短视频画面能够呈现独特的画面风格，因此全景相机可以作为手机或微单相机的辅助器材，为短视频提供有趣、新奇的画面，如图2-22所示。

图2-22　全景相机

（5）如何选择拍摄短视频的相机

当下主流的影视剧和大多数热门短视频通常都具有背景虚化强、镜头运用多样、画面动态范围广和夜景纯净等特征。所以在拍摄清晰度要求高且专业性强的短视频时，应主要考虑选择单反相机和微单相机，这样才更容易拍出符合要求的短视频。至于是选择单反相机还是微单相机，可以参考以下几点。

- 价格：单反相机和微单相机的价格没有绝对的高低之分，但单反相机对镜头、脚架等辅助器材的要求较高，微单相机相对来说更具性价比。
- 重量：这里的重量不仅指相机本身重量，还包括其辅助器材的重量，这方面微单相机同样胜出。
- 型号：相机的摄像功能每年都在不断进步，所以，无论是单反相机还是微单相机，都应尽量选择最新的型号。
- 类型：这里的类型主要针对微单相机。在视频拍摄方面，微单相机可以分为两个大类，选择时可根据自身情况加以考虑。一类是专为视频拍摄研制或在视频拍摄方面有着明显优势的相机，但使用这类相机需要具备相关的专业知识与技能，通常适合视频工作室或较专业的短视频团队。另一类是适合个人用户用来记录生活的相机，这类相机有好用的自动对焦功能、合理的体积重量、友好的存储介质，并且能兼顾静态摄影。

一般而言，单反相机和微单相机适合拍摄追求电影感的高质量短视频，而运动相机适合拍摄各类运动纪实类短视频。

3. 无人机

无人机拍摄已经是一种比较成熟的拍摄方式，很多影视剧中使用无人机来拍摄大全景，而无人机如今也被广泛应用于短视频拍摄。无人机拍摄的视频具有高清晰、大比例尺、小面积等优点，且无人机的起飞降落受场地限制较小，在操场、公路或其他较开阔的地面均可起降，稳定性、安全性较好，并且便于转移拍摄场地。但无人机拍摄也有劣势，主要是成本太高且存在一定的安全隐患。

无人机由机体和遥控器两部分组成，机体中带有摄像头或高性能摄像机，可以完成视频拍摄任务；遥控器则主要负责控制机体飞行和摄像，并可以连接手机和平板电脑，实时监控拍摄并保存拍摄的视频，如图2-23所示。

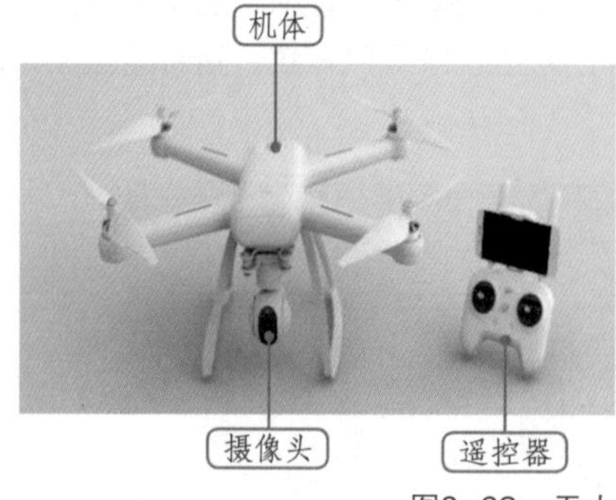

图2-23　无人机及其拍摄的视频画面

无人机主要拍摄的是自然、人文风景，通过大全景展现壮观的景象。使用无人机拍摄短视频需要注意以下几点。

● 考虑画面质量和传输问题：无人机拍摄有广阔的视角，所以需要广角摄像镜头，这样才能获得较好的视频质量。无人机拍摄的视频画面通常需要通过连接到手机或平板电脑上实现实时观看，这就需要无人机有优质的图像传播能力。另外，无人机的图像传播有距离的限制。这些都是在选择无人机拍摄短视频时应考虑的问题。

● 选择操控方式：通常用于视频拍摄的无人机可以通过遥控器、手机和平板电脑，以及手表、手环甚至语音等实现操控。遥控器是主流的操控方式，手机和平板的操控则需利用App，如图2-24所示，拍摄时可根据操控的难易程度和操控习惯来进行选择。

● 综合考虑便携性和拍摄质量：一般来说，在户外使用无人机的概率较大，这就要求无人机整个装备的便携性要强。但是轻巧的无人机也不一定好，所以要根据具体情况来选择。轻巧的无人机扛不住风吹，稳定性可能差，进而影响拍摄质量。如果需要进行高质量的拍摄，就只能选择相对笨重的无人机了。

● 要考虑续航能力：出门在外，充电可能不方便，所以续航对于无人机来说是很重要的，一般续航时间越长越好。通常高端的无人机的续航能力更强一些。

总之，无人机作为一种短视频拍摄的摄影摄像器材，不如手机和相机常用，只是在需要拍摄一些特殊的视频画面时才使用，其定位更多的是一种短视频拍摄的辅助器材。

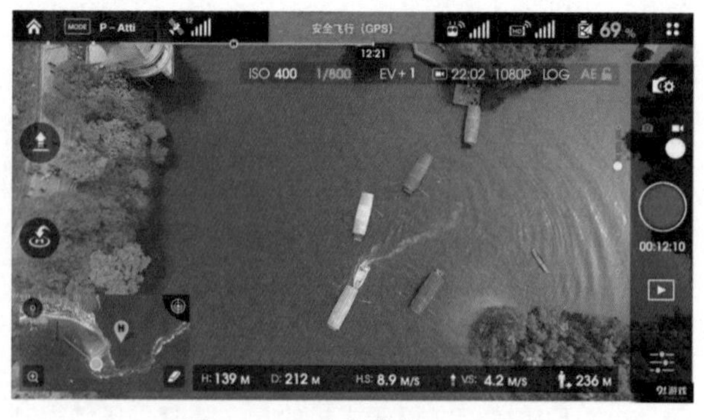

图2-24　无人机操控App界面

小贴士

Vlog目前已经成为热门的短视频类型，若选择相机拍摄Vlog，在进一步确定相机型号时还应关注表2-9所示的几大性能特点。

表2-9　拍摄Vlog的相机应具备的性能特点

性能特点	说明
连续对焦能力	拍摄Vlog时经常有从第三人称到第一人称的视角变化，所以相机的对焦速度、追焦能力以及人脸识别的能力都非常重要
防抖功能	Vlog拍摄相对随性，并不需要随时携带或使用稳定器，多数时候是手持相机拍摄，所以相机本身的防抖功能就显得非常重要
外接话筒接口	现场声音对短视频的品质有非常大的影响，相机内置话筒的收音效果和呈现音效都不会太好，所以相机是否有外接话筒的接口是一项重要的性能指标
便携性	外出拍摄Vlog时，需要摄影摄像器材携带方便，并能拍摄出清晰且精美的视频画面。手机、微单或单反都有一定的便携性，这时，就可以考虑在便携性和性能之间找到一个平衡点，目前来看，微单的综合性能最佳
翻转屏	翻转屏有助于实现较为精准的构图，特别是自拍时，拍摄人能够从翻转屏幕中看到本人在视频中的整体形象、在视频中所处位置
色彩性能	拍摄Vlog的短视频“达人”通常会频繁地更新短视频，因此工作量较大，如果相机的色彩性能较强，就会减少后期花费在调色上的时间

2.3.2　辅助器材

为了保证短视频的拍摄质量和拍摄的顺利完成，有时候还需要使用一些辅助器材，这些辅助器材通常在短视频拍摄的筹备阶段就要准备好。短视频拍摄常用的辅助器材包括话筒、脚架、稳定器、补光灯，以及其他器材。

1. 话筒

短视频是图像和声音的组合，因此在拍摄短视频的过程中还会使用收声设备，而拍摄短视频常用的收声设备就是话筒。通常手机、单反相机和摄像机等摄影摄像器材都内置有话筒，但这些内置话筒的使用范围较小，无法满足拍摄需求，因此，需要使用单独的外置话筒。拍摄短视频时使用的话筒通常可以分为无线话筒和指向性话筒两种类型。

（1）无线话筒

拍摄短视频常用的话筒是无线话筒，安装在视频主角的衣领或上衣口袋中，以无线方式捕捉人物对白，较为隐蔽，不影响整体画面。

无线话筒通常由领夹式话筒、发射器和接收器3个部分组成，如图2-25所示。

- 领夹式话筒：领夹式话筒主要用于收集声音，通常和发射器进行有线连接。
- 发射器：发射器主要用于向接收器发送收集到的声音，其体积小、重量轻，一般安装并隐藏于视频主角的外衣下面或口袋中。有些发射器自带话筒，可以直接安装在领夹式话筒的位置使用，这种类型的话筒在热门的短视频中很常见，如图2–26所示。

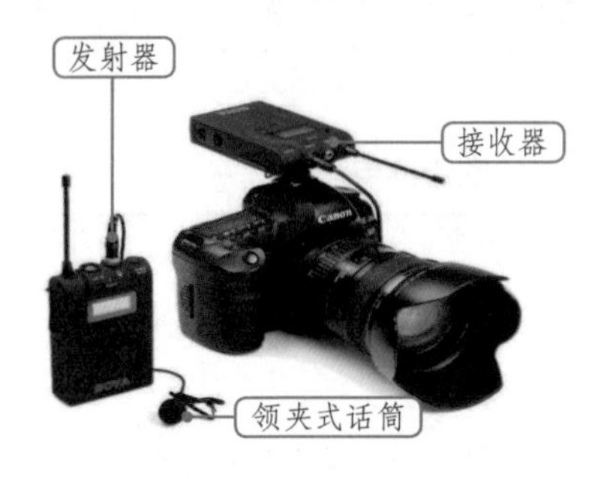

图2–25　无线话筒

图2–26　自带话筒的发射器

● 接收器：接收器用于连接手机、相机和摄像机，接收发射器收集和录制的声音，然后将其传输和保存到这些摄影摄像器材中。

（2）指向性话筒

指向性话筒也就是常见的机顶话筒，直接连接到手机、相机和摄像机中用于收集和录制声音，更适合现场收声的拍摄环境，如图2–27所示。指向性话筒通常可以分为心形、超心型、8字型和枪型等类型，其中，心形和超心型指向性话筒更适用于短视频拍摄，而枪型指向性话筒更适用于视频采访的电影拍摄。

图2–27　指向性话筒

小贴士

在条件允许的情况下，在摄影摄像器材中连接监听耳机，可以同步监听以保证声音的清晰度，保证拍摄的短视频的收声效果。如果短视频在室外拍摄，可以为话筒安装防风罩和悬浮防震支架，以降低风噪和环境噪声从而获得更好的收声效果。另外，有条件的情况下，甚至可以将话筒安装在挑杆上，以保证录音的质量，如图2-28所示。挑杆是由铝合金或碳素等质量很轻的材料制成的长杆，其顶端可安装话筒。较复杂的挑杆可以伸缩，其顶端还有旋转装置，用于改换话筒的方向，部分挑杆还可以从杆内部穿话筒线。

图2–28　将话筒安装在挑杆上

2. 脚架

脚架是一种用来稳定手机、相机和摄像机的支撑架，以实现某些拍摄效果或保证拍摄的稳定性。常见的脚架主要有独脚架和三脚架两种，如图2-29所示。独脚架和三脚架可以胜任大部分固定机位的视频拍摄工作。涉及多角度拍摄时，通常使用脚架顶端的可多角度调节的视频云台。视频云台的作用是通过手动或电动调节，实现均匀的阻尼变化，从而实现360度全景拍摄和多拍摄模式拍摄，如图2-30所示。

图2-29　脚架　　　　图2-30　视频云台

对于短视频来说，大部分拍摄场景中两种脚架可以通用。但独脚架具有很高的便携性和灵活性，且部分独脚架还具有登山杖的功能，非常适合拍摄野生动物、野外风景等对便携性要求较高的场景，以及体育比赛、音乐会、新闻报道现场等场地空间有限、没有架设三脚架位置的场景。而稳定性强的三脚架更适合拍摄既要一定稳定性，又对灵活性要求较高的场景，以及拍摄夜景或带涌动轨迹的视频画面。

3. 稳定器

短视频被大众接受和喜欢之后，稳定器也开始从专业的摄录设备向平民化设备转变，特别是手持式的稳定器，已经在短视频拍摄中十分普及。在短视频的移动镜头场景中，例如，前后移动、上下移动和旋转等，大都需要使用稳定器来保证画面的稳定，并锁定短视频中的主角。

稳定器通常分为单手持稳定器、双手持稳定器和带脚架稳定器3种类型，在短视频拍摄中以使用单手持稳定器为主，如图2-31所示。选择稳定器时，其承载能力是需要重点考虑的因素，最好选择具备多向承载能力的稳定器，图2-31中左侧这款稳定器既能手持，又带有脚架，还同时支持手机和相机两种器材。选择稳定器的另一个需要考虑的因素是稳定器自身的重量和体积，单手持稳定器比双手持稳定器轻便、小巧。另外，稳定器的核心是三轴陀螺仪和配套的稳定算法，目前稳定性能和算法较先进的稳定器品牌是大疆和智云。

图2-31　稳定器

4．补光灯

在短视频拍摄中使用的补光灯也叫作摄像补光灯，其主要作用是在缺乏光线条件的情况下为拍摄过程提供辅助光线，以得到合格的视频画面素材。补光灯大多使用LED灯泡，具有光效率高、寿命长、抗震能力强和节能环保等特性。补光灯通常采用脚架固定位置，或者直接安装在手机或相机上随时为拍摄对象补充光线。在短视频拍摄过程中常用的补光灯主要有平面补光灯与环形补光灯两种类型，如图2-32所示。

图2-32　平面补光灯（左）和环形补光灯（右）

短视频经常会在室内拍摄，通常需要补充自然光，因此可以优先选择平面补光来模拟太阳光对拍摄对象进行补光。如果要拍摄人脸近景或特写，或者在晚上拍摄，就可以选择环形补光灯，以弥补人物的肤色瑕疵，起到美颜效果。如果在拍摄过程中经常需要走动并调整角度或运镜，则需要使用便携式移动环形补光灯，如图2-33所示，将其直接安装在手机或相机上，尽量减少拍摄工具与周围环境过多的约束。

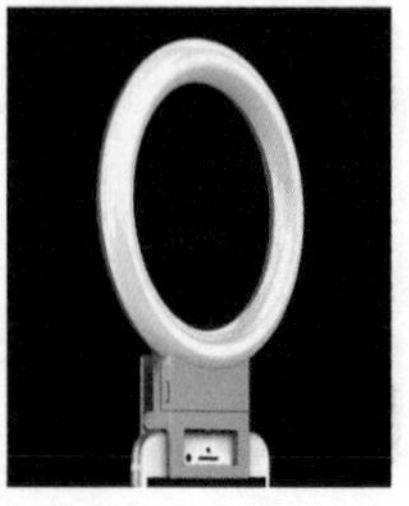

图2-33　移动环形补光灯

5. 其他器材

除了以上的器材外，还有一些比较特殊、并不常用的器材，同样会对短视频拍摄起到辅助作用，比如兔笼、滑轨、监视器、提词器和对讲机等。

● 兔笼：兔笼其实是一种相机专用的支架扩展器，既能发挥保护相机的作用，又能给相机周边提供外接其他设备的支架，如话筒、补光灯和监视器等，如图2-34所示。而兔笼可以搭配不同的零件，来应对不同场景的短视频拍摄，例如，兔笼搭配上手提手柄可以实现低角度的拍摄等。

图2-34　兔笼

● 滑轨：滑轨是指移动轨道，通常适用于影视剧拍摄，通过架设滑轨来移动摄像机，拍摄移动的视频画面。在拍摄短视频时，如果架设专业滑轨的成本太高，可以使用小型滑轨来替代。这种小型滑轨通常适用于相机的拍摄，有手动和电动两种类型，相机可以安装在支架上，也可以安装在兔笼中，如图2-35所示。

图2-35　滑轨

● 监视器：在短视频的拍摄中，监视器的作用是实时观看拍摄的视频画面效果，或者对视频画面进行回放。因为手机、相机或摄像机的显示屏幕相对较小，为了提升拍摄质量，可以考虑使用监视器，如图2-36所示。

● 提词器：提词器就是一块显示屏，用于显示短视频脚本的文稿内容。毕竟参与短视频拍摄的大部分不是专业演员，可能记不住大段的台词，使用提词器就能解决这一问题，如图2-37所示。

图2-36　监视器

图2-37　提词器

● 对讲机：对讲机不需要任何网络的支持就可以实现通话，且不会产生话费，适用于短视频团队拍摄时的管理和通话。

↘ 2.3.3 场景和道具

场景和道具在短视频有着非常重要的作用。一方面，场景和道具能够体现短视频的真实性，反映出剧情所发生的社会背景、历史文化和风土人情；另一方面，场景和道具能体现短视频内容的意境，利用一景一物传达出短视频创作者想表达的内心情感，从而触动用户的内心，引发共鸣，并获得用户的关注。所以，在短视频拍摄筹备过程中，还需要提前设置场景和准备道具。

1. 场景

短视频可以通过设置各种增加内容价值的场景来制造更大的传播价值。在拍摄短视频前需要对相关的场景进行考量和设计。目前短视频领域中十分常见也是较容易获得用户关注的场景有日常生活场景和工作、学习及交通场景两种类型。

（1）日常生活场景

短视频中常见的日常生活场景包括居家住所、宿舍、健身房、舞蹈室和室外运动场地等。

● 居家住所：以居家住所作为场景拍摄的短视频，内容涉及亲情、爱情、友情和与宠物之间的感情，甚至是一个人独处的情感。这种场景布景方便，通常只要干净明亮即可。而且，在不同房间场景中拍摄所表达的内容可以不同。例如，在客厅拍摄的内容可以是搞笑互动，或主角与父母、恋人、宠物间的故事，如图2-38所示；在卧室拍摄的内容则可以是主角与子女、爱人的温馨互动，以及服装穿搭等；在厨房拍摄的内容可以是厨艺展示或教学。

● 宿舍：宿舍场景中拍摄的内容主要是主角与室友的生活，例如，唱歌、搞怪表演、正能量互动等，展现同学间的友谊，以及个人才艺等，如图2-39所示。这种场景的短视频能使学生群体或初入职场的年轻人产生较强的代入感，适合植入定位为年轻人的产品。

● 健身房：以健身房为场景拍摄的短视频内容主要是运动“达人”、健身教学等，如图2-40所示，适合植入健身、保健和运动类商品。

● 舞蹈室：以舞蹈室为场景拍摄的短视频内容主要集中在人物角色互动及舞蹈表演、教学上，很多热门的舞蹈（如海草舞等）最初都是在舞蹈室中拍摄的。

● 室外运动场地：在室外的运动场景中拍摄的短视频由于视野较为开阔，能够容纳很大的信息量，内容主要集中表现强对抗性运动或高难度运动挑战，以及运动会集体跳操或舞蹈、接力赛等。

（2）工作、学习及交通场景

短视频中常见的工作、学习及交通场景包括办公室、课堂、专业工种工作场所和公共交通出行等。

● 办公室：以办公室作为短视频的拍摄场景，可以给参加工作的用户以很强的代入感。办公室场景的短视频内容包括表现职场关系的各种剧情故事、办公室娱乐和职场技能教学等。在办公室场景的短视频中，适合植入白领们常用的化妆品、办公用具和电子用品等，如图2-41所示。

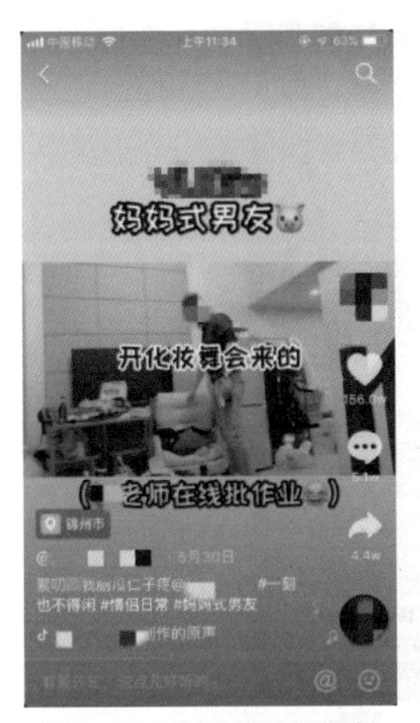

图2-38　客厅场景短视频

图2-39　宿舍场景短视频

图2-40　健身房场景短视频

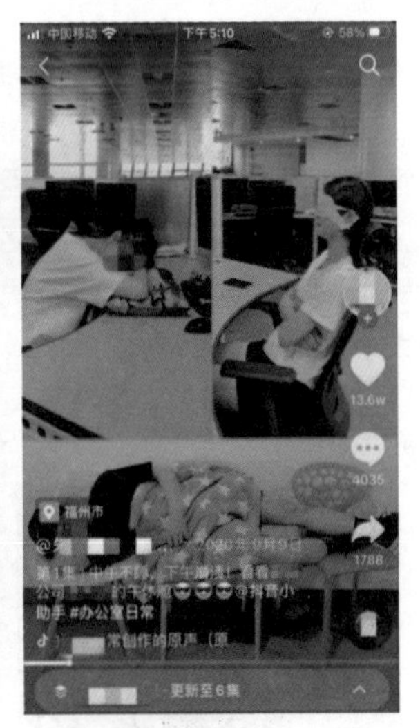
图2-41　办公室场景短视频

● 课堂：以课堂为场景的短视频主要针对在校学生群体，内容主要涉及友情、同学情和师生情。目前利用该场景创作短视频的创作者多为年轻的学校教师，其通过拍摄短视频来展示学校的日常生活，或展现一些有趣的场面。

● 专业工种工作场所：以专业工种工作场所为场景的短视频主要是展现该职业的工作内容，让用户能够身临其境地感受不同的工作氛围，例如，快递员的日常送货工作、播音员的新闻播音工作和二手车商收购汽车的流程等。

● 公共交通出行：公交、地铁等公共交通出行场景与大多数用户的日常出行密切相关，所以也是短视频内容创作的主要场景之一。这类场景的主要内容是与陌生人的互动或路边趣闻，以及街头艺人的表演等。图2-42所示为地铁站场景短视频。

图2-42　地铁站场景短视频

2. 道具

短视频中通常有两种道具。一种是根据剧情需要而布置在场景中的陈设道具，例如，居家住所场景中的各种家具和家用电器，其功能是充实场景环境；另一种则是直接参与剧情或与人物动作直接发生联系的戏用道具，其功能是修饰人物的外部造型、渲染场景的气氛情绪，以及串联故事情节、深化主题等。例如，在很多短视频中出现过的巨大型拖鞋、迷你键盘和超长筷子等，就是戏用道具。这些戏用道具被故意放大或缩小数倍，利用强烈的大小对比来制造喜剧效果。甚至拖鞋、口红等日常用品，配合着主角的固定动作，也可以作为一个标志性戏用道具贯穿于短视频的剧情中，成为吸引用户关注的记忆点，如图2-43所示。

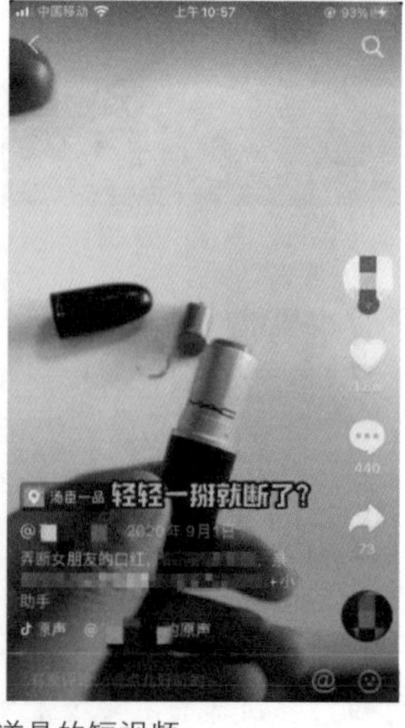

图2-43　使用道具的短视频

2.3.4　导演和演员

在短视频拍摄过程中，导演是一个组织和领导者，负责组织短视频团队成员，将脚本内容转变成视频画面。而演员则通过自己的表演来展现脚本内容，体现导演的想法。

1. 导演

短视频导演在拍摄过程中的主要工作是把控演员表演、拍摄分镜以及现场调度。

- 把控演员表演：短视频的时长较短，所以需要演员在较短的时间内塑造形象、传达情绪和表现内容主题。而很多短视频是由非专业演员出演，所以，为了保证演员能表演到位，需要由导演来把控演员的表演，提升表演质量。
- 拍摄分镜：拍摄分镜的过程通常由设置景别、进行画面构图和运用镜头等步骤组成，有时候还需要设置灯光和声效等操作，这些步骤通常需要导演根据脚本的设置来调控和分配，以完成最终的拍摄任务。
- 现场调度：在短视频拍摄过程中，调度主要是指演员调度和摄像机调度两种。演员调度是指导演指挥演员在摄像镜头中移动，安排演员在画面中的位置，从而反映人物性格，表现内容主题。摄像机调动是指由导演指挥摄像调整摄影摄像器材的运动形式、镜头位置和角度等。

2. 演员

在选择演员之前，导演和编剧等应共同讨论短视频脚本中的人物形象，归纳出人物的一些显著特点，例如，表现校园青春剧情的短视频中，男主角具备弹吉他或打篮球的技能；搞笑类短视频中，主角应有幽默感，性格开朗。归纳出人物特点有助于有针对性地选择演员。同时，在选择演员时通常要考虑短视频的主题，例如，表现爱情的剧情类短视频需要选择颜值较高的演员，表现农村生活的短视频则需要选择外表朴实的演员。

小贴士

一些品牌广告短视频制作团队中，通常会有制片人的岗位，其工作是全权负责脚本统筹、前期筹备、组建团队（包括导演、摄像和剪辑等）、准备资金、执行拍摄、后期剪辑制作、成片发布和运营等工作。也就是说，制片人是短视频的生产者和管理者。

2.3.5　预算

在短视频拍摄筹备过程中，预算也是一个需要确定的重要因素。拍摄短视频需要资金的支持。个人短视频创作者确定预算时只需要考虑摄影摄像和剪辑器材成本，以及服装道具成本。而短视频团队则需要准备更多的资金用于购买或租赁器材、场地和道具，以及雇佣演员和工作人员，并支付其他人工费用等。下面就介绍短视频拍摄所涉及的基本预算项目。

- 器材成本：器材成本包括摄影摄像器材、灯光和录音设备，以及其他器材的购买或租赁费用。
- 道具费用：道具费用主要是指用于布置短视频拍摄场景所需的道具，以及服装和化妆品的购买和租赁费用。
- 场地租金：一些拍摄场地需要支付租金才能使用，如摄影棚的租赁费用通常是按天计算，这在短视频制作成本中占据很大比例。

● 后期制作费用：后期制作费用主要包括视频画面的剪辑、调色和特效制作，声音的剪辑、补录和混录，以及添加音效等工作所产生的费用。

● 人员劳务费用：人员劳务费用是指拍摄短视频所涉及的所有工作人员和演职人员产生的劳动报酬。

● 办公费用：办公费用主要是指撰写短视频脚本、拍摄和运营过程中购买或租赁办公设备及材料所产生的费用，包括打印纸、笔、文件夹和信封等。

● 交通费：交通费是指在筹备、拍摄和运营期间，所有工作人员租车、打车、乘坐公共交通工具所产生的费用，以及油费和过路费等。

● 餐饮费：餐饮费是指短视频拍摄过程中所有工作人员的餐费费用。

● 住宿费：住宿费是指短视频拍摄过程中所有工作人员租住宾馆或旅店所产生的费用。

● 其他费用：除以上费用外，拍摄过程中可能还会发生其他费用，如为某些工作人员购买保险，交纳税费，以及购买原创短视频脚本支付版权费用等。

总之，无论是个人还是团队，拍摄短视频都需要一定资金的支持，这就需要在短视频拍摄筹备阶段提前确定资金预算，为接下来的拍摄、剪辑和运营做好充分准备。

2.4 课后实操——撰写剧情类短视频《星星》的分镜头脚本

本实操将撰写一个名为《星星》的剧情类短视频的分镜头脚本，其具体步骤如下。

①明确短视频的主题。本实操的短视频题目为《星星》，且属于剧情类短视频，因此可以通过“星星”来表现各种情感故事，例如，亲情故事、爱情故事和友情故事等。

②确定短视频的主要内容。故事情景如下：小时候，爸爸给儿子讲星星的故事，儿子努力学习，长大后成为一名航天员。

③确定分镜头脚本的主要项目。这里采用纯文字的分镜头脚本，其主要项目包括镜号、景别、拍摄方式、画面内容、台词、音效和时长，具体脚本如表2-10所示。

表2-10 《星星》分镜头脚本

镜号	景别	拍摄方式	画面内容	台词	音效	时长
1	全景到特写	长镜头，移动镜头	从蓝天白云到校园操场，最后到大树和碧绿的树叶		展现青春的BGM	6s
2	中景	移动镜头	教室里的情况，黑板、桌凳、板报、书包		展现青春的BGM	4s

续表

镜号	景别	拍摄方式	画面内容	台词	音效	时长
3	特写转中景	正面拍摄，拉镜头	女生的手（在折纸星星）然后转到女生洋溢着青春气息的脸		展现青春的BGM	4s
4	近景到特写	正面拍摄，推镜头	男生偷偷看了看女生，表现出男生暗恋喜欢女生的神态		展现青春的BGM	4s
5	中景	侧面拍摄，将男女生全部拍进画面	男生鼓起勇气问女生	男生：你折星星干吗？	展现青春的BGM	2s
6	特写	侧面拍摄，固定镜头	女生温柔的酒窝，微微上扬的嘴角		展现青春的BGM	2s
7	近景	侧面拍摄，移动镜头	女生抬起头，温柔地看了一眼男生，男生赶紧害羞地低下了头		展现青春的BGM	4s
8	特写	正面拍摄，固定镜头	女生看着男生说话	女生：我要送给我喜欢的人	展现青春的BGM	2s
9	近景	仰拍，固定镜头	男生脸上表情复杂	男生：哦	展现青春的BGM	2s
10	近景转全景	拉镜头，移动镜头	女生继续折纸，男生看书，然后转向窗外碧绿的树		展现青春的BGM	4s
11	中景	正面拍摄，固定镜头	黑板上四个大字“毕业典礼”		开心快乐的BGM	6s
12	特写转全景	侧面拍摄，拉镜头	一只可爱的玩具熊被女生塞到男生手中，女生微笑中带点娇羞的神色	女生：好好保护它哟，毕业快乐	开心快乐的BGM	6s
13	近景	正面拍摄，固定镜头	男生很高兴，看了看小熊，又看了看女生	男生：好的	开心快乐的BGM	2s
14	中景	男生视角镜头	女生转身离开，直到转过墙角		开心快乐的BGM	6s

续表

镜号	景别	拍摄方式	画面内容	台词	音效	时长
15	近景	正面拍摄，固定镜头	男生皱了皱眉头，小声嘀咕，但依然高兴	男生：星星送给谁了呢?	表现疑惑的BGM	4s
16	全景	移动镜头	一个温馨的三口之家，婴儿车，婴儿床	字幕：十年之后	家庭温馨的BGM	6s
17	特写转中景	正面拍摄，拉镜头	女人的手（在叠婴儿衣服），洋溢着母性光辉的脸	女人：宝宝乖，妈妈马上来了	有婴儿咿咿呀呀的声音	4s
18	近景到特写	正面拍摄，推镜头	男人在洗婴儿衣服，抬头看了看女人，露出温柔的笑容		家庭温馨的BGM	4s
19	中景	侧面拍摄，固定镜头	男人拿衣服，不小心看到了孩子扔在衣服堆里的玩具熊		家庭温馨的BGM	2s
20	特写	正面拍摄，固定镜头	男人瞬间回忆起高中时候的情景，喃喃自语	男人：臭小子，乱扔我的东西	家庭温馨的BGM	2s
21	中景	正面拍摄，固定镜头	男人拿起玩具熊，上面有一个口子，里面好像有东西		家庭温馨的BGM	2s
22	近景	正面拍摄，固定镜头	仔细看，玩具熊的肚子里面全是五颜六色的星星……		剧情高潮的BGM	2s
23	中景转特写	正面拍摄，推镜头	男人一脸的激动，脸上全是幸福的笑容		剧情高潮的BGM	4s
24	中景	侧面拍摄，移动镜头转到正面拍摄	女人从身后抱住男人，把头靠在男人肩头，露出温柔的酒窝，嘴角微微上扬	女人：我折纸的水平还不错吧!	转向平缓的BGM	6s
25	中景转全景	拉镜头，移动镜头	转向窗外的蓝天白云		转向平缓的BGM	4s

课后练习

试着参考短视频《星星》的分镜头脚本，撰写一个关于亲情的分镜头脚本。

第 3 章 短视频拍摄

摄像是直接将短视频脚本创意直接转化为视频画面和视听语言的“中间人”，摄像的基本技能和画面意识是决定短视频图像质量的关键。这也要求摄像既要掌握专业的理论知识，又要掌握熟练的拍摄技巧。具体来说，对于短视频拍摄，摄像需要熟悉景别设置和构图方式，掌握镜头运用和现场录音、布光的技巧，下面就来学习这些短视频拍摄的知识。

学习目标

- 熟悉景别设置和拍摄方法。
- 熟悉短视频的构图方式。
- 掌握短视频拍摄的镜头运用。
- 掌握短视频拍摄的现场录音与布光。

3.1 景别设置和拍摄方法

景别是指由于摄像器材与被摄对象的距离不同，被摄对象在视频画面中所呈现出的范围大小的区别。景别是影视教学中十分重要的概念，任何现代影视作品都是由不同景别的画面按照影视叙事规律组合而成的，短视频也不例外。

景别通常由两个因素决定，一是摄像器材的位置与被摄对象的距离，即视距；二是拍摄时摄影器材所使用的镜头焦距的长短，即焦距。也就是说，在拍摄短视频时，可以通过改变摄像器材的视距或焦距来设置景别，如图3-1所示。

图3-1　通过改变摄像器材的视距来设置景别

在实践中，一般把景别分为远景、全景、中景、近景和特写5种类型，划分的标准通常是被摄对象在视频画面中所占比例的大小，如果被摄对象是人，则以画面中截取人体部位的多少为标准，如图3-2所示。下面就根据这几种不同景别类型，分别介绍如何进行景别设置和拍摄。

图3-2　景别的类型

小贴士

采用多种景别拍摄的短视频，可以让用户从不同的视点去观看，有身临其境之感，而且用户可以通过拍摄对象及画面的变化，来感受拍摄者透过镜头所要表达的信息。因此，可以根据短视频内容的需要和主次程度，来选择恰当景别，从而在短视频中塑造出鲜明、生动的形象。

3.1.1　远景

远景一般用来表现与摄像器材距离较远的环境全貌，用于展示人物及其周围广阔的空间环境、自然景色和群众活动大场面的画面。远景相当于从较远的距离观看景物和人物，视野非常宽广，以背景为主要拍摄对象，整个画面突出整体，细节部分通常不甚清晰。

1. 远景的类型

远景通常又可以分为大远景和远景两种类型。

- 大远景：大远景通常拍摄的是遥远的风景，人物小如灰尘或不出现，用来展现宏大、深远的叙事背景或交代事件发生或人物活动的环境。其视频画面通常都是渺茫宏大的自然景观，例如莽莽的群山、浩瀚的海洋和无垠的草原等，如图3-3所示。
- 远景：远景的拍摄距离稍微近些，但镜头中的风景画面仍然深远，人物在整个视频画面中只占有很小的位置。短视频拍摄中使用远景可以表现规模浩大的人物活动，例如，人声鼎沸的市场、车水马龙的街道和人流如织的景点等，如图3-4所示。

图3-3 大远景

图3-4 远景

2. 远景的构图技巧

使用远景时可以通过以下几个技巧来提升画面的感染力和吸引力。

- 主角入场：远景设置中可以通过布光和声音等提示主角入场，例如，图3-5所示的远景画面中，当右边画面的主角出现时，有一束光从门口射入，提醒用户主角登场。

图3-5 远景画面

- 框中有框：短视频需要吸引用户关注其中的主角，所以可以在远景中设置一个带框的空间，使用户的注意力聚集到该空间中的主角身上。例如，很多影视剧中有主角位于大门以内的远景镜头，这样的设置让用户不自觉把视线准确地放在主角身上，加上主角头顶和背部的布光，更可以加强这种效果。
- 多角色同场景：远景通常具备多景物和多背景的特点，在其中放入两个以上的角色人物，就能增加远景的景深，使得视频画面既有立体感，又有平面感。
- 使用位置：最好在短视频的开始、中部过渡或结尾位置使用远景。

3. 拍摄远景的技巧

在短视频拍摄中，远景通常使用相机和无人机拍摄。相机具备专业的光学变焦功能，能够直接通过焦距的变化来拍摄远景画面。无人机航拍能带给用户从空中俯瞰地面的视觉感受，使画面更显辽阔和深远，如图3-6所示。而手机光学变焦功能相对较弱，也不能进行航拍，所以拍摄的远景画面不是存在大量噪点，就是模糊不清，这时就需要掌握一些拍摄技巧，以拍出更好的远景画面。

● 使用无损变焦拍摄：变焦拍摄就是使用手机自带的变焦功能进行远景拍摄，手机拍摄时，两根手指在屏幕上缩放画面，或者拖动右侧变焦调节按钮上下调整缩放画面，如图3-7所示。变焦拍摄远景画面时，尽量在“无损变焦”范围内放大画面，一旦超过这个范围，就会出现噪点，导致画质下降。

图3-6 航拍大远景

图3-7 变焦拍摄

● 外接长焦镜头拍摄：手机拍摄远景画面可以使用外接的长焦镜头，如图3-8所示，这样拍摄的短视频在清晰度和细节上相对较好，几乎没有噪点，缺点是短视频画面四周会有轻度畸变，例如直线变弧线等。另外，手机外接长焦镜头通常要配合稳定器使用，以保证手机稳定，否则画面会不清晰。

图3-8 手机外接长焦镜头

● 局部放大视频画面：局部放大就是在拍摄短视频前，对视频画面进行局部放大，如果没有出现噪点且不影响视频画面的质量，再缩小到原始画面进行拍摄，如图3-9所示。

图3-9 局部放大拍摄远景

4. 适用远景的短视频类型

拍摄短视频时，拍摄远景镜头通常是展示环境画面，向用户描述叙事背景，能起到表现活动或场面的规模、渲染气氛，传达某种情绪的功能，其适用的短视频类型如下。

●情感类/剧情类：远景画面配上优美的文案和BGM，可以表达某种情绪，营造某种氛围，进而感染用户。例如，画面中出现了较长时间的日出时分的雪后城市远景，表达的是故事发生在新的一天的城市中，刚刚下了雪，让用户产生静穆、旷远、宏大等感觉。

●时尚类：通过拍摄远景，可以将时尚的内容融入优美的风景中，或者让时尚与风景形成鲜明的对比。例如，通过远景拍摄，展示适合在登山旅游时穿的服装；将美妆融入远景环境，凸显妆容的自然与和谐等。

●旅行类：通过在远景画面中表现山脉、海洋、草原等风景，可以带给用户强烈的视觉冲击，更好地表现自然风景之优美。

【例3-1】解析利用远景拍摄以都市夜晚为主题的情感类短视频。

该类短视频通过远景表现夜晚的城市建筑、匆匆的行人、车水马龙的道路等，表达了迷茫、孤独等情感，再配上适合的BGM和触动人心的文案，使更多有相同经历的用户产生了共鸣，如图3-10所示。

图3-10　情感类短视频中的远景画面

↘ 3.1.2　全景

全景用来展示场景的全貌或拍摄人物的全身（包括体型、衣着打扮等），来交代一个相对窄小的活动场景里人与周围环境或人与人之间的关系。在室内拍摄短视频时，通常以全景作为主要的景别。

1．全景与远景的区别

远景和全景镜头常见于影视剧和短视频的开端、结尾部分。一般而言，远景画面表现的是更大范围里人与环境的关系，而全景画面的描写功能更强，人物活动信息更加突出，在叙事、抒情和阐述人物与环境的关系方面可以起到独特的作用，能够更全面地表现人与人、人物与环境之间的密切关系。

与远景比，全景画面会有比较明显的内容中心和拍摄主题。当拍摄主题为人物时，全景画面主要凸显人的动作、神态，同时画面中应该有人物周围的环境。可以这样进行简单区别：短视频拍摄的画面如果主要以风景为主，人物在其中的身高不超过画面高度的五分之一，通常就被称为远景；短视频拍摄的画面如果主要以人物为主，人物的整个高度超过画面高度的二分之一，但又不超过画面高度，通常就被称为全景，如图3-11所示。

图3-11　远景和全景的对比

2. 拍摄全景的技巧

拍摄全景画面时，画面中人物的头脚要显示完全，头部以上要留有一定的空间，人物不能与画面同等高度。

另外，全景镜头要作为短视频某段内容的主镜头或关系镜头，也就是说，在一个场景中拍摄全景画面的目的通常是引导出后面的一系列中景、近景或特写镜头，全景画面中的内容是后面相关景别镜头的叙事依据。例如，一条制作毛笔的短视频，开始出现的是清洗原料的全景画面，紧接着出现的是清洗原料的近景和特写画面，逻辑清晰，不会让用户感到疑惑，如图3-12所示。

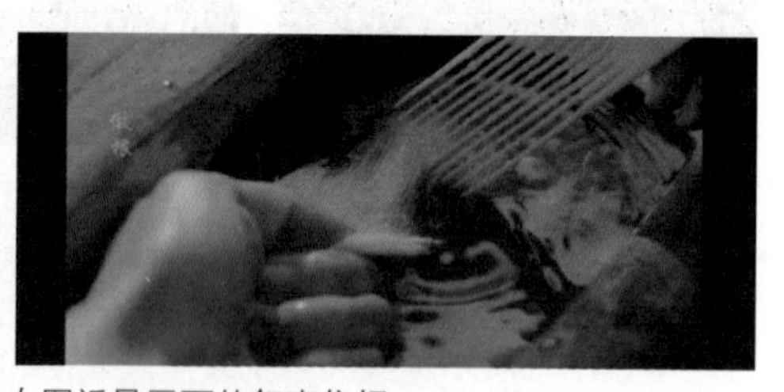

图3-12　左图全景画面是右图近景画面的叙事依据

3. 适用全景的短视频类型

适用全景拍摄的短视频类型包括舞蹈类、旅行类和剧情类。在舞蹈类、旅行类短视频中，全景画面非常适合表现美丽的服装、优雅的人物写真、主角与某个景点的“合照”等；在剧情类短视频中，全景画面多用于交代场景、环境的信息，如图3-13所示。

图3-13　全景画面

↘ 3.1.3　中景

中景指拍摄到成人演员腰部以上的画面。在所有景别中，中景重点表现的是人物的上身动作，环境相对处于次要地位。较全景而言，中景更能细致地推动情节发展、表达情绪和营造氛围，所以，中景具备较强的叙事功能，在影视剧中占比较大。短视频中表现人物的身份、动作以及动作的目的，甚至多人之间的人物关系的镜头，以及包含对话、动作和情绪交流的场景都可以采用中景。

1. 使用中景的技巧

在短视频中使用中景有以下两个常用技巧。

● 展现关系：使用中景可以表现视频画面中人物上半身的形体关系、人物之间的关系以及人与物的关系。例如，图3-14所示的中景画面中，家中的餐桌上摆着一份早餐，左边站立的女主角微笑着在倒果汁，男主角抬头温柔地看着女主角。这个中景分别用各自富有特征性的形体语言表现了两个人物之间的关系、整个的关系格局以及各个人物所处的地位，还清晰地表现了人与物（早餐）的关系。

● 对称构图：在双人中景中，可以将画面从中间一分为二，采用对称构图，用位置、动作等体现两人的状态和关系，如图3-15所示。

图3-14　使用中景展现人物关系

图3-15　对称构图

2. 拍摄中景的技巧

如果短视频的拍摄对象是风景，则中景画面需要利用构图来聚集用户的目光和焦点。如果短视频的拍摄对象主要是人物，则拍摄中景画面时可采用以下技巧。

● 注意摄影摄像器材的位置：拍摄中景画面时，摄影摄像器材最好位于拍摄对象的腰部，这样拍摄出来的人像效果会更加自然。

● 使用手部动作和道具：中景画面可以包含人物的手部和周围的道具，借助手部动作和道具来表现人物的内心状态或形体特征。

● 控制背景：拍摄中景画面除了要关注人物的姿势和神态外，还要控制好画面的背景，中景中背景存在的意义是烘托人物，不能喧宾夺主。

● 注意横屏和竖屏：拍摄中景画面时，如果使用横屏拍摄，画面会更有空间感；如果使用竖屏拍摄，画面会更紧凑和饱满。图3-16所示的是竖屏中景画面，拍摄该画面的目的是突出人物，表现出舒适的氛围。拍摄时采用竖屏中景，中景的空间感丰富了画面内容，同时也充满了梦幻色彩，使人物更加突出，并且竖屏能够展示人物手部的动作，表现出人物自然、放松的内心状态。

图3-16　竖屏中景画面

3. 适用中景的短视频类型

大部分剧情类短视频会以中景为主要的景别，其目的是清晰地展示人物的情绪、身份或动作等。而其他类型的短视频中，只要需要表现人物的形体动作、情绪等，一般会采用中景拍摄，如图3-17所示。

图3-17　中景画面

小贴士

在短视频拍摄过程中，摄像通常不会为了凸显景别而严格地将视频画面边框设置在人物的脖子、腰、腿和脚等关节位置，而是更加灵活，使画面更美观。

3.1.4　近景

近景是指拍摄人物胸部以上的视频画面，有时也用于表现景物的某一局部。近景拍摄的视频画面可视范围较小，人物和景物的尺寸足够大，细节比较清晰，因此非常有利于表现人物的面部的表情神态或其他部位的细微动作以及景物的局部状态，这是中景、远景和全景所不具备的特性。正是由于这种特性，近景非常适合于短视频拍摄，用于表现人物的面部表情，传达人物的内心世界，刻画人物性格。

1. 使用近景的作用

在短视频中使用近景主要有以下两个作用。

- 表现细节：摄像器材离拍摄对象越近，背景和环境因素的功能就越弱，视频画面中的内容也就越少。所以，为了呈现更多的内容，需要将镜头集中到一些细节之处，而这些表现细节就需要使用近景。例如，女主角从小被母亲抛弃，一直想见到亲生母亲，好不容易找到母亲，母亲拒绝相认。该短视频以一个近景长镜头来表现主角的动作细节，如图3-18所示，在漫天飞雪中，她的背影显得那么孤单，她抬头看向天空，一种失落中夹杂着愤怒的情绪就准确地传达出来了。

图3-18　表现细节的近景画面

- 刻画角色性格：近景往往具有刻画角色性格的作用，通常以人物的面部表情和细微的动作来体现。例如，短视频中要展现主角的傲慢，就可以利用近景拍摄其微昂的头、充满自信的眼神，以及微微扬起的嘴角等。

2. 拍摄近景的技巧

拍摄近景主要有以下两点技巧。

- 进行更加细致的造型：近景画面中人物面部表现得十分清楚，一旦有瑕疵，就会被放大，因此拍摄近景画面时，就要进行更加细致的造型，对化妆、服装和道具都有更高的要求。
- 将对焦中心集中到主角面部：在拍摄近景画面时，五官是表现视频内容的主要形式。例如，人物在开心的时候要眉开眼笑；悲伤的时候要有泪水流出等，这就需要将拍摄的焦点集中到主角的面部，抓拍这些表情。

3. 适用近景的短视频类型

近景更适合屏幕较小的手机，有助于用户看清短视频的全部内容，几乎所有的短视频类型都适合采用近景拍摄。特别是涉及人物、动物、物品的短视频，以及视频直播和Vlog类短视频通常使用近景拍摄，如图3-19所示。

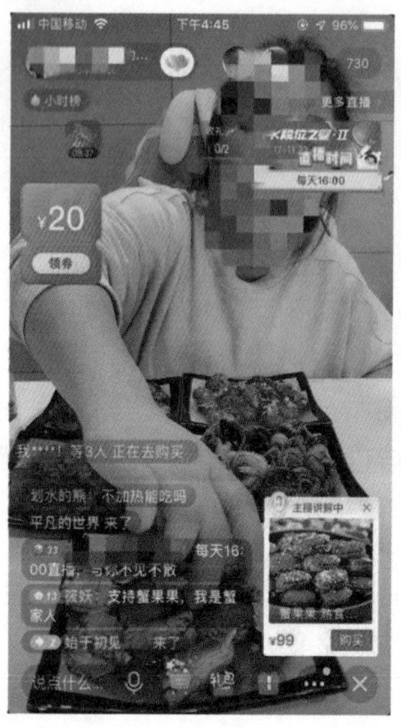

图3-19　近景画面

↘ 3.1.5　特写

特写是指画面的下边框在成人肩部以上的头像，或其他拍摄对象的局部。由于特写拍摄的画面视角最小，视距最近，整个拍摄对象充满画面，所以能够更好地表现拍摄对象的线条、质感和色彩等特征。短视频中使用特写镜头能够向用户提示信息，营造悬念，还能细微地表现人物面部表情，在描绘人物内心活动的同时带给用户强烈的印象。

1．特写的类型

特写可以分为普通特写和大特写两种。

- **普通特写**：普通特写就是摄像器材在很近的距离内拍摄对象，突出强调人体、物件或景物的某个局部，例如，拍摄人物通常以人体肩部以上的头像为取景参照，如图3-20所示。
- **大特写**：大特写又被称为细部特写，主要针对拍摄对象的某个局部进行拍摄，更加突出局部的细节。例如，青筋突起的手臂，人体面部的嘴唇等，如图3-21所示。

图3-20　普通特写

图3-21　大特写

2. 特写的作用

相对于其他景别，特写画面更加单一，基本上没有背景。在短视频拍摄中使用特写，主要有以下作用。

- 强化某些内容或突出某种细节：特写对于人物面部表情的表现更加细致与集中，尤其是人物眼睛，通过眼睛的特写镜头可以强化对人物性格的刻画或情绪的表达。例如，图3-22所示为某短视频中主角的眼睛特写，该镜头出现在女主角被迫剪掉头发之时，将人物的失落与茫然很好地表现了出来。

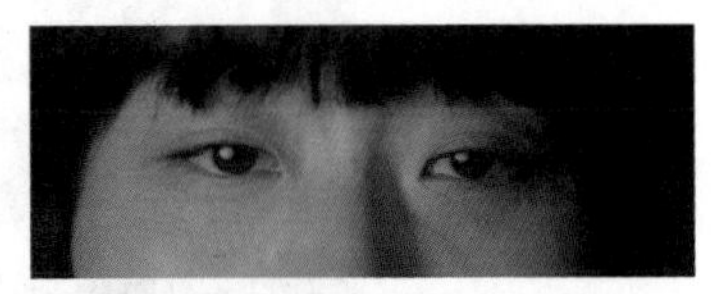

图3-22 某短视频中主角的眼睛特写

- 揭示事物的本质：特写通常可以展示事物最有价值的部分，强化用户对所表现的事物的认识，并达到透视事物深层内涵、揭示事物本质的目的。例如，要展示一个人的力量，可以直接拍摄一只握成拳头的手的特写镜头，这样不仅寓意着某种力量和权力，还可以反映出手的主人的某种情绪。
- 叙事强调：通常在短视频中出现的某个事物的特写镜头，都表明这个事物具有特定的含义，起着叙事强调的作用，并暗示会在接下来的画面中进行解释和说明。
- 作为角色的主观镜头：特写还可以作为短视频中角色的主观镜头，例如，拍摄一个搞笑短视频，前面一个镜头是主角很惊讶，下一个镜头就是地上有戴假发的假人，后者成为前者的主观镜头，接下来用远景画面进行叙事，原来主角以为是假发落在地上，去捡的时候发现有假人，被吓了一跳。

3. 拍摄特写的技巧

在拍摄以人物为对象的特写镜头时，可以使用以下的拍摄技巧。

- 拍摄人物面部特写时，最好不要使用长焦镜头，避免镜头畸变造成人物面部变形。另外，应该以人物的眼睛作为对焦中心，使拍摄的面部画面更清晰。
- 为了达到理想的特写拍摄效果，摄像和导演要积极地与演员进行交流，调整和引导其情绪，让其感到轻松和自然。
- 拍摄面部特写时一定要注意演员眼睛的注视方向，尽量不要在画面中出现大量眼白。
- 拍摄面部特写还需要注意拍摄对象脸型和五官的特点，对于影响画面效果的瑕疵，例如，瘢痕、皱纹等，通过美颜、布光或道具遮挡的方式进行调整。
- 拍摄时，摄像器材的镜头尽量与拍摄对象的眼睛平齐。
- 如果是拍摄手部或脚部的特写，最好有手指或脚趾的形状变化，这样拍摄画面中的手或脚才显得错落有致。另外，手部或脚部应尽量侧对镜头。
- 拍摄特写多采用前侧光、逆光正面补光，这样能使人物具备立体感和空间感，使视频画面的细节更加丰富。

4. 适用特写的短视频类型

特写一般出现在剧情类或带有情绪表达的短视频中，现在很多美食类、美妆类和“种草”类短视频也会采用特写镜头，让用户更能看清楚商品细节，如图3-23所示。

图3-23　特写画面

小贴士

与拍摄影视剧不同，拍摄短视频时并没有严格区分景别类型，如有些近景可以起到特写的作用。但需要注意的是，剧情类短视频往往很难以一个单独的景别来表达连贯性的内容，最好使用多种景别，这样才能进行完整的表达，展示出更具有表现力的故事内容。

3.2 短视频的构图方式

短视频中的构图可以理解为通过在正确的位置添加各种视觉元素，并正确构建视频画面中的各种要素，突出视频拍摄的主体。构图通常包含主体、陪体和环境3个主要要素。主体就是短视频中的拍摄对象，在画面中起主导作用，是构图的表现中心，也是用户观看的视觉中心；陪体是视频画面中的次要拍摄对象，作为主体的陪衬存在；环境则是主体和陪体存在的环境，包括前景和背景两个部分。构图是影响短视频拍摄质量的一个至关重要的要素，选择一种合适的构图方式对短视频画面的质量有非常大的提升效果。

3.2.1 短视频构图的目的和要求

构图的主要作用就是突出拍摄主体，但又不仅限于此。对短视频创作者来说，构图可以引导用户的视觉焦点，还能够主动表明视频画面中的主次，并向用户传达一种情绪。例如，图3-24所示的风景短视频画面中，对于左侧画面，大多数人的视觉焦点通常会集中在远方的晚霞和海浪处，而对于右侧画面，视觉焦点通常会首先集中在海螺上，然后才会观察到海浪和远方的晚霞。也就是说，摄像可以通过构图来影响用户的观看顺序和层次，即构图能主动引导用户的视觉焦点并表明主次。另外，左侧画面通常只能表现一种自然之美，而右侧画面则增添了一丝孤独寂寥的感觉，这表明构图还能向用户传达情感。

图3-24　风景短视频画面

小贴士

在进行短视频拍摄构图时，首先要思考构图的目的，是吸引用户的注意，引导用户关注短视频的主角，还是向用户传达情绪。短视频拍摄者应根据构图的目的来选择具体的构图方式。

在拍摄短视频的过程中，虽然存在着很多随机的、个人化的创作理念和画面处理方式，但还是需要满足以下基本要求，这样才有助于明确、直观、有效地通过构图来表达短视频的主题内容。

- 突出主体：用户观看短视频大多是一次性的行为，因此短视频画面的构图一定要突出拍摄主体。例如，在拍摄双人对话时，必须要分清两人的地位，即谁是主体，谁是陪体。将主体放在视频画面最中间面向镜头，陪体则放在画面的边角；主体侧向镜头，陪体甚至不出现在画面中。
- 画面简洁：与长视频相比，短视频具有一定的时间限制，无法容纳更多的内容，必须简洁且突出主体。所以，在拍摄时需要有所取舍，挑选出最能够表达主题思想的画面进行拍摄。

↘ 3.2.2　影视构图方式

影视构图方式是指在影视剧中常用的构图方式，包括三分构图、九宫格构图、均衡构图、非均衡构图、希式构图等。拍摄短视频时可以参考这些构图方式。

- 三分构图：三分构图就是将整个画面从横向或纵向分成3个部分，将拍摄主体放置在三分线的某一位置。这样做的好处是能突出拍摄主体，让画面紧凑且具有平衡感，让整个画面显得和谐且充满美感，如图3-25所示。

●九宫格构图：九宫格构图是十分常见且基本的构图方式，是指将整个画面在横、竖方向各用两条直线（也称黄金分割线）等分成9个部分，将拍摄主体放置在任意两条直线的交叉点（也称黄金分割点）上，既突显拍摄主体的美感，又能让整个短视频画面显得生动形象。而在拍摄人物时，可以将某一黄金分割点放置在主角眼睛所在位置，如图3-26所示。

图3-25　三分构图

图3-26　九宫格构图

小贴士

按照九宫格构图，人物的眼睛通常被放置在黄金分割点上，如果主角向画面右侧看，那眼睛就应放在左上角的黄金分割点上；如果主角向左侧看，眼睛就应放在右上角的黄金分割点上。这样的构图使主角的前方有足够的视线空间，使画面显得较为均衡。如果没有给主角留下足够的视线空间，画面就会显得比较平淡，缺少视觉张力。

●均衡构图：均衡构图是指视觉比重均匀分布于视频画面各个区域的构图方式。在均衡构图的视频画面中，物体的大小、颜色、亮度及摆放位置等都会对其相对应的视觉分量产生影响，当物体均匀分布于画面时就能形成均衡构图，达到整齐、一致的效果。很多电影画面中会大量使用均衡构图，给观众传递一种整齐、严肃、冷静的感觉，如图3-27所示。

●非均衡构图：非均衡构图是指视觉比重仅集中于画面某一区域的构图方式，这种构图通常与表现追逐、局促或紧张的内容联系在一起。例如，某电影片段中女主角正在重组她的团队，此时通过非均衡构图使画面产生一种集中、紧张感，如图3-28所示。

图3-27　均衡构图

图3-28　非均衡构图

●希式构图：希式构图是由著名导演希区柯克常用的构图方式，是指将画面中物体大小与物体所处故事内容中的重要性关联起来。画面中有一个或多个视觉元素时，使用希式构图可以制造紧张或悬疑的效果。例如，电影《盗梦空间》结尾，一个陀螺成了画面的重点，这样构图是因为这个陀螺对剧情有至关重要的影响，如图3-29所示。

图3-29　希式构图

【例3-2】在手机中设置九宫格引导线。

下面以苹果手机为例，设置九宫格引导线，其具体操作步骤如下。

① 在手机主界面中点击“设置”图标，进入“设置”界面。

② 点击“相机”选项，进入“相机”界面，点击“网格”选项右侧的滑块，将其启动，然后使用手机拍摄短视频时，即可看到九宫格引导线，如图3-30所示。

图3-30　设置九宫格引导线

3.2.3　突出拍摄主体的构图方式

对于短视频拍摄来说，突出主体是非常重要的，可以采用一些特殊的构图方式来实现这一目的，这些构图方式包括对角线构图、辐射构图、中心构图和三角形构图等。

- **对角线构图**：对角线构图是利用对角线进行的构图，它将拍摄主体安排在对角线上，能有效利用画面对角线的长度，是一种导向性很强的构图方式，能使画面产生立体感、延伸感、动态感和活力感。对角线构图可以体现动感和力量，线条可以从画面的一边穿越到另一边，但不一定要充满镜头，如图3-31所示。使用此类构图方式可以更好地展示物品，适用于旅行类、美食类和“种草”类等短视频。
- **辐射构图**：辐射构图是指以拍摄主体为核心，景物向四周扩散辐射的构图方式。这种构图方式可使用户的注意力集中到拍摄主体，然后又能使视频画面产生扩散、伸展和延伸的效果，常用于需要突出拍摄主体而其他事物多且复杂的场景，如图3-32所示。

图3-31　对角线构图

图3-32　辐射构图

●中心构图：中心构图是将拍摄主体放在视频画面的正中央，以获得突出主题的效果。使用中心构图的最大好处在于主体突出、明确，且画面容易取得左右平衡的效果，这种构图方式在短视频拍摄中十分常用。

●三角形构图：三角形构图是指在画面中构建三角形构图元素来拍摄内容主体，可以增添画面的稳定性。三角形构图常用于拍摄人物、建筑、山峰、植物枝干和静态物体等。

3.2.4 拓展视觉空间的构图方式

无论是图片还是视频，都无法完全呈现人眼所能看到的视觉范围，但使用一些特殊的构图方式可以尽可能地延伸视线和画面，拓展视觉空间，这些构图方式包括对称构图、引导线构图和S形构图等。

●对称构图：对称构图是指拍摄主体在画面正中垂线两侧或正中水平线上下，对等或大致对等。这种构图方式拍摄的画面具有布局平衡、结构规整、图案优美、趣味性强等特点，能使人产生稳定、安逸和平衡的感受，如图3-33所示。常使用对称构图的拍摄场景或物品包括举重、蝶泳、水中倒影、图案样式的灯组、中国古建筑、某些器皿用具等。

图3-33 对称构图

●引导线构图：引导线构图是在场景中概括有力的引导线，串联起画面内容主体与背景元素，吸引用户的注意力，完成视觉焦点转移的构图方式，如图3-34所示。画面中的引导线不一定是具体线条，一条小路、一条小河、一座栈桥、喷气式飞机拉出来的白线、两条铁轨、桥上的锁链、伸向远处的树木，甚至是人的目光都可作为引导线进行构图，只要符合一定线性关系即可。

●“S”形构图：“S”形构图是指利用画面中类似“S”形曲线的元素来构建画面的构图方式，如图3-35所示，“S”形曲线的公路可以使画面柔美，并让画面充满灵动感，营造出一种意境美。同时，“S”形的引导线还能拓展视觉范围。在短视频拍摄中，“S”形构图更多的是用于拍摄画面的背景布局和空镜头。

图3-34 引导线构图

图3-35 “S”形构图

3.2.5 提升视觉冲击力的构图方式

短视频创作的基本目标是吸引用户观看，如果能带给用户视觉上的冲击，就更有可能获得用户的关注。提升视觉冲击力的构图方式包括框架构图、低角度构图和建筑构图等。

● 框架构图：框架构图是指在场景中利用环绕的事物强化突出拍摄主体，也称景框式构图，如图3-36所示。使用框架构图，会让画面充满神秘感和视觉冲动，并让用户产生一种窥视的感觉，引起其观看兴趣并将视觉焦点集中在框架内的拍摄主体上。可以作为环绕框架的元素包括人造的门、篱笆、自然生长的树干、树枝、一扇窗、一个拱桥和一面镜子等。

● 低角度构图：低角度构图是确定拍摄主体后，寻找一个足够低的角度拍摄形成的构图，如图3-37所示，通常需要蹲着、坐下、跪着或躺下才能实现。低角度构图类似于较低的视角所看到的画面，能产生让人惊讶的效果，类似于用宠物或小孩的视角来观察世界，能带来较强的视觉冲击力。

图3-36 框架构图

图3-37 低角度构图

● 建筑构图：建筑构图是指在拍摄建筑等静态物体时，避开与主体无关的物体，将拍摄的重点集中于能够充分表现主体特点的地方，从而获得比较理想的构图效果。在短视频拍摄中，美食类、风景类、旅游类、汽车类和运动类都可以采用建筑构图。

【例3-3】解析短视频的构图方式。

下面就解析一条生活类短视频的构图方式。首先，短视频开头是主角出场，讲述自己和所住四合院的故事，主要场景是主角从外面进入四合院，然后和朋友一起喝茶。在这两个场景中，画面的构图方式都是中心构图，其目的是让用户把注意力集中到画面的中心位置，突出人物主体，如图3-38所示。

图3-38 利用中心构图拍摄的短视频画面

接下来，短视频展现的是主角所住的四合院，包括房檐、门槛、窗户和院中的树木等，采用的是均衡构图，画面具有极强的稳定性，会让用户产生一种宽阔、稳定、和谐的感觉，而且这种构图很有视觉张力，使画面中的四合院显得更加高大、宏伟，如图3-39所示。

最后，展现的是主角和朋友在四合院中新建的现代房间中聚会的场景，采用的是框架构图和九宫格构图。框架构图不仅让用户将注意力聚焦到画面的中心区域，还使画面的整体感觉更丰富，更加有艺术性，而九宫格构图则使现代建筑物主体集中在画面中的黄金分割点上，突出主体的美感，如图3-40所示。两种构图下的现代建筑与均衡构图下的传统四合院产生了非常强烈的对比，不仅能带给用户视觉冲击，还加深了用户的印象。

图3-39　利用均衡构图拍摄的短视频画面

图3-40　利用框架构图和九宫格构图拍摄的短视频画面

小贴士

短视频可使用的构图方式很多，而且不同的构图方式可以交替使用。但是，由于短视频受播放设备屏幕较小，视频内容节奏较快等因素的影响，在进行短视频画面构图的时候，应该保证拍摄主体能够展示清楚，也就是说，突出拍摄主体是短视频构图的基本准则。

3.3 镜头运用

镜头是影视剧创作的基本单位，电影或电视剧都是由一个个镜头组成的，短视频同样如此。通过各种镜头的运用组合可以制作出视觉表达丰富的短视频，吸引更多用户的关注。

3.3.1　固定镜头

固定镜头是在拍摄一个镜头的过程中，摄影机机位、镜头光轴和焦距都固定不变，而被摄对象可以是静态的，也可以是动态的。固定镜头在短视频拍摄中很常用，可以在固定的框架下，长久地拍摄运动或静态的事物，从而体现发展规律。

【例3-4】解析短视频中的固定镜头。

短视频“达人”李子柒拍摄的短视频的主要内容是一个中国姑娘宁静、唯美的田园生活。短视频中通过大量固定镜头来向用户展现宁静、自由和自然的状态，展示出诗一般的美感，如图3-41所示。

图3-41 固定镜头拍摄的短视频画面

1. 固定镜头的功能

在影视剧拍摄中，固定镜头被认为是十分古老、经典的造型方法，一直沿用至今，在影视剧内容的表达上发挥着巨大作用。而在短视频拍摄中，固定镜头有以下几个重要功能。

（1）展示细节

固定镜头在展示细节方面的功能主要体现为以下3点。

- 固定镜头拍摄的画面通常有一个相对稳定的边框，能突出画面中的拍摄对象，并提供一些关键信息，能够满足用户停留细看、注视详观的视觉要求。例如，利用固定镜头拍摄人眼特写，用户就能从中看到主角所看到的画面，为接下来的故事发展提供重要的线索，如图3-42所示。

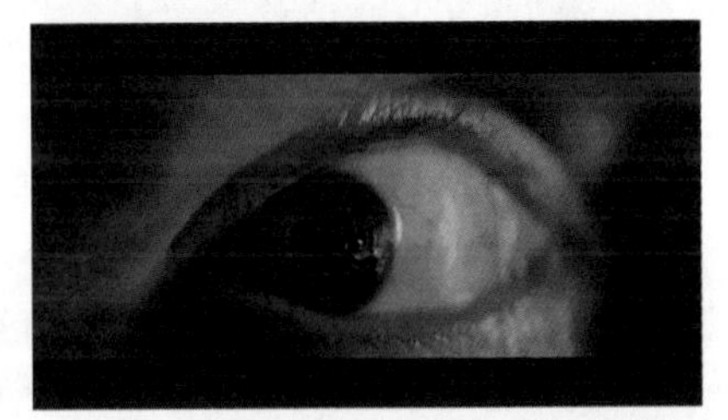

图3-42 固定镜头拍摄的眼睛特写

- 固定镜头具有交代关系的作用，能够通过人物的对话、动作和表情等，展现出复杂的人物关系。
- 固定镜头可以通过中近景或特写的拍摄，突出人物丰富的面部表情，从而体现人物的性格特点或感情特征。

（2）介绍环境

固定镜头介绍环境的功能主要体现在两个方面：一是清晰还原拍摄现场的环境；二是交代主角与环境的关系，达到渲染情感的目的。例如，要表现主角充满青春活力的状态，就可以使用固定镜头拍摄一段草长莺飞的夏日校园美景；要表现主角悲伤落寞的心情，则可以使用固定镜头拍摄一段夜幕下空无一人的街景。注意，拍摄介绍环境的固定镜头，通常需要使用远景或全景。

（3）展示视频节奏

固定镜头在节奏展示方面的功能主要体现为以下3点。

- 固定镜头能够客观反映被摄对象的运动速度和变化节奏。例如，在拍摄雪景时，固定镜头能使纷飞的雪花和静止不动的房屋背景形成鲜明的对比，展示出雪花飞舞的速度和节奏，如图3-43所示。
- 固定镜头还利于借助固定的边框来强化视频画面的动态情形。例如，使用固定镜头拍摄火山口岩浆从静态，到冒泡，并四处飞溅的过程，能带给用户更强的视觉冲击。

● 固定镜头可以完整呈现漫长的过程，以凸显变化。例如，固定镜头完整记录某快递站一天的工作流程，然后使用快进播放来体现繁忙的工作场景。

图3-43　固定镜头拍摄的雪景画面

（4）设置悬念

固定镜头的边框具有半封闭性的特点，用户看到的视频画面有一定程度的局限，如果只展示拍摄对象的部分内容，就能够引起用户的好奇，让用户对边框外的内容产生想象。例如，固定镜头拍摄的短视频中女主角捂着自己的嘴，一脸惊讶的表情，然后留下激动的眼泪，用户就会猜想女主角是被男友求婚，还是看到长久不见的亲人。

小贴士

固定镜头具有视点单一、构图缺乏变化、难以呈现曲折环境等局限，要提升短视频的质量，还需要与其他镜头配合运用。

2. 固定镜头的拍摄技巧

固定镜头拍摄时，短视频拍摄者需要注意以下几点。

●动静对比：固定镜头中最重要的表现手法就是动静对比，通常是拍摄主体动，参照物和背景不动，就像前面介绍的雪景的画面，雪花是拍摄主体，整个画面中只有雪花在运动，用户就会将焦点集中在雪花上。当然，如果画面中大部分物体在运动，那么静止的物体反而会引起用户注意。

●展现纵深空间：相对于图片，视频画面更能展示三维空间，即具备纵深属性，在运用固定镜头拍摄时，可以充分展现纵深空间，也就是要使画面中包含前景、中景和背景3个层次，如图3-44所示。图中主角处于中心位置，其他人物和背景都被虚化，前后关系清晰，层次递进，形成了一个非常广阔的纵深空间。

图3-44　展现纵深空间

●画面构图：固定镜头的画面构图可以看成是纵深空间运用的升级，运用固定镜头拍摄的短视频不但能提升其美观度，还能精准地表达叙事含义。

●内容连贯：内容连贯是使用固定镜头拍摄短视频的前提，也是较为关键的技巧，因为短视频的根本目标就是吸引用户的注意力，让用户在情绪连贯、情感流畅的状态下看完整条短视频。而固定镜头拍摄可以将人物运动、场景、景别、构图、色调和声音等因素，固定在一定范围内，展示出比较完整和连贯的剧情内容。

●准备固定装置：固定镜头对稳定性有较高要求，所以需要为摄影摄像器材准备好固定装置，如脚架或稳定器等。

●注意补光：拍摄短视频需要保证主体在视频中能清晰呈现，所以，在室内使用固定镜头拍摄时，最好使用补光灯进行人工补光，从而保证光线充足。

↘ 3.3.2　运动镜头

运动摄像是指通过摄像机机位、镜头光轴的运动，或改变镜头焦距而进行的拍摄，运动摄像拍摄的视频画面叫运动镜头。短视频拍摄中常用的运动镜头主要包括推、拉、摇、移、跟和升降等，下面分别介绍。

1．推镜头

推是在拍摄对象不动的情况下，摄影摄像器材匀速接近并向前推进的拍摄方式，如图3-45所示，用这种方式拍摄的视频画面被称为推镜头。推镜头的取景范围由大变小，形成较大景别向较小景别连续递进的视觉前移效果，给人一种视点前移身临其境的感觉。

图3-45　推镜头拍摄

（1）主要作用

推镜头主要用于突出拍摄主体或重点形象，此外还有以下作用。

● 推镜头可以从特定环境中突出某个细节或重要情节，使视频画面更具说服力。

● 推镜头可以介绍整体与局部、客观环境与主体人物之间的关系。

● 推镜头的画面效果能明显加强拍摄对象的动感，仿佛其运动速度加快了许多。

● 推镜头的速度快慢可以影响视频画面的节奏，从而引导用户的情绪。例如，推镜头缓慢而平稳，可以展现出安宁、幽静、平和或神秘等氛围；推镜头急速而短促，则可以展现出一种紧张、不安的气氛，或激动、气愤的情绪。

（2）拍摄注意事项

使用推镜头拍摄短视频时，有以下几个注意事项。

●**落幅画面是重点**：推镜头通常分为起幅（运动镜头开始的场面）、推进和落幅（运动镜头结束的场面）3个部分，但拍摄的重点是落幅。例如，拍摄美食“达人”试吃食物时，应将落幅停留于“达人”面部享受的表情，这样才能说明食物的美味。

●**保证推镜头的操作**：起幅要留有足够的时间，通常为5秒以上；推进要保证稳、准、匀、平；落幅要体现出与起幅的景别差异。

●**保证拍摄主体的中心位置**：拍摄主体在镜头推进过程中应始终处于画面中心的位置。

●**推镜头的速度与视频画面的情绪和节奏一致**：推镜头的速度应与剧情相契合。例如剧情高潮时，使用急速推进的推镜头，使视频画面从稳定到急剧变动，可以带给用户极强的视觉冲击，产生反差、震惊和爆笑的戏剧效果。

2. 拉镜头

拉是在拍摄对象不动的情况下，摄影摄像器材匀速远离并向后拉远的拍摄方式，如图3-46所示，用这种方式拍摄的视频画面被称为拉镜头。与推镜头正好相反，拉镜头能形成视觉后移效果，且取景范围由小变大，由小景别向大景别变化。

图3-46　拉镜头拍摄

（1）主要作用

推镜头可用于表现拍摄主体和主体所处环境间的关系，此外还有以下作用。

● 拉镜头可以通过纵向空间和纵向方位上的画面形象形成对比、反衬或比喻等效果。

● 从视觉感受上来说，拉镜头往往有一种远离感、谢幕感、退出感、凝结感和结束感，因此这样的镜头适合在短视频的结尾处，作为结束性和结论性的镜头。

● 拉镜头由起幅、拉出和落幅3部分组成，通常拉镜头起幅画面的背景不容易展示出来，所以，拉镜头在影视剧中常被用作转场镜头。

（2）拍摄注意事项

拉镜头与推镜头最大的区别就是摄影摄像器材的运动方向正好相反，而二者在拍摄注意事项上则大致相同，这里不再赘述。

3. 摇镜头

摇是在摄影摄像器材位置固定的情况下，以该器材为中轴固定点，通过摄影摄像器材本身的水平或垂直移动进行拍摄，用这种方式拍摄的视频画面被称为摇镜头。摇镜头类似人转动头部环顾四周或将视线由一点移向另一点的视觉效果。摇镜头包含起幅、摇动和落幅3个部分，便于表现运动主体的动态、动势、运动方向和运动轨迹。摇镜头通常用于拍摄视野开阔的场面，及群山、草原、沙漠、海洋等宽广深远的景物，另外也用于拍摄运动的物体。例如，利用水平摇镜头拍摄一群男生在球场上打球的画面，如图3-47所示。

图3-47　水平摇镜头拍摄

（1）主要作用

摇镜头主要有以下作用。

● 摇镜头将视频画面向四周扩展，提升了视觉张力，使空间和视野更加开阔。例如，拍摄旅游类短视频时，第一个镜头多用远景摇镜头展示美丽的风景；拍摄剧情类短视频时，可以用摇镜头拍摄标志性画面，将用户的情绪带到特定的故事氛围中。

● 横摇镜头可以拍摄超宽、超广的物体，特别是在中间有障碍物、不能靠近拍摄的场景中；纵摇镜头可以拍摄超高、超长的物体或景物，能够完整而连续地展示其全貌。

● 摇镜头可以将两个物体联系起来表示某种暗喻、对比、并列、因果关系，暗示或提醒用户注意两者间的关系，使用户随着镜头的运动而思考。例如，从教室外辛勤劳作的蜜蜂摇到教室里认真教学的老师。

● 利用非水平的倾斜摇、旋转摇，可以表现一种特定的情绪和气氛。例如，倾斜可以破坏用户欣赏画面时的心理平衡，造成一种不稳定感和不安全感，如图3-48所示。

图3-48　倾斜的摇镜头拍摄

● 在一个稳定的起始视频画面后，利用极快的摇镜头使画面中的形象全部虚化，形成可以表现运动主体的动态、动势、运动方向和运动轨迹的画面，这种摇镜头在拍摄动物或体育竞技类的短视频中比较常见。

● 对一组相同或相似的拍摄对象使用摇镜头的方式逐个呈现，可形成一种积累的效果，其作用类似于语言中的排比句。

● 用摇镜头拍摄的视频画面中可以加入意外之物，以制造悬念并形成视觉注意力的起伏，这在很多剧情类短视频中经常使用。

● 摇镜头是视频画面转场的有效手法之一，可以通过空间的转换、拍摄主体的变换，引导用户视线由一处转到另一处，完成注意力和兴趣点的转移。

● 摇镜头的速度会直接影响着用户对两个事物之间空间距离的把握。慢摇可以将现实中两个相距较近的事物，在画面中表现得相距较远；反之，快摇可以将现实中两个相距较远的事物，在画面中表现得相距较近。

（2）拍摄注意事项

使用摇镜头拍摄短视频时，有以下几个注意事项。

●明确拍摄目的：摇镜头通常会让用户对后面的视频画面产生某种期待，因此，使用摇镜头一定要有目的性，即落幅画面与起幅画面之间要有一定的联系，否则，用户的期待就会变成失望和不满，并影响观赏情绪。

●过程要完整：只有一个完整的摇镜头才能表达出视频画面的美感，通常使用摇镜头拍摄时应当体现画面运动平衡，起幅、落幅准确，摄像速度均匀，间隔时间充足。

4. 移镜头

移是指将摄影摄像器材架在活动物体上，随之运动而进行的拍摄，用这种方式拍摄的视频画面被称为移动镜头，简称移镜头。摄影摄像器材运动，使得视频的画面框架始终处于运动中，拍摄的物体不论处于运动还是静止状态，都会呈现出位置不断移动的态势。移镜头能直接调动用户生活中运动的视觉感受，不断变化的背景使视频画面表现出一种流动感，使用户产生一种身临其境之感和强烈的变化感，如图3-49所示。

图3-49　移镜头拍摄

移镜头与摇镜头十分相似，其视觉效果更为强烈，无论在影视剧还是在短视频中都经常使用。移镜头有水平方向的前后移动和左右移动，以及随着复杂空间进行的曲线移动等方式。移镜头拍摄需要保证视频画面的稳定性，可以通过铺设滑轨或安装稳定器来解决。

5. 跟镜头

跟是摄影摄像器材始终跟随拍摄主体一起运动的拍摄方式，如图3-50所示，用这种方式拍摄的视频画面被称为跟镜头。跟镜头通常分为前跟、后跟和侧跟3种类型。与移镜头不同，跟镜头的运动方向是不规则的，但是要一直使拍摄主体保持在视频画面中且位置相对稳定。跟镜头既能突出拍摄主体，又能交代其运动方向、速度、体态，以及与环境间的关系，在短视频拍摄中有着重要的纪实性意义。

图3-50　跟镜头拍摄

（1）主要作用

跟镜头主要有以下作用。

● 后跟类型的跟镜头拍摄的视频画面的视觉方向就是摄影摄像器材拍摄的视觉方向，画面表现的空间就是拍摄主体看到的视觉空间。这种视向的合一将用户的视线跟着拍摄主体的运动轨迹一起移动，为用户带来强烈的现场感和参与感。

● 跟镜头拍摄的视频画面不仅能让用户仿佛置身于现场，成为事件的“目击者”，而且还表现出一种客观记录的姿态，体现更强的真实性。

（2）拍摄注意事项

使用跟镜头拍摄短视频时，有以下几个注意事项。

- 跟镜头拍摄时一定要紧跟拍摄主体，否则会让视频画面产生一种漫不经心的游离感。
- 跟镜头最好在背景影调略深的场景中进行拍摄，这样拍摄主体才能显得明亮并与背景分离，通常采用逆光拍摄的效果更好。
- 跟镜头拍摄时，摄影摄像器材运动的速度与拍摄主体的运动速度要保持一致，避免出现拍摄主体离开视频画面，然后再次出现在画面中的情况。

6. 升降镜头

升降是摄影摄像器材借助升降装置等一边升降一边拍摄的方式，如图3-51所示，用这种方式拍摄的视频画面被称为升降镜头。升降镜头能带来画面视域的扩展和收缩，并由于视点的连续变化而形成多角度、多方位的多构图效果。

图3-51 升降镜头拍摄

升降镜头包括垂直升降、弧形升降、斜向升降和不规则升降等多种方式，拍摄时一定要控制好速度和节奏。

另外，利用升降镜头拍摄短视频主要有以下作用。

- 升降镜头有利于表现高大物体的各个局部，以及纵深空间的点面关系。
- 升降镜头常用于展示事件或场面的规模、气势和氛围，也可近景展示人物的全身。例如，使用升降镜头拍摄女性背影，随着镜头的升高，视频画面将从下到上完整展示女性美丽的身体，极具视觉冲击力，如图3-52所示。
- 升降镜头有助于实现一个镜头内的内容转换与调度。
- 升降镜头的升降运动可以表现出画面内容中感情状态的变化。

图3-52 从下到上完整展示

↘ 3.3.3　主客观镜头

主客观镜头也是短视频拍摄中常用的镜头类型。主观镜头大多出现在剧情类、旅行类和体育类短视频中，而客观镜头运用得更为广泛。

- 主观镜头：凡是代表视频中人物的眼睛，直接目击、观察大千世界中的人和事、景和物，或者表现人物的幻觉、梦幻、情绪等的镜头，都是主观镜头。其主要功能是增加用户的代入感，让用户产生身临其境的视觉体验。主观镜头可以充当人物的感官，通常能起到渲染情绪的作用。
- 客观镜头：凡是代表导演的眼睛，从导演角度（以中立的态度）来叙述和表现一切的镜头，统称为客观镜头。客观镜头通常站在第三者的角度进行视频拍摄，视频画面中的主角人物可以留全身，也可以只留一部分身体。

【例3-5】解析短视频中的主客观镜头。

在短视频《比赛》的视频画面中，男女主角在争吵，用户是以第三人的视角来观看这个画面的，即这是一个客观镜头，如图3-53所示。剧情继续往下发展，男主角开始大段发言，用户看到的是男主角的特写画面，这是女主角的主观镜头，如图3-54所示。当女主角发言时，用户看到的是女主角的特写画面，这是男主角的主观镜头，如图3-55所示。

图3-53　客观镜头

图3-54　女主角的主观镜头

图3-55　男主角的主观镜头

小贴士

主观镜头与客观镜头的区分不是绝对的，有时候可以相互变换。例如，如果在《比赛》短视频中加入一个孩子的特写镜头，之后再接男女主角争吵的镜头，那么这个争吵镜头就不再是客观镜头，而成了孩子的主观镜头。

↘ 3.3.4 艺术表现镜头

在短视频拍摄中，通常会运用一些艺术表现镜头，加强画面的表现力，例如空镜头和长镜头。

1. 空镜头

空镜头是指视频画面中只有自然景物或场面环境而不出现人物（主要指与剧情有关的人物）的镜头。空镜头的主要作用是介绍环境背景和时间、空间，抒发人物情绪及表达拍摄者的态度，也是加强视频艺术表现力的重要手段。空镜头有写景和写物之分，前者统称风景镜头，往往用全景或远景表现；后者又称“细节描写”，一般采用近景或特写。

在短视频拍摄中，一般在开头或结尾处使用空镜头，在开头使用空镜头可以介绍整个故事发生的环境，或者以景物传递着浓烈的感情，在结尾使用空镜头可以对内容进行总结。空镜头常常让用户产生想象，使用户暂时离开视频内容的叙述，去集中领略事件的情绪色彩。例如，在短视频《星星》的开头部分，3个空镜头分别展示了球场、树木和阳光照耀下的树叶，向用户表明故事发生在夏天的校园，而结尾处小区里绿树成荫、阳光灿烂的空镜头则带给用户一种宁静、温暖的感觉，预示着两个主角开始了幸福生活，如图3-56所示。

图3-56 空镜头

2. 长镜头

长镜头就是用一段较长的时间，对一个场景或一场戏进行连续拍摄，形成一个比较完整的镜头段落。通常超过10秒的镜头可以称为长镜头。长镜头所记录的时空是连续的、实际的，所表现的事态的进展也是连续的，具有很强的真实性。

（1）类型

长镜头又分为固定长镜头、景深长镜头和运动长镜头3种类型。

- 固定长镜头：固定长镜头就是连续拍摄一个场面所形成的长镜头。例如，音乐类和舞蹈类短视频就经常使用固定长镜头拍摄。
- 景深长镜头：景深长镜头就是采用深焦距拍摄的长镜头。一个景深长镜头实际上是由一组远景、全景、中景、近景和特写组合起来的视频画面，在短视频中不常用。
- 运动长镜头：运动长镜头就是利用推、拉、摇、移和跟等运动镜头拍摄的多景别、多拍摄角度变化的长镜头。

（2）主要作用

真实地还原时间和空间的完整性是长镜头应用在短视频拍摄中的主要功能。Vlog类短视频经常使用长镜头拍摄，能让用户真切地感受到真实的生活场景，有较强的代入感。此外，长镜头还有以下几个作用。

●**更加开放的观看视角**：长镜头把拍摄的事物客观地展示出来，用户可以从画面中获得更多信息，形成更开放的视角。

●**表现人物的内心世界**：短视频中人物的情感、行为大多与所处的环境有着密切关系，而长镜头有助于用户观看视频时对人物形成更全面的理解。例如，用长镜头展示拥堵的车辆，有助于展现堵车时的无奈情绪，如图3-57所示。

图3-57　短视频中的长镜头

●**展示众生相**：长镜头可以展示某个场景中所有人当时所处的位置和状态，适合表现人物群像。

（3）拍摄注意事项

无论是对演员、摄像，还是对导演而言，长镜头的拍摄都不是一项简单的工作。在拍摄长镜头前，需要提前熟悉拍摄现场，并对演员走位、场景布置、灯光照明等进行精心安排。此外，拍摄长镜头还需要注意以下几点。

●**时间不能太长**：短视频本来就要求在极短的时间内展示精彩的内容，如果长镜头时间太长，容易让用户产生视觉疲劳，失去兴趣。

●**设置好镜头的起始位置和移动轨迹**：拍摄前要提前设置好镜头的起始位置和整个镜头的移动轨迹等，并进行提前演练和走位。

●**注意灯光照明**：长镜头对灯光的要求较高，特别是主光，以保证拍摄的视频画面足够清晰。在器材上，通常可以使用便携式LED补光灯、添加照明设备、设置反光板或在暗处隐藏灯光，以满足长镜头的灯光需求。

↘ 3.3.5　其他常用镜头

除以上所述镜头外，在短视频拍摄中还有一些比较常用的镜头，包括俯视和仰视镜头、双人镜头、360度环拍镜头。

1．俯视和仰视镜头

俯视镜头和仰视镜头是两种方向相反的镜头，在摄影摄像器材的支持下，这两种镜头又演变为鸟瞰镜头和俯仰镜头。

●**俯视镜头**：俯拍是摄影摄像器材向下拍摄的方式，用这种方法拍摄的视频画面被称为俯视镜头。俯视镜头会让拍摄对象显得卑弱、微小，减低了威胁性，美食类短视频就经常使用俯视镜头，增强用户主观视角的优越性并增加用户食欲，如图3–58所示。

图3–58 俯视镜头

●**仰视镜头**：仰拍是摄影摄像器材向上拍摄的方式，用这种方法拍摄的视频画面被称为仰视镜头。仰视镜头可使得拍摄对象看起来强壮有力，显得崇高、充满威严。在短视频中，拍摄人物、事物或建筑时经常使用仰视镜头，如图3–59所示。

●**鸟瞰镜头**：鸟瞰镜头与俯视镜头类似，是俯视镜头的技术加强版，鸟瞰镜头的拍摄位置更高，通常使用无人机拍摄，能带来丰富、壮观的视觉感受，让用户产生统治感和主宰感，多用在旅行类短视频中，如图3–60所示。

图3–59 仰视镜头

图3–60 鸟瞰镜头

●**俯仰镜头**：俯仰镜头其实是俯视镜头和仰视镜头的结合，是将摄影摄像器材从处于低处的俯视位置慢慢移动到高处变成仰视拍摄，如图3–61所示。例如，把拍摄地面的摄影摄像器材慢慢向上倾斜，直至拍摄到拍摄主体的全貌，这样的镜头可以展现拍摄主体的高大，以及凸显人物在四周环境中的独特性。

图3–61 俯仰镜头拍摄

2. 双人镜头

双人镜头是指拍摄的视频画面中包含两个人。以此类推，还有3人镜头和多人镜头。在短视频拍摄中，通常以单人镜头和双人镜头为主。双人镜头常见的用法是作为两个人对话的主镜头，有时单独使用，有时与其他不同景别的镜头组合使用，景别主要是全景和中景，以突出对话过程中的人物动作。双人镜头通常用来建立两个角色之间的关系，可以是恋人、好友、敌人或仅仅是熟人，以引导用户对两人进行对比和审视。

拍摄双人镜头时需要注意人物的位置、补光和拍摄角度，其中，位置能够表现人物之间的关系。例如，一个人在视频画面中占据更大的面积，表示这个人较另一人更具权势、控制权或侵略性；补光则有助于表现人物的主次，将人物从背景中凸显出来；而运用不同的拍摄角度则能表现不同人物的性格和情绪，并将人物和环境联系起来。

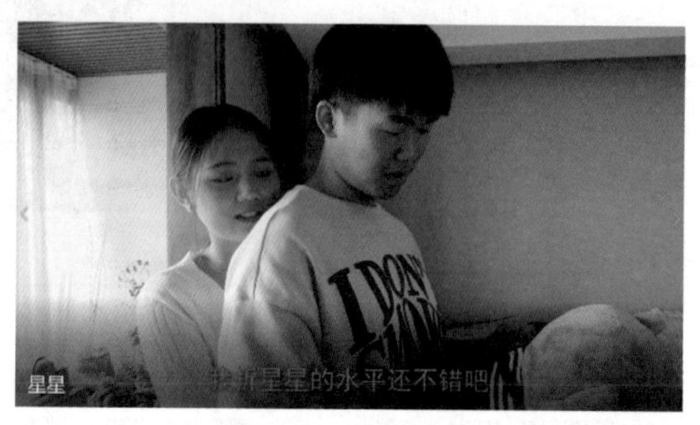

图3-62 双人镜头

【例3-6】解析短视频中的双人镜头。

在短视频《星星》的视频画面中，有一些双人中景镜头，通过两个主角的肢体语言展示了剧情的发展及人物间的关系，如图3-62所示。视频画面中，男主角在画面中所占面积比女主角稍微大一些，说明男主角此时更占优势，是叙事重心。而在布光方面，两个主角特意逆光而立，使人物可以从背景中凸显出来。在拍摄角度方面，镜头轻微上仰（从露出的天花板的边缘可以看出），表现真相大白之时男女主角的释然神情。

3. 360度环拍镜头

旅游类和剧情类短视频中经常出现环绕某个主体拍摄的视频画面，这类镜头非常酷炫，但比较难拍。360度环拍镜头通常以拍摄主体为中心，围着拍摄主体以一个相对固定的半径画圆来进行拍摄，这样在最终呈现给用户的视频画面中能看清拍摄主体周围全部的景象，立体感十足，使用户有一种亲身体验之感，并留下深刻的印象，如图3-63所示。

图3-63 360度环拍镜头

拍摄360度环拍镜头时首先要保证摄影摄像器材环绕移动平稳，还要确保拍摄主体始终处于画面半径中心的位置。在拍摄短视频的时，可以借助辅助工具来实现360度环拍镜头。例如，利用无人机拍摄360度俯视环拍镜头，或者使用平衡车或手持稳定器拍摄360度环拍镜头，如图3-64所示。

图3-64 借助辅助工具拍摄360度环拍镜头

小贴士

如果没有辅助工具，可以直接利用拍摄器材手持拍摄高帧速率的视频，然后在后期剪辑过程中将抖动画面加速，正常画面调慢，以改善环拍镜头的效果。另外，手持拍摄360度环拍镜头时，应尽量使用广角镜头，这样能在一定程度上降低画面的抖动。

3.4 现场录音与布光

短视频拍摄过程中还有两个非常重要的环节，即现场录音和布光，获得清晰真实的现场录音和布置影片级别的灯光是提高短视频质量的关键。

3.4.1 常用的录音方式

一条优质的短视频需要配上优美且清晰的声音，而短视频声音品质的好坏则通常由其录音方式决定。拍摄短视频常用的录音方式主要有现场录音和后期配音两种。

1. 现场录音

现场录音是短视频拍摄十分常用的录音方式，但现场录音最容易受到环境的影响，所以，根据环境的不同通常又把现场录音分为户外现场录音和普通现场录音两种方式。

（1）户外现场录音

户外的噪声比较大，容易影响录音的效果，所以户外现场录音需要特别关注环境。通常户外现场录音可以分为以下几种情况。

- 杂音多、收音范围小：这种户外的环境会严重影响录音效果，通常有两种解决方法，一种是使用专业的指向性话筒，并在剪辑流程中通过修音方式提高录音质量，但这种方法会提高短视频创作成本；另一种是更换拍摄环境。
- 环境空旷、杂音少：这种户外环境比较适合短视频拍摄，使用普通手机自带的话筒就可以完成录音工作。
- 环境空旷但回音较大：在这种户外环境拍摄需要使用指向性话筒，后期也可以通过修音的方式进一步提高声音质量。

（2）普通现场录音

拍摄短视频时使用的现场录音设备主要有自带话筒、无线话筒、指向性话筒等，通常应根据拍摄任务来选择录音设备。

● 如果短视频内容主要是室内活动或活动量不大的人物对白、人物简单表演或人物访谈，通常可以选择一拖一或一拖二的无线话筒进行现场录音。

● 如果短视频内容主要是现场/即兴活动、街头采访，或拍摄主体的着装不方便使用无线话筒，又或拍摄主体的运动幅度较大，可以选择指向性话筒进行现场录音。

● 如果短视频的拍摄主体或场景有较多运动或变化，则可以选择指向性话筒+挑杆的组合，可以使话筒最大限度地接近声源，进一步提高录音的清晰度。

● 使用手机拍摄短视频时，可以为手机配置一个专用录音小话筒，提高录音质量，但需要注意小话筒的接口应与手机接口一致。

【例3-7】选择拍摄Vlog时的现场录音设备。

Vlog是目前非常流行的短视频类型，拍摄时可以选择一款几乎适用于任何Vlog拍摄现场的无线话筒，这种无线话筒体积较小，而且能够夹在衣服上或单独放置在桌子上，兼容手机、相机、计算机和摄像机，价格通常在1000元以内，如图3-65所示。此外，还可以针对不同的拍摄场景选择不同的设备。

● 旅行Vlog：拍摄旅行Vlog时，可以选择一款指向性话筒，要求体积不大，能很好地拾取环境音，例如海浪声、风声等，并配套好专业的防风罩，价格通常在200元左右，如图3-66所示。

● 有解说的Vlog或美食Vlog：拍摄有解说的Vlog或美食Vlog时，可以选择一款无线领夹式话筒，要求能突出人声，收音范围在100米内，且支持无线录音，价格通常在1000元以内，如图3-67所示。

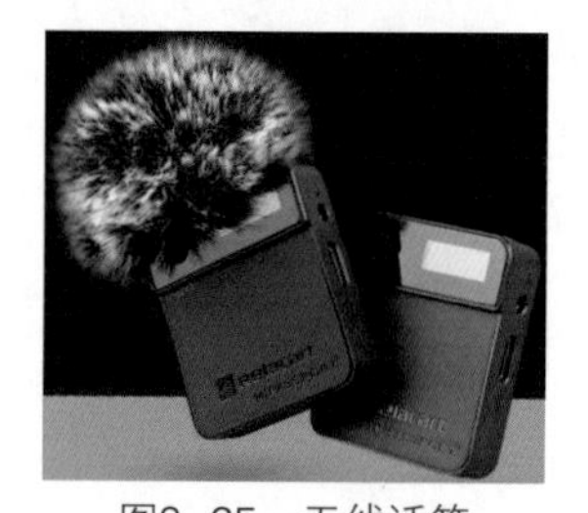

图3-65　无线话筒

图3-66　指向性话筒

图3-67　无线领夹式话筒

● 手机拍摄Vlog：用手机拍摄Vlog时，可以选择一款有线话筒，要求是能正常连接手机并适当提高录音质量，价格通常在200元以内。

● 多人拍摄Vlog：拍摄有多个人物的Vlog时，可以选择一拖二或一拖四等类型的无线话筒，这类话筒通常有一个接收器、多个发射器，支持同时对多个人物进行录音，但这类话筒的价格较高，通常在1000元以上。

● 弹唱和音乐Vlog：拍摄这种以声音为核心的短视频，需要更专业的录音设备，可以选择晚会和综艺节目常用的无线话筒，或唱歌专用的电容话筒，但这两种话筒价格非常高，无线话筒价格通常在3000元以上，电容话筒价格在1000元左右。

2. 后期配音

后期配音也是短视频创作中比较常用的录音方式。后期配音通常有以下3种方式。

● 专业配音：专业配音就是找专业的配音公司为短视频内容进行录音，通常微电影、宣传片、广告片等都会使用专业配音，但成本较高。

● **自己配音**：自己配音就是短视频内容创作者录制自己的声音来作为短视频旁白或人物声音，可以边拍视频边录制声音，也可以前期先拍摄视频画面，后期根据画面进行单独配音。自己配音通常会选择在安静的环境中进行，有条件的可以在录音棚内录音。

● **机器人配音**：机器人配音就是将录制的声音通过软件转换成标准的电子男女声，此类软件有百度广播开放平台、剪映和速音阁等。

【例3-8】在剪映中进行机器人配音。

下面就在剪映中将录制的声音转换为机器人配音，其具体操作步骤如下。

①在剪映中首先导入需要配音的视频素材，然后在操作面板中点击“添加音频”。

②在“音频”功能面板中点击“录音”按钮，展开“录音”面板，在其中按住“按住录音”按钮，即可开始录音，松开该按钮即可完成录音，点击“确定”按钮，如图3-68所示。

③在操作面板中选择录制的音频素材，在“音频”功能面板中点击“变声”按钮。

④在展开的“变声”功能面板中选择一种机器人的声音类型，然后点击“确定”按钮，如图3-69所示，即可将录制的声音转变为机器人配音。

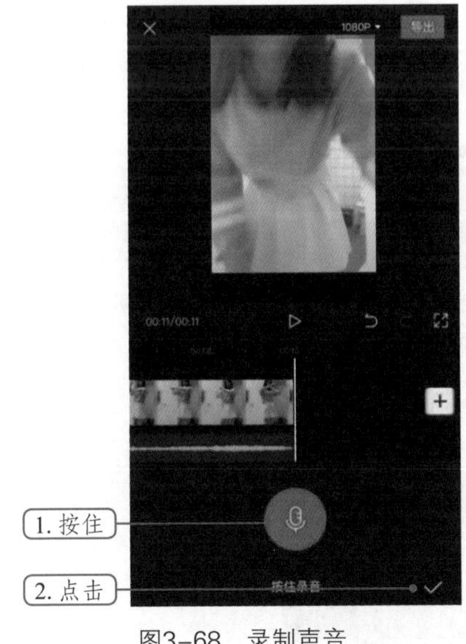

图3-68 录制声音

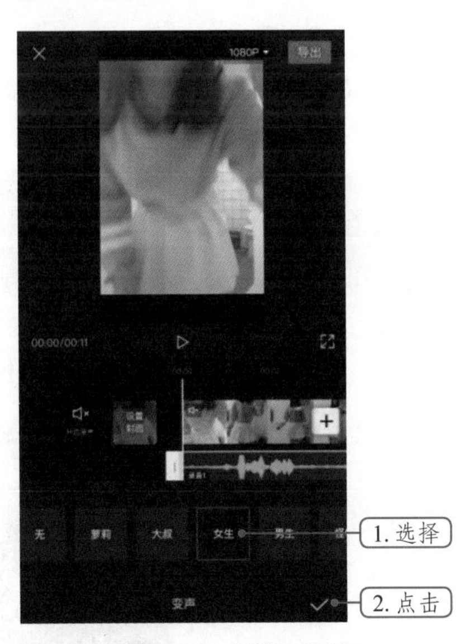

图3-69 机器人配音

3.4.2 现场录音的常用技巧

除了了解拍摄短视频常用的录音方式外，还应学习一些现场录音的常用技巧，以提高短视频的录音质量。

● **制定多种录音方案**：为了应对环境对现场录音造成的影响，可以提前对拍摄现场进行踩点，评估可能出现的噪声和对录音工作的影响，制定多套录音方案，方案涉及的内容包括如何屏蔽噪声、选择哪些录音设备、是否更改拍摄时间和拍摄地点等。

● **尽量使话筒靠近声源**：短视频中角色之间的对话是非常重要的，如果因为录音问题重新录制，不但影响成片质量，而且会耗费更多的成本。所以，录音时应该尽可能将话筒靠近声源，例如，挑杆话筒的位置应该尽可能地贴近拍摄画面的边界，如图3-70所示。

图3-70　挑杆话筒的位置

● 使无线话筒靠近人物出声位置：通常话筒越接近声源，录音的效果就越好，这点也非常适用于无线话筒。也就是说，无线话筒越靠近人物的出声位置，效果越好，通常无线话筒的理想位置是衣领处。

● 区分人声与环境音、效果音：环境音包括下雨声、鸟叫声、汽车轰鸣声等，效果音则包括人物衣服摩擦声、脚步声和其他人的对话声等。录音时最好将这些声音与人物对话声分开录制，这样才能突出声音层次。

● 选择优质录音设备：短视频是画面和声音的结合体，用户观看时有一半的体验来自于声音，所以，录音的质量会影响短视频的品质。在准备拍摄器材时，应选择质量优异的录音设备。

3.4.3 现场布光

拍摄短视频的过程中，光线是影响画面质量的一个十分重要的环境因素，好的布光可以有效提升短视频的画面质量，特别是在拍摄以人物为主的短视频时，多用柔光会增强画面美感。下面就介绍拍摄短视频时常用的布光类型和布光方案。

1. 常用布光类型

拍摄短视频时，无论使用自然光还是人工光，其目的都是突出拍摄主体，提升画面美感。而在以人物为主体的短视频拍摄中，根据光线对人物拍摄的影响，常用的布光类型可以分为主光、辅光、轮廓光、背光4种，如图3-71所示。

图3-71　常用的布光类型

● 主光：主光是一个短视频拍摄场景中最基本的光源，而其他的布光则是起到辅助作用。在短视频拍摄现场，主光通常是由柔光灯箱发出的，这种类型的光线均匀，主要用于照亮拍摄对象（人或物品）的轮廓，并突出其主要特征。用主光进行拍摄时，摄影摄像器材通常位于主光的正后方或两侧。

● 辅光：辅光也被称为辅助光，其作用是对主光没有照射到的拍摄对象的阴影部分进行光线补充，使用户能够看清楚拍摄对象的全貌。辅光的位置通常放置在主光两侧，也可以固定在天花板或墙上。辅光不能抢夺主光的地位，所以两者之间有一个最佳光比，这个比例需要通过反复试验来获得。

小贴士

在室内拍摄短视频时，主光通常放置在拍摄对象正前方稍微侧面的位置。在室外则通常以太阳光作为主光。如果太阳光在逆光位做主光，则需要增加辅光来帮助人物造型，而辅光很容易创建，诸如手机的手电筒灯光就可以作为辅光使用。

● 轮廓光：轮廓光通常用于分离人物与人物、人物与背景，以此增强视频画面的空间感。轮廓光通常采用直射光，从拍摄对象的侧后方进行照射，为拍摄对象形成清晰且明亮的边缘和轮廓形状。拍摄短视频时，轮廓光通常是视频画面中最亮的光线，所以，一定要防止其照射到拍摄器材的镜头上，否则会产生眩光，影响视频画面。

● 背光：背光用于照亮拍摄对象周围的环境和背景，可以消除拍摄对象在环境背景上的投影，在一定程度上融合各种光线，形成统一的视频画面基调。拍摄短视频时可以用背光的亮度来调整视频画面的基调，例如，明亮的背光能带给视频画面轻松、温暖和愉快的氛围，阴暗的背光则能为视频画面营造出安静、阴郁和肃穆的气氛。

小贴士

拍摄短视频时，经常需要使用反光板和实用光源等进行布光。反光板通常是用锡纸、白布或米菠萝等材料制成的，在室外拍摄中起到辅光的作用，有时也当作主光使用，主要用于改善光线，使平淡的画面变得饱满和立体，更好地突出主体，如图3-72所示。实用光源则是直接借用一些灯具或光源体来充当光源，如台灯、电视和蜡烛等，作用是产生光线的明暗对比，为视频画面营造戏剧效果，如图3-73所示。

图3-72　反光板

图3-73　客厅顶灯充当实用光源

2. 常用布光方案

拍摄短视频时，根据拍摄环境、短视频类型和内容的不同，通常使用的布光方式也会有所不同。例如，在室外白天拍摄短视频，通常主要使用自然光，适当补充人工光作为辅光；在室内拍摄时，则主要使用各种人工光。下面就以室内拍摄各种短视频为例，介绍常用的布光方案。

● 方案1：方案1适合在10平方米左右的室内拍摄短视频，个人短视频创作者大多可以采用这种布光方案，具体为设置一个主光和两个辅光，采用65W左右的单色温LED，主光使用环形灯，其布光配置和位置如图3-74所示。

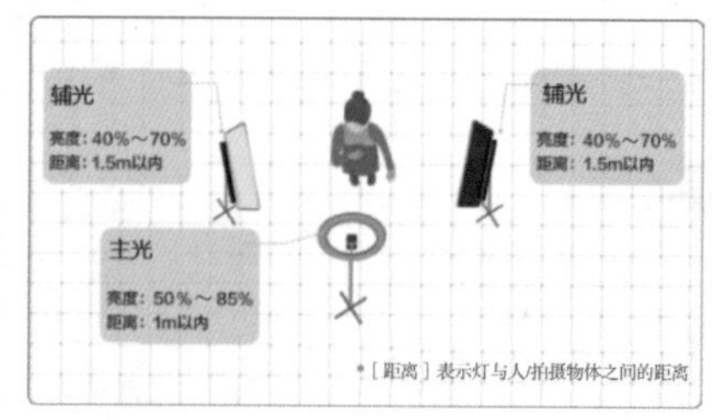

图3-74　方案1的布光配置和位置

●方案2：方案2适合在15平方米以内的室内拍摄短视频，适合的短视频类型包括“种草”类、穿搭类和美妆类等，具体为设置一个主光、两个辅光和一个背光，都采用LED灯，主光使用双色温冷暖24W左右的环形灯，辅光、背光都采用双色温100W左右的双色温补光灯，其布光配置和位置如图3-75所示。

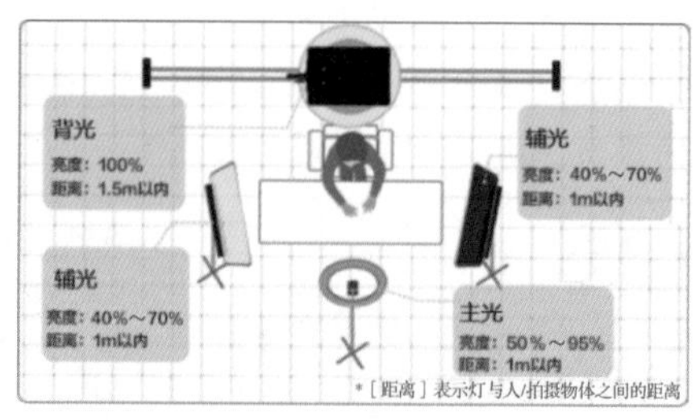

图3-75　方案2的布光配置和位置

小贴士

双色温补光灯更容易还原和呈现真实的图像色彩，同样场景和布光配置下，拍摄的视频画面中拍摄对象的颜色及周围环境颜色更加准确。

●方案3：方案3适合在12平方米以内的室内拍摄短视频，适合的短视频类型包括穿搭类、美妆类和“种草”类等，具体为设置一个主光、两个辅光和一个背光，都采用LED灯，主光使用双色温冷暖24W左右的环形灯，辅光、背光都采用单色温100W左右的补光灯，其布光配置和位置如图3-76所示。

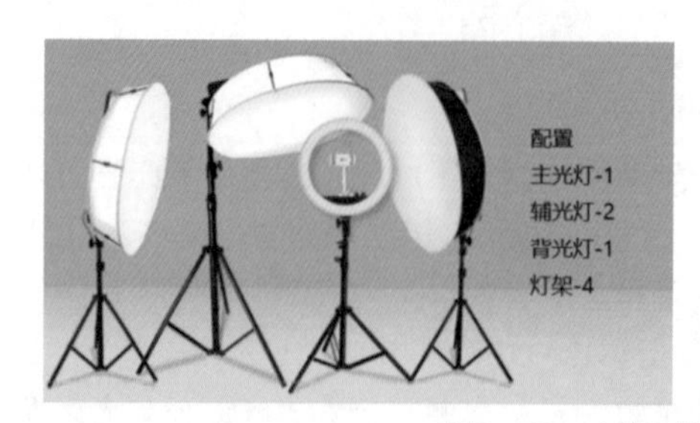

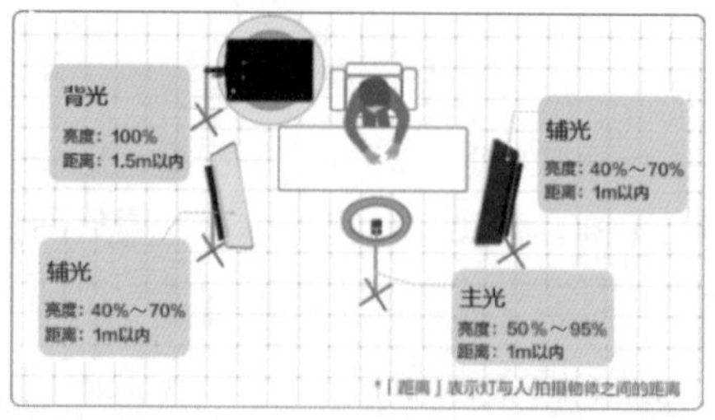

图3-76　方案3的布光配置和位置

● **方案4：** 方案4适合在10~20平方米的室内拍摄短视频，适合教育类、剧情类等人物动作较小的大场景短视频，具体为设置一个主光、一个辅光、一个轮廓光和一个背光，都采用LED灯，主光采用双色温冷暖48W的环形灯，辅光和背光采用双色温200W左右的补光灯，轮廓光采用可调焦28W左右的聚光灯，将背光设置在背景架上，其布光配置和位置如图3-77所示。

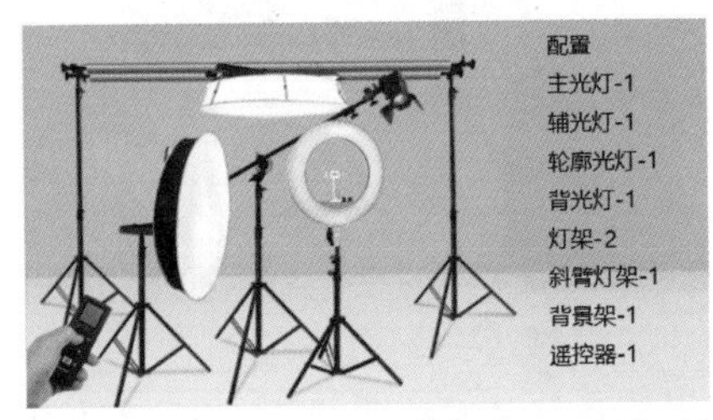

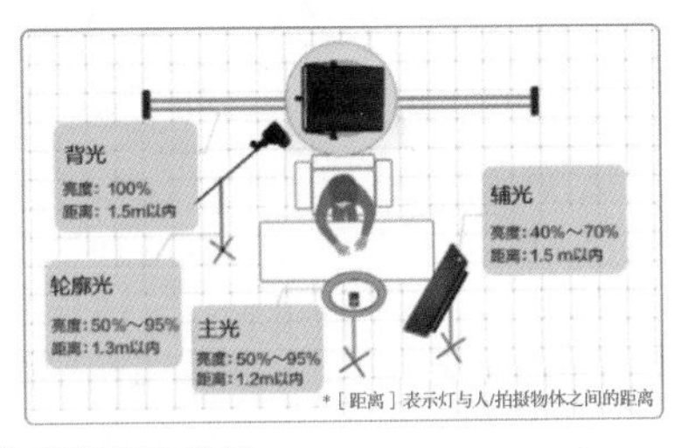

图3-77　方案4的布光配置和位置

● **方案5：** 方案5适合在10~20平方米的室内拍摄短视频，适合生活类（探店）、剧情类等人物动作较大的大场景短视频，具体为设置一个主光、一个辅光、一个轮廓光和一个背光，配置与方案4类似，只是背光和辅光都采用单脚架放置，其布光配置和位置如图3-78所示。

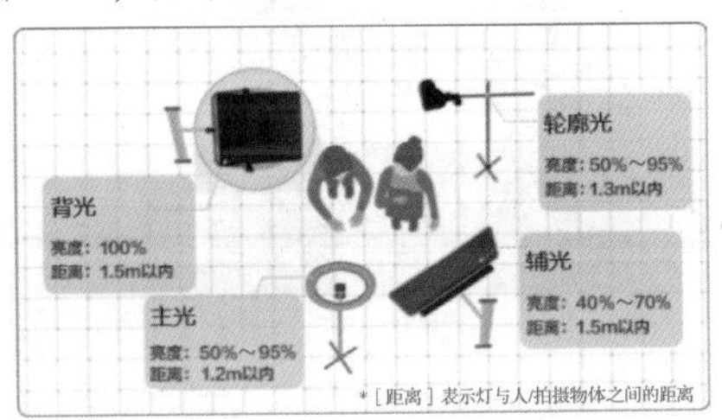

图3-78　方案5的布光配置和位置

● **方案6：** 方案6适合在15~30平方米的室内拍摄短视频，适合剧情类、舞蹈类等人物动作较大的大场景短视频，设置一个主光、两个辅光和两个背光，都采用LED灯，主光采用双色温冷暖48W的环形灯，辅光、背光都采用双色温200W左右的补光灯，两个背光都设置在背景架上，其布光配置和位置如图3-79所示。

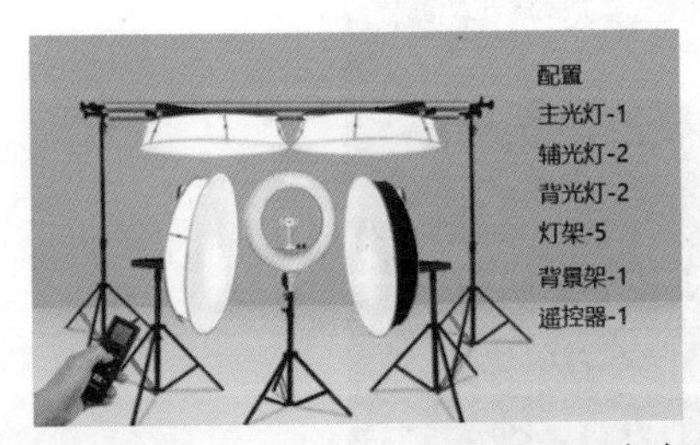

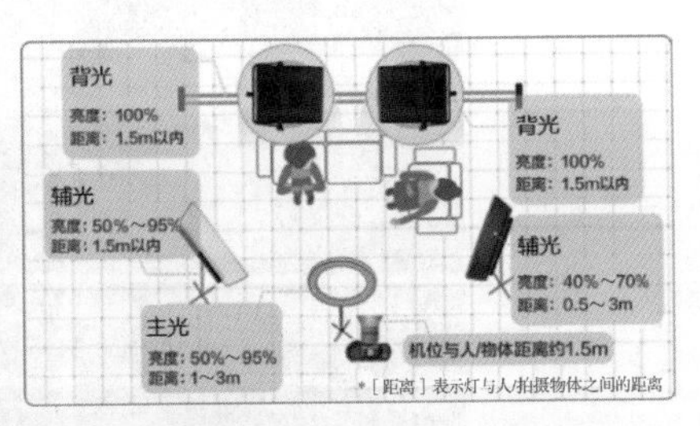

图3-79　方案6的布光配置和位置

● **方案7：** 方案7适合在15~30平方米的室内拍摄短视频，适合美食类、剧情类等人物动作较大的大场景短视频，设置一个主光、两个辅光和两个背光，都采用LED灯，布光位置与方案6完全相同，不同的是背光和辅光都采用单脚架放置，其布光配置和布光实景如图3-80所示。

图3-80　方案7的布光配置和布光实景

↘ 3.4.4　布光技巧

布光其实是一项创造性的工作，不仅能体现创作风格，还关系到短视频的拍摄质量。所以，除了学习常见的布光类型和布光方案外，还需掌握一些技巧来提升布光水平。

● 弱化太阳光：短视频通常需要对人或物品进行特写拍摄，室外太阳光太强就容易让人或物品的影子显得生硬，此时可以使用半透明的遮阳板弱化太阳光，柔化人或物品的局部，人移动时遮阳板也同时移动，如图3-81所示。

图3-81　使用遮阳板弱化太阳光

● 处理小范围光线扩散：在室内拍摄涉及物品的短视频时，光线扩散造成物品全部或局部太亮，可以通过以下4个步骤来处理：首先抬高主光的位置，并从侧面照射；接下来通过辅光或背光柔化物品的影子；然后给予物品的标志一道辅光，让其变得更清晰；最后遮挡较强的光线，使整个物品亮度保持平衡，如图3-82所示。

图3-82　处理小范围光线扩散

●简易布光：一些短视频拍摄为了节约成本，并没有使用专门的布光设备，而是利用手电筒、手机闪光灯等实用光源进行简易布光。图3-83所示为一种简易布光法，由拍摄对象手拿两个LED灯作为光源，一个为主光一个为辅光，也有不错的拍摄效果。

●对角线布光：这种技巧常用于人物的拍摄中，摄影摄像器材正对人物，两个光源侧对人物形成对角线，这样拍摄的人物清晰明亮且具有极强的立体感。需要注意的是，正面侧对人物的光源最好使用柔光，可以在光源外添加一个遮光板。

●利用自然光：即便室内拍摄光线充足，也最好选择离窗户较近的位置进行顺光拍摄，这样可以最大化地利用自然光源，得到更加真实的视频画面，如图3-84所示。

图3-83　简易布光

图3-84　利用自然光顺光拍摄

●调整光圈来控制视频画面的亮度：调小相机的光圈可增加进光量，使画面更亮，产生更强的背景虚化效果；调大光圈则会使画面变暗，背景虚化能力也会减弱。另外，感光度也可以调整画面明暗效果，如果对背景虚化有要求，可使用感光度调节明暗。

●利用光线制造艺术效果：在拍摄时可以利用布光产生一些艺术效果。例如，逆光拍摄可以展现拍摄对象的主体轮廓，形成剪影效果，如图3-85所示。使用聚光灯作为背光照射拍摄对象，并在镜头前使用插花或书本等作为前景，则会使视频画面具备小清新风格；将主光从下向上设置，并降低整个拍摄场景的亮度，可以营造恐怖的效果等。

图3-85　逆光拍摄的剪影效果

3.5　课后实操——拍摄剧情类短视频《星星》

拍摄短视频并不只是拍摄视频画面这么简单，还包括准备拍摄器材、设置场景和准备道具、现场布光等操作。下面就根据2.4节撰写好的《星星》短视频脚本，运用本章所学的知识拍摄《星星》短视频。

1. 组建短视频团队

拍摄该短视频可以组建一个中型团队，共4人，成员组成和角色分工如下。

●导演：导演主要负责统筹所有拍摄工作，具体是根据短视频脚本完成拍摄，并在现场进行人员调度，把控短视频的拍摄节奏和质量。

● 主角：主角是短视频中的主要演员，在本短视频中有男女主角各一名。

● 摄像：摄像主要是负责拍摄短视频，提出拍摄计划，布置拍摄现场的灯光，需要对短视频的成片质量负责。

在实际拍摄工作中，团队成员可能还需要完成一些其他工作，例如，导演参与布光和准备道具工作，男主角帮忙使用补光板等，如图3-86所示。

图3-86 短视频团队成员的分工合作

2. 准备拍摄器材

接下来准备拍摄器材。由于本短视频属于剧情类，且主要场景在室内，所以使用相机进行拍摄并采用普通现场录音（相机自带录音功能），另外需准备稳定器和三脚架等器材。

● 相机：型号为松下DC-GH5SGK-K微单相机，搭配松下标准变焦12-35mm F2.8二代镜头，摄像效果较好，如图3-87所示。

● 稳定器：采用智云Crane云鹤3 LAB 单反图传稳定器，能手持，也能脚架固定。

● 三脚架：采用思锐SIRUI T2005SK铝合金三脚架。

图3-87 拍摄器材

● 灯光设备：以自然光作为主光，并配合斯丹德LED-416补光灯和金贝110cm五合一反光板。

3. 设置场景和准备道具

根据短视频脚本来设置场景和准备道具，这两项工作都比较简单。

●场景：短视频中的主要场景有两个。一个是学校，可以在某学校的一间教室中拍摄；另一个是家，可以在导演家中拍摄，在客厅拍摄一组镜头，在阳台或卧室拍摄一组镜头。

●道具：主要道具包括彩色纸和用彩色纸折的星星，以及玩具熊，其他道具包括婴儿车、婴儿服装、洗衣盆、婴儿奶粉和奶瓶等。

4. 现场布光

该短视频主要有两个场景，应设置相应的布光方案。

●教室场景布光：教室的透光效果通常较好，只需要选择天气较晴朗的时间，将拍摄对象安排在窗户边上，以自然光作为主光，并打开教室中所有的灯光作为辅光，这样就能取得很好的光照效果，如图3-88所示。

●家中场景布光：家中可以选择光照效果较好的阳台作为一个拍摄场景，并使用反光板反射太阳光柔化主角的面部轮廓，如图3-89所示。另外，拍摄客厅场景时，可以选择顺光拍摄，并在拍摄对象侧后方使用补光灯来增强主角的立体效果。

图3-88 以自然光作为主光

图3-89 利用反光板布光

5. 设置拍摄参数

接下来设置相机的拍摄参数，如图3-90所示，包括设置对焦和曝光、关闭闪光灯，设置视频格式为MOV、尺寸为1080P、视频质量为FHD/8bit/50P，感光度为6400，光圈值为13，快门速度为200，曝光补偿值为-3～0等。

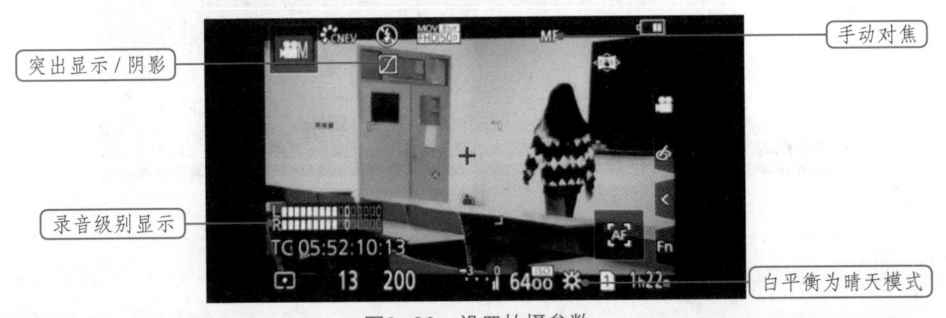

图3-90 设置拍摄参数

6. 拍摄短视频素材

设置好拍摄参数后就可以拍摄短视频了，根据撰写的短视频脚本，拍摄24个与脚本相对应的短视频素材。拍摄过程中要注意景别的变化和镜头的运用，主要使用突出拍摄主体的构图方式。图3-91所示为拍摄的短视频素材。

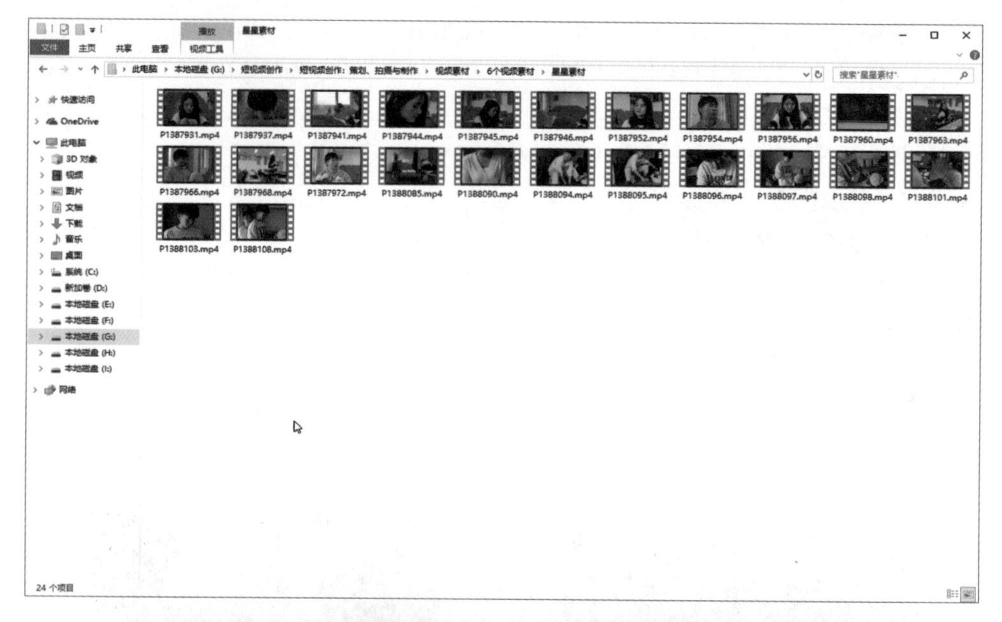

图3-91　拍摄的短视频素材

课后练习

试着根据自己创作的《星星》短视频脚本组建一个短视频团队，自行准备拍摄器材、场景和道具，并进行现场布光、设置拍摄参数，进行拍摄。

第 4 章 短视频剪辑

在短视频创作过程中，剪辑的本质是将拍摄的大量视频素材，经过分割、删除、组合和拼接等操作，最终形成一个连贯流畅、立意明确、主题鲜明并有艺术感染力的短视频。所以，短视频剪辑并不是简单的合并视频素材，而是涉及多方面的操作。例如，使用专业的剪辑手法进行剪辑，利用转场、滤镜、特效和调色来提升短视频的画面品质，添加符合视频画面内容的BGM并制作精美的字幕、封面和片尾等。通过这些操作，平淡无奇的视频素材可以被制作成包装精美、视角专业、画面品质直逼电影且内容丰富的短视频。下面就来学习短视频剪辑的相关知识。

学习目标

- 熟悉短视频常用的剪辑手法。
- 掌握转场、滤镜和特效的设置。
- 熟悉调色的方法。
- 掌握音频处理的基本操作。
- 掌握制作字幕、封面、片尾和视频打码的方法。

4.1 剪辑基础

在视频剪辑过程中，基础的操作包括分割、删除、组合和拼接，这些通常都可以利用剪辑软件来轻松实现。除此以外，还有一些基础知识需要掌握，包括常用的剪辑手法、转场、滤镜和特效。

4.1.1 常用的剪辑手法

剪辑的基本操作就是将多个视频画面进行连接，而在连接过程中通常需要合理利用一些剪辑手法来改变短视频画面的视角，推动短视频内容向目标方向发展，让短视频更加精彩。下面就介绍8种短视频常用的剪辑手法。

- **标准剪辑**：标准剪辑是短视频创作中最常用的剪辑手法，基本操作是将视频素材按照时间顺序进行拼接组合，制作成最终的短视频。大部分没有剧情，且只是由简单时间顺序拍摄的短视频，都可以采用标准剪辑手法进行剪辑。
- **J Cut**：J Cut是一种声音先入的剪辑手法，是指下一视频画面中的音效在画面出现前响起，以达到一种未见其人先闻其声的效果，用于给视频画面引入新元素。J Cut的剪辑手法通常不容易被用户发现，但其实经常被使用，例如，旅行类短视频中，在风景的视频画面出现之前，会先响起山中小溪的潺潺流水声，使用户先在脑海中想象出小溪的画面。
- **L Cut**：L Cut是一种上一视频画面的音效一直延续到下一视频画面中的剪辑手法，这种剪辑手法在短视频制作中也很常用，例如，在剧情类短视频中，上一画面中男主角向女主角说着情话，下一画面中女主角脸上露出幸福的表情，而男主角的声音仍在继续。

小贴士

采用J Cut和L Cut的目的都是保证两个视频画面之间的节奏不被打断，并有一个完美的过渡，在承上启下的同时，让音效去引导用户关注短视频的内容。

- **匹配剪辑**：匹配剪辑连接的两个视频画面通常动作一致，或构图一致。匹配剪辑经常用作短视频转场，因为影像有跳跃的动感，可以从一个场景跳到另一个场景，从视觉上形成酷炫转场的效果。简单地说，匹配剪辑就是让两个相邻的视频画面中主要拍摄对象不变，但切换场景。例如，很多旅行类短视频中，为了表现“达人”去过很多地方，会采用匹配剪辑的手法，如图4-1所示。
- **跳跃剪辑**：跳跃剪辑可对同一镜头进行剪辑，也就是两个视频画面中的场景不变，但其他事物发生变化，其剪辑逻辑与匹配剪辑正好相反。跳跃剪辑通常用来表现时间的流逝，也可以用于关键剧情的视频画面中，以增加镜头的急迫感。例如，近来非常流行的“卡点换装”短视频就采用了跳跃剪辑的手法，如图4-2所示。
- **动作剪辑**：动作剪辑是指视频画面在人物角色或拍摄主体仍在运动时进行切换的剪辑手法。需要注意的是，动作剪辑中的剪辑点不一定在动作完成之后，剪辑时可以根据人物动作施展方向设置剪辑点。例如，在一条关于求婚的短视频中，前一视频画面中男主角拿出戒指并准备下跪，下一视频画面中女主角一脸惊喜并激动落泪，这样的画面组接运用的就是动作剪辑的手法，不仅效果简洁、流畅，还增加了短视频的故事性和连贯性。

图4-1　采用匹配剪辑制作的短视频

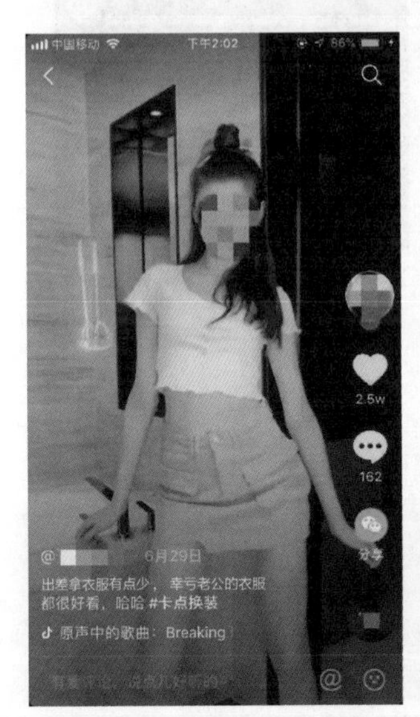

图4-2　采用跳跃剪辑制作的短视频

● **交叉剪辑：**交叉剪辑是指不同的两个场景来回切换的剪辑手法，通过来回频繁地切换画面来建立角色之间的交互关系，在影视剧中打电话的镜头大多使用的是交叉剪辑的手法。在短视频制作中，使用交叉剪辑能够提升短视频的节奏感，增强内容的张力并制造悬念，使用户对短视频产生兴趣。例如，剪辑一段主角选择午餐的视频画面时，在牛肉盖浇饭和回锅肉之间来回切换，可以表现主角纠结复杂的内心情感，并使用户对主角的最终选择产生好奇，继续观看接下来的内容。

●蒙太奇：蒙太奇（Montage，法语，是音译的外来语）原本是建筑学术语，意为构成、装配，后来被广泛用于电影行业，意思是“剪辑”。蒙太奇是指在描述一个主题时，将一连串相关或不相关的视频画面组接一起，以产生暗喻的效果。例如，某部电影为了表现出食物的美味，将食物与吃了该食物后穿上裙子和纱衣，在沙滩上舞蹈和嬉戏的男主角的视频画面组接在一起，既有喜剧效果，又表现了该食物美味得让人疯狂的主题，这就是蒙太奇的剪辑手法。图4-3所示为一条使用了蒙太奇剪辑手法的厨房产品广告短视频，其中通过制作美食时的各种动作与现实中相同的精彩动作的对比，展示出各种精美的画面，同时也衬托出该产品的优良品质。

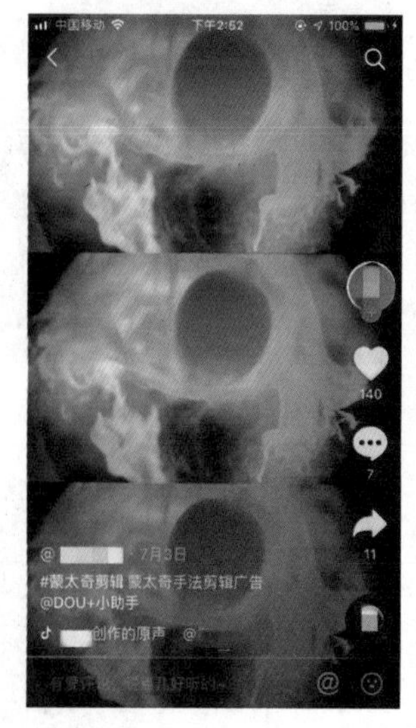

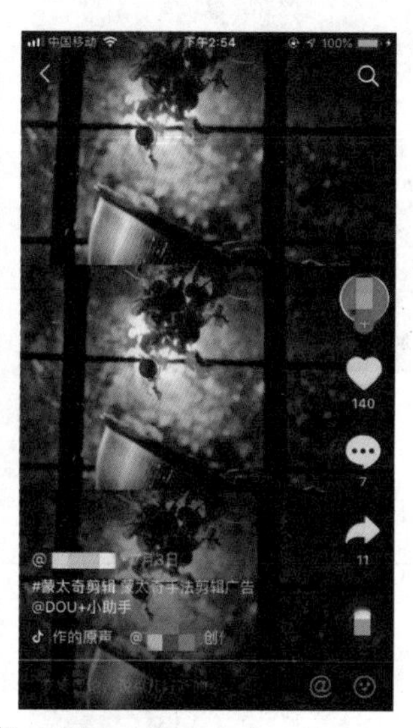

图4-3　采用蒙太奇制作的短视频

小贴士

在剪辑短视频时，可以根据短视频内容使用多种剪辑手法，例如，动作剪辑+L Cut，交叉剪辑+匹配剪辑等，这样可以增强视频画面的张力，使视频画面更丰富，更好地突出短视频主题。

4.1.2　转场的剪辑技巧

短视频是由若干个镜头序列组合而成的，每个镜头序列都具有相对独立和完整的内容。而在不同的镜头序列和场景之间的过渡或衔接就叫作转场，有了转场就能保证整条短视频节奏和叙事的流畅性。转场一般可分为技巧转场和无技巧转场两种。

1. 技巧转场

技巧转场是指用一些光学技巧来达成时间的流逝或地点的变换。随着计算机和影像技术的高速发展，理论上技巧转场的手法可以有无数种。在短视频的剪辑中比较常用的技巧转场主要有淡入/淡出、叠和划。

● **淡入/淡出**：淡入/淡出又称渐显/渐隐，淡入是指下一个视频画面的光度由零度逐渐增至正常的过程，类似于舞台剧的“幕启”；淡出则相反，是指画面的光度由正常逐渐变暗直到零度的过程，类似于舞台剧的“幕落”。

● **叠**：叠又称化，是指两个视频画面层叠在一起，前一个画面没有完全消失，后一个画面没有完全显现，两个画面有部分“留存”在屏幕上。

● **划**：划是指以线条或用圆、三角形等几何图形来改变视频画面的转场方式，例如圆划像、正方形划像、交叉划像和菱形划像等。图4-4所示为圆划像转场。

小贴士

短视频还可以设置其他技巧转场，其本质都是这3种转场的衍生类型，包括旋转、缩放、翻页、滑动和擦除等。这些类型还可以进一步细分，例如，擦除转场可细分为时钟式、棋盘式、百叶窗式和油漆飞溅等类型，图4-5所示为时钟式擦除转场。

图4-4 圆划像转场

图4-5 时钟式擦除转场

2. 无技巧转场

技巧转场通常带有比较强的主观色彩，容易停顿和割裂短视频的内容情节，所以在短视频剪辑中较少使用。无技巧转场通常以前后视频画面在内容或意义上的相似性来转换时空和场景，主要有以下几种类型。

● **利用动作的相似性进行转场**：这种转场是以人或物体相同或相似的运动为基础进行的画面转换。例如，表现人物坚持锻炼的短视频，就可以在室内健身和公园跑步的镜头之间完成转场，利用动作的相似性连接被打散的不同时空的情节片断。

● **利用声音的相似性进行转场**：利用声音的相似性进行转场是指借助前后画面中对白、音响、音乐等声音元素的相同或相似性来进行组接。例如，男主角抱起晕倒的女主角向外奔跑，画面外响起救护车的鸣笛声，下一个镜头女主角已经躺在医院的病床上，这种转场方式通过声音的延伸将用户的情绪也连贯地延伸到下一个情节段落中。

● **利用具体内容的相似性进行转场**：利用具体内容的相似性进行转场是指以画面中的形象或物体的相似性为基础进行组接，例如，女主角拿出手机查看男友照片，然后与照片中衣着打扮完全相同的男友本人出现在女主角面前。

● **利用心理内容的相似性进行转场**：利用心理内容的相似性进行转场是指前后画面组接的依据是由用户的联想而产生的相似性，例如，女主角非常思念自己的男友，自言自语道：“他现在在干什么呢？”下一个镜头就切换到男友正拿着手机给女主角发信息的视频画面。

● **空镜头转场**：空镜头是指一些没有人物的镜头，主要为刻画人物情绪，渲染气氛。空镜头转场是指使用空镜头作为两个场景之间的过渡镜头，例如，影视剧中常见的英雄人物壮烈牺牲后，下一个画面为高山大海的空镜头，其目的是让情绪发展到高潮之后有所停顿，留下回味的空间。

● **特写转场**：特写转场是指无论上场戏的最后一个镜头是何种景别，下场戏的第一个镜头都用特写景别。特写转场用于强调场面的转换，常常会带来自然、熨帖、不跳跃的视觉效果。

● **遮挡镜头转场**：遮挡镜头转场是指在上一个镜头接近结束时，摄影摄像器材与拍摄对象接近以至整个视频画面黑屏，下一个镜头拍摄对象又移出视频画面，实现场景或段落的转换。上下两个镜头的拍摄主体可以相同，也可以不同。这种转场方式既能给用户带来强烈的视觉冲击，又可以造成视觉上的悬念。

实际的短视频剪辑过程中可能会使用多种转场方式。例如，在视频内容节奏比较舒缓的段落，无技巧转场可以与技巧转场结合使用，这样可以综合发挥二者各自的长处，既可以使过渡顺畅自然，又能给用户带来视觉上的短暂休息。

【例4-1】为短视频设置交叉溶解转场。

交叉溶解转场是Premiere默认的转场类型。下面就为两个视频素材设置交叉溶解转场，其具体操作步骤如下。

交叉溶解转场

① 首先启动Premiere，在操作界面的菜单栏中选择【文件】/【新建】/【项目】命令，打开“新建项目”对话框，在“名称”文本框中输入“设置叠化转场”文本，然后单击“位置”下拉列表框右侧的“浏览”按钮，打开“请选择新项目的目标路径”对话框，在其中选择一个保存新建视频项目的文件夹，单击“选择文件夹”按钮。返回“新建项目”对话框，单击“确定”按钮，进入Premiere的主界面。

② 在功能区中单击“编辑”按钮，双击“项目”面板的空白处，打开“导入”对话框，选择需要剪辑的视频素材（配套资源：\素材文件\第4章\转场1.mp4、转场2.mp4），然后单击“打开”按钮，将视频素材导入“项目”面板中。

③ 将“项目”面板中的视频素材分别拖动到“时间轴”面板中，在“转场1”视频轨道最后位置单击鼠标右键，在弹出的快捷菜单中选择“应用默认过渡”命令，如图4-6所示。

④ 为“转场1”设置交叉溶解的转场效果，在功能区中单击“效果”按钮，展开“效果控件”面板，单击“效果控件”选项卡，将持续时间设置为“00:00:01:21”，在“对齐”下拉列表框中选择“起点切入”选项，如图4-7所示，完成交叉溶解转场的设置操作（配套资源：\效果文件\第4章\交叉溶解转场\交叉溶解转场.prproj）。

小贴士

Premiere自带的转场效果包括3D运动、划像、擦除、沉浸式视频、溶解、滑动、缩放和页面剥落8种类型，每种类型又有一些细分类型。

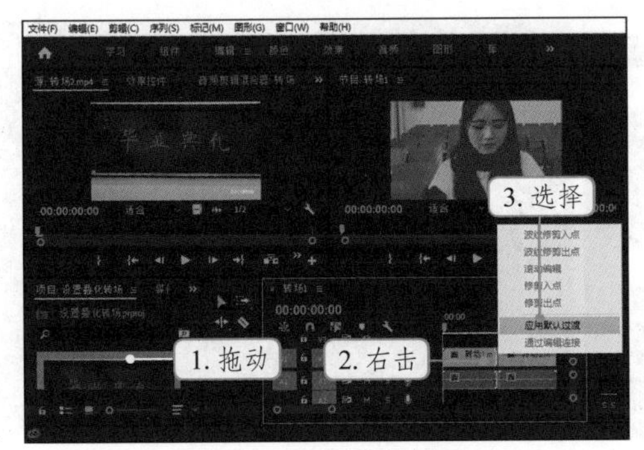

图4-6　添加转场效果

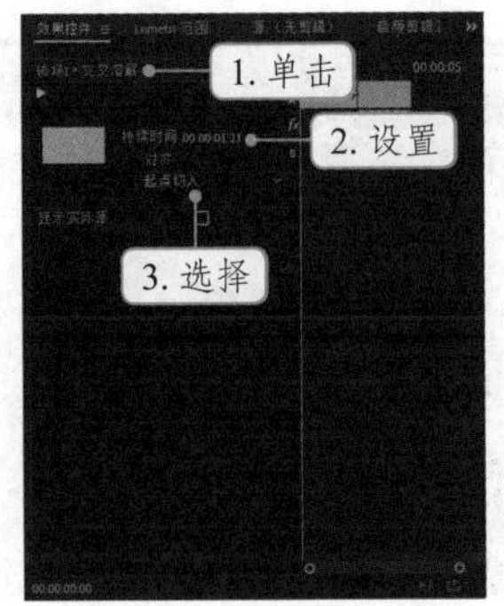

图4-7　设置转场效果

4.1.3　滤镜的添加技巧

滤镜主要是用于实现视频画面的各种特殊效果，例如，使用滤镜让视频画面变得有质感、清新、复古、风格化和胶片化等，不同的视频画面内容可以应用相对应的滤镜，例如，美食滤镜、风景滤镜、电影滤镜和Vlog滤镜等。通常短视频剪辑软件和App中都自带滤镜，剪辑时直接应用即可。现在很多短视频需要应用滤镜来提升画面的格调。在短视频的剪辑中，滤镜主要有以下两种应用场景。

- **展示**：在短视频中展示各种物品和风景时，通常都会添加滤镜。应用滤镜可以使短视频画面更加生动、有趣味，提升用户的视觉体验。
- **美颜**：只要是涉及人物拍摄的短视频都可以添加美颜滤镜。应用美颜滤镜可以提升人物的外形吸引力，吸引来更多用户观看。

【例4-2】为短视频添加一个淡化胶片滤镜。

Premiere中有Filmstocks、影片、SpeedLooks、单色和技术等多个滤镜组，每个滤镜组中又有多种滤镜效果。下面就为短视频添加一个淡化胶片滤镜，其具体操作步骤如下。

淡化胶片滤镜

① 将需要添加滤镜的视频素材（配套资源：\素材文件\第4章\滤镜.mp4）导入“项目”面板并拖动到“时间轴”面板中。

② 在“时间轴”面板中单击视频素材，在功能区中单击“效果”按钮，展开“效果”面板，在其中展开“Lumetri预设”选项，在其中继续展开“影片”选项，双击“Cinespace 100 淡化胶片”选项，将其应用到视频画面上，如图4-8所示。

③ 在“效果控件”面板中单击“效果控件”选项卡，在下面的“视频效果”列表框中展开“*fx* Lumetri 颜色（Cinespace 100 淡化胶片）”选项，继续展开“创意”选项，展开“调整”选项，将“淡化胶片”和“饱和度”的数值都设置为“50.0”，如图4-9所示，完成淡化胶片滤镜和添加操作（配套资源：\效果文件\第4章\淡化胶片滤镜\淡化胶片滤镜.prproj）。

小贴士

Premiere提供了精美的外部滤镜，从网上下载这些滤镜后直接安装，或者将其复制粘贴到Premiere安装文件夹的“Plug-Ins\Common”路径中即可使用。

图4-8　添加滤镜

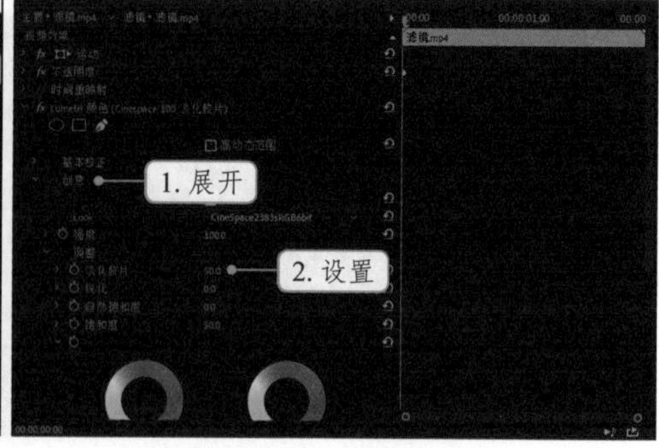

图4-9　设置滤镜

【例4-3】利用外部滤镜为短视频添加画中画放大效果。

下面就利用“ScaleUp”外部滤镜，在Premiere中为短视频添加画中画放大效果，其具体操作步骤如下。

① 将需要剪辑的视频素材（配套资源：\素材文件\第4章\外部滤镜.mp4）导入“项目”面板并拖动 “时间轴”面板中。

② 按住“Alt”键在“时间轴”面板中将“外部滤镜.mp4”视频素材复制到上一轨道中，然后在复制的“外部滤镜.mp4”视频素材轨道上单击鼠标右键，在弹出的快捷菜单中选择“取消链接”命令。

③ 在“效果控件”面板中展开“*fx* 运动”选项，在“缩放”数值框中输入“40.0”，单击“位置”选项，在“节目”面板中将缩小的画面拖动到左下角，如图4-10所示。

④ 在“效果”面板的搜索框中输入“sc”，Premiere将自动搜索出“ScaleUp”滤镜，双击将该滤镜应用到视频画面中，在“效果控件”面板中展开“*fx* ScaleUp”选项，在“Output Size”下拉列表框中选择“Fit to Height 4320”选项，在“Type”下拉列表框中选择“Fast”选项，如图4-11所示，完成滤镜的添加（配套资源：\效果文件\第4章\外部滤镜\外部滤镜.prproj）。

图4-10　设置画中画

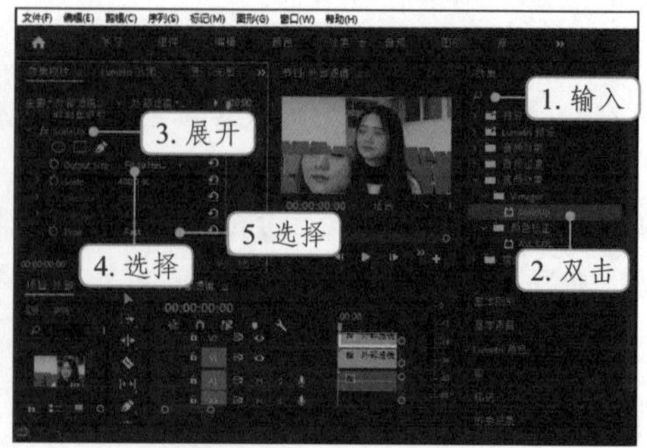

图4-11　添加滤镜

↘ 4.1.4　特效的制作技巧

特效通常是指特殊的视频画面效果。在影视中，使用软件人工制造出来的假象和幻觉，被称为影视特效或特技效果。通常短视频剪辑软件和App中都自带特效，剪辑时直接应用即可。Premiere中也自带了很多特效，包括变换、图像控制、实用程序、扭曲、时间、杂色与颗粒、模糊与锐化等，如图4-12所示。这些特效中还有不同的具体特效，例如，在扭曲特效中就有偏移、变换、放大、旋转扭曲、波形变形和镜头扭曲等多种具体特效，并且通过“效果控件”面板可以设置特效的各种参数，如图4-13所示。

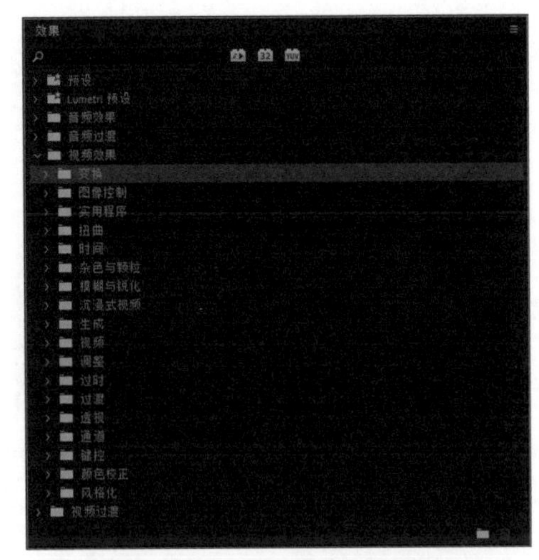

图4-12　Premiere中的特效列表

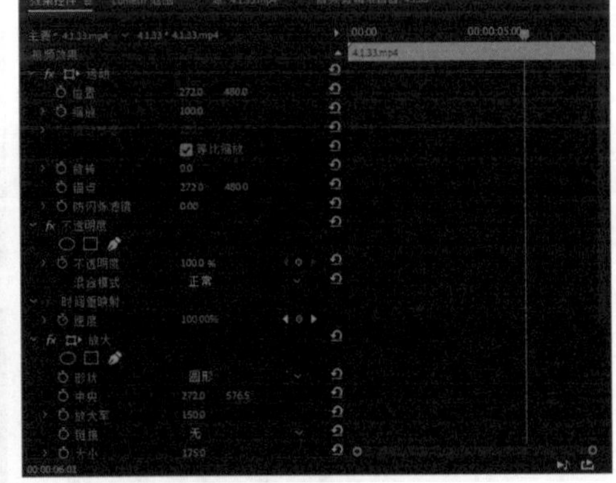

图4-13　Premiere中的具体特效选项和参数设置面板

图4-14所示为在短视频中应用一些常见特效的效果图。

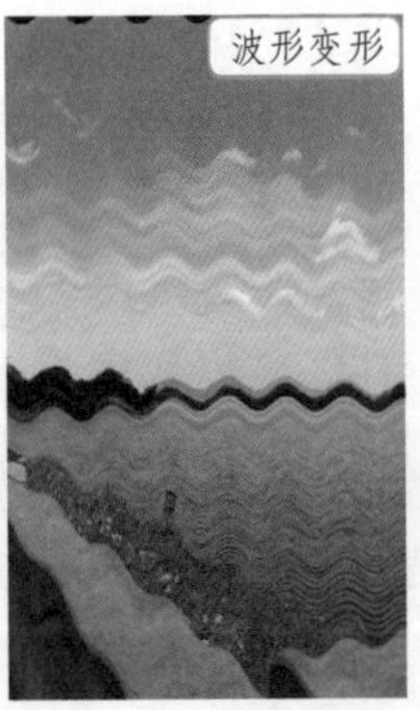

图4-14　Premiere常见特效的效果图

图4-14　Premiere常见特效的效果图（续）

小贴士

Premiere中需要应用特效后才能查看效果，而在绝大多数手机短视频剪辑App中则可以在应用特效前查看效果，图4-15所示为剪映App中常用的特效。

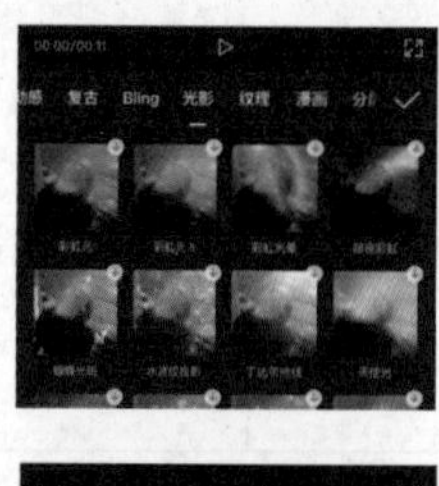
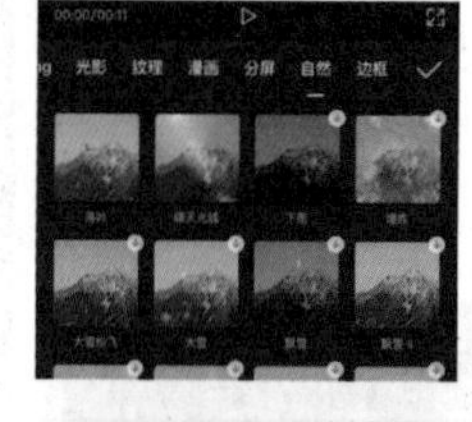

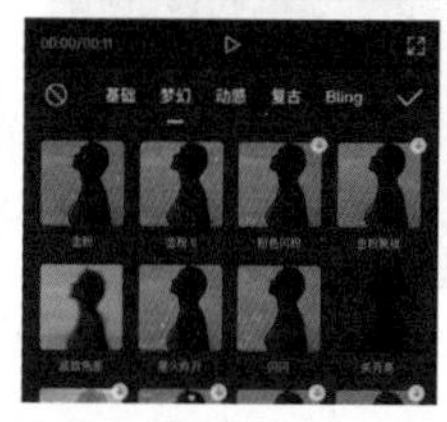

图4-15　剪映App中常用的特效

【例4-4】为短视频制作大头特效。

短视频中经常有放大主角头部的视频画面，用来显示主角丰富的表情。下面利用Premiere中自带的特效制作大头特效，其具体操作步骤如下。

① 将需要剪辑的视频素材（配套资源：\素材文件\第4章\大头特效.mp4）导入“项目”面板并拖动到“时间轴”面板中。

② 在“时间轴”面板中单击视频素材，在功能区中单击“效果”按钮，展开“效果”面板，在其中展开“视频效果”选项，再展开“扭曲”选项，双击“放大”选项，将其应用到视频画面上，在“节目”面板中可以看到添加了放大特效的视频画面。

③ 在“效果控件”面板中展开“*fx*放大”选项，将“放大率”和“大小”的数值分别设置为“270.0”和“250.0”，在“形状”下拉列表框中选择“正方形”选项，单击“中央”选项，在“节目”面板中将放大区域拖动到女主角头部位置，如图4-16所示，

完成大头特效的制作。单击“播放”按钮即可查看具体效果（配套资源：\效果文件\第4章\大头特效\大头特效.prproj）。

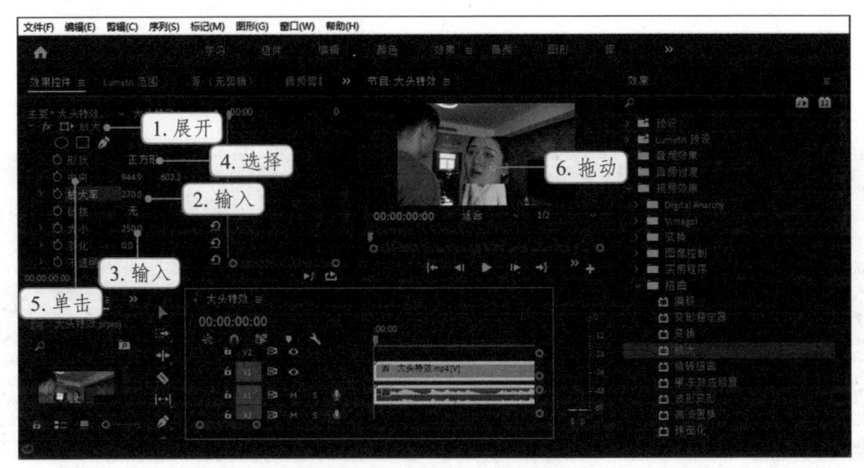

图4-16　制作大头特效

【例4-5】为短视频制作隐形特效。

除了Premiere自带的特效外，还可以通过使用各种转场、滤镜，以及调整设置颜色和基本参数，为短视频制作特效。下面就通过在Premiere中设置基本参数来制作短视频的隐形特效，其具体操作步骤如下。

① 将需要剪辑的视频素材（配套资源：\素材文件\第4章\隐形1.mp4、隐形2.mp4）导入“项目”面板并拖动到“时间轴”面板中。

② 在“时间轴”面板中将“隐形1.mp4”拖动到V2轨道中，然后将时间线定位到视频中人物开始隐形的位置，这里大概是“02:26”左右，单击“剃刀工具”按钮，然后在该位置单击，剪切视频素材，如图4-17所示。然后，在右侧剪切的视频素材上单击鼠标右键，在弹出的快捷菜单中选择“清除”命令将其删除。

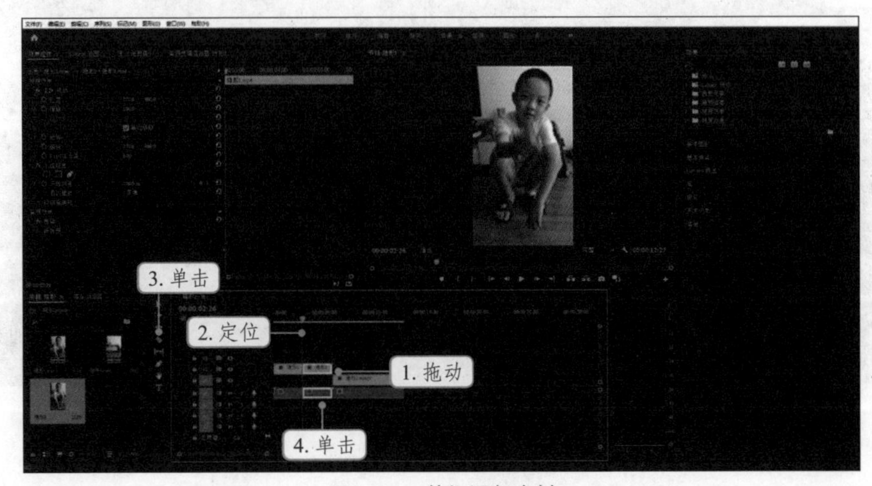

图4-17　剪切视频素材

③ 将时间线定位到人物开始隐形的位置，这里是“01:22”，在“效果控件”面板中展开“*fx* 不透明度”选项，在“不透明度”数值框右侧单击“添加/移除关键帧”按钮，为其添加一个关键帧。

④ 按8次“→”键将时间线向后移动8个帧，定位到“02:00”位置，用同样的方法添加一个关键帧，并在“不透明度”数值框中输入“0.0%”，如图4-18所示。

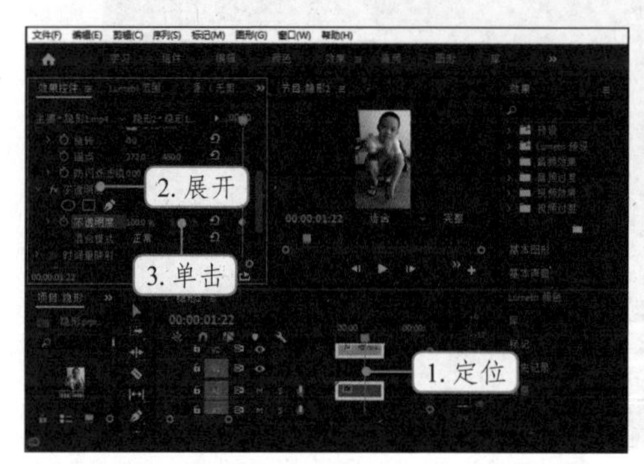

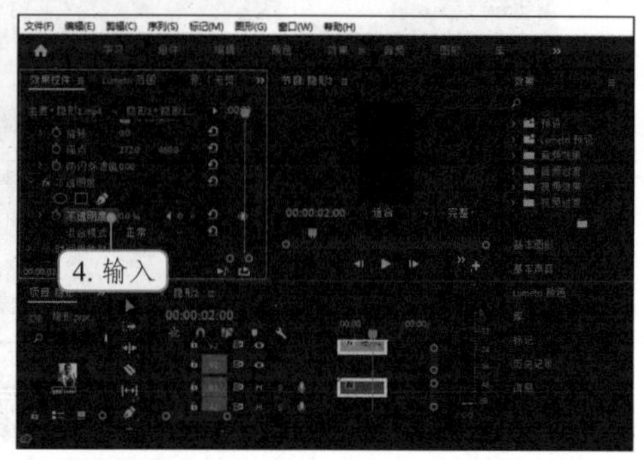

图4-18　添加关键帧

⑤ 将时间线定位到“01:22”关键帧位置，将V1轨道上的“隐形2.mp4”拖动到该位置，使用剃刀工具剪切“隐形2.mp4”视频素材并清除多余的部分。

⑥ 将“光照.mp4”视频素材（配套资源：\素材文件\第4章\光照.mp4）导入V3轨道中，在“效果控件”面板中展开“*fx* 不透明”选项，在其中的“混合模式”下拉列表框中选择“相减”选项，然后展开“*fx* 运动”选项，单击其中的“位置”选项，然后在“节目”面板中拖动放大光照的视频画面，使其铺满整个屏幕，如图4-19所示。

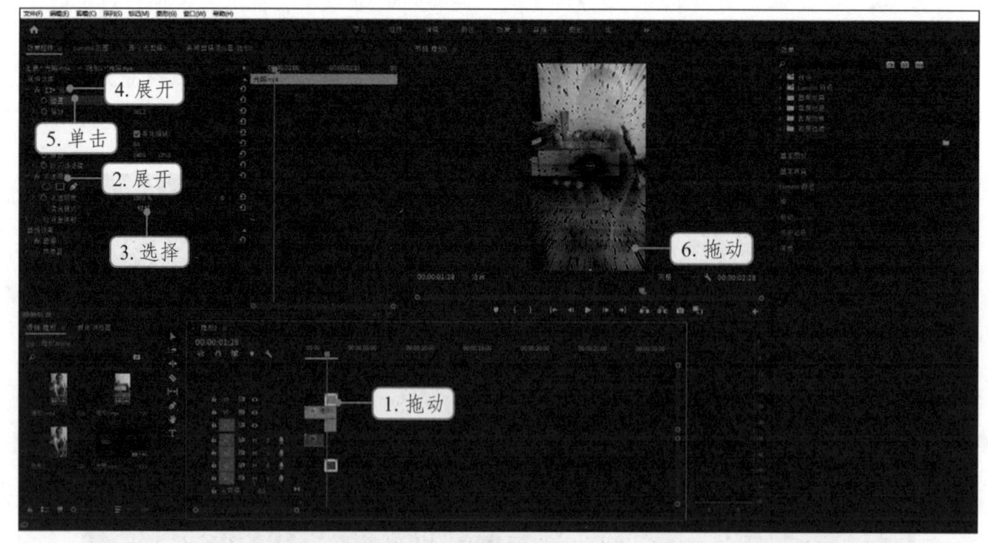

图4-19　设置隐形的光照特效

⑦在“时间轴”面板中的“光照.mp4”上单击鼠标右键，在弹出的快捷菜单中选择

“速度/持续时间”命令，打开“剪辑速度/持续时间”对话框，在“速度”数值框中输入“800%”，单击“确定”按钮，如图4-20所示。

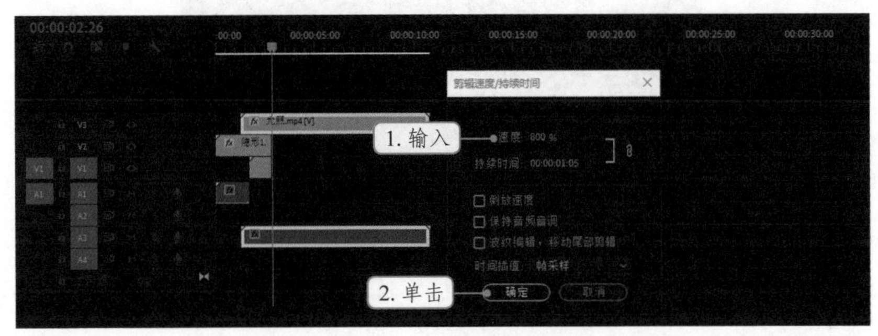

图4-20　调整播放速度

⑧在“节目”面板中查看制作的特效效果，适当调整“光照.mp4”视频素材在V3轨道中的位置，使得光照效果与隐形效果同时出现，完成整个隐形特效的制作（配套资源：\效果文件\第4章\隐形\隐形.prproj）。

4.2 调色

调色是短视频剪辑中非常重要的环节，通过调色可以使短视频的画面呈现一种特别的色彩或风格，例如清新、唯美、复古等，带给用户一种视觉上的享受。要想在短视频中调制出符合视频特色的色彩，需要首先了解调色的主要目的，以及调色的基本流程，然后学习调制一些不同风格的色彩。

4.2.1 调色的基本目的

通常来说，调色的基本目的有两个，分别为还原真实色彩和添加独特风格。

- **还原真实色彩**：无论器材性能多么优越，都会受到拍摄技术、拍摄环境和播放设备等多种因素的影响，最终展示出来的视频画面与人眼看到的现实色彩仍然有着一定的差距，所以，需要进行调色来最大限度地还原真实的色彩。
- **添加独特风格**：调色的另一个基本目的是为视频画面添加独特的风格，通过调色将各种情绪和情感投射到视频画面中，为视频创造出独特的视觉风格，从而影响用户的情绪，让用户产生情感共鸣。

4.2.2 调色的基本流程

调色的基本流程主要包括基础调色和风格化调色两个步骤，而在进行调色前，通常还需要了解视频素材的格式和特性。

1. 了解视频素材的格式和特性

视频素材由不同的器材拍摄，所以有不同的拍摄格式，对应不同的调色性能。视频素材的拍摄格式主要有Raw、Log和Rec709，如图4-21所示。

图4-21　不同拍摄格式的视频素材

● Raw：Raw是一种使用摄影摄像器材将拍摄画面的所有信息用数据的方式全部记录下来的视频格式，其视频画面没有进行任何加工，通常需要经过转换才能查看和使用，所以，Raw格式的视频素材通常容量特别大。摄像机通常支持这种格式。

● Log：Log是一种使用摄影摄像器材以 Log 对数函数曲线的计算方式，把拍摄到的视频画面转换为数字信息进行记录的视频格式，能够记录更多的高亮信息和阴影部分信息，并具备更宽的色域范围，所以 Log 视频画面呈现出低对比度、低饱和度的特征，画面多呈现灰色的状态。相机和手机主要支持这种格式。

● Rec709：Rec709是一种摄影摄像器材对拍摄画面进行了预处理，并输出更符合人眼观看画面的视频格式，数据较小但丢失了很多画面细节，网上的很多视频采用的就是这种格式。

简单地讲，从调色的能力上看，Raw优于Log，Log优于Rec709。只有了解了视频素材的格式，才能更好地进行调色，创造出风格化的视频画面。

2. 基础调色

基础调色通常能满足大部分短视频的调色需求，主要包括白平衡、色调、曲线和色轮等参数的调整。

（1）白平衡

白平衡是描述显示器中红、绿、蓝三基色混合生成后白色精确度的一项指标。使用相机拍摄短视频时，通常可以设定自动白平衡，调色时则可以通过调整色温来设置白平衡。色温是表现光线温度的参数，其测量单位是开尔文（K），通常冷光色温高、偏蓝，暖光色温低、偏红，如图4-22所示。图中色温由左到右越来越高，颜色也由偏黄的暖光到偏蓝的冷光。

图4-22　不同色温对比

表4-1所示为一些常见场景的色温，调色时可以根据需要选择使用。

表4-1 常见场景色温

蜡烛	白炽灯	白色荧光灯	正午太阳光	阴天
1800K	2800K	4000K	5200～5500K	6000～7000K

（2）色调

色调是指视频画面的相对明暗程度，是地物反射、辐射能量强弱在视频画面上的表现，拍摄对象的属性、形状、分布范围和组合规律都能通过色调差异反映在视频画面中。短视频中为了营造某种氛围或情绪，可以通过灵活运用色调来达到目的。视频画面中常用的色调及其含义如表4-2所示。

表4-2 常用色调及其含义

浅色调	深色调	白色调	黑色调	纯色调	鲜亮色调	阴暗色调
明快/年轻 明亮/清爽 舒适/清澈 阳光/干净 朴素/平和	沉着/稳重 成熟/商务 庄重/绅士 古典/执着 高端/格调	简洁/清淡 优雅/极简 低调/朴素 简单/和平 干净/纯洁	强壮/阳刚 力量/男性 高级/奢华 神秘/冷静 庄严/悲凉	明确/直接 开放/健康 热情/活力 纯真/浓厚 儿童/盛夏	纯净/清爽 天真/淳朴 年轻/快乐 生动/活泼 艳丽/随意	时髦/科技 低调/奢华 压抑/脏乱 朴素/柔韧 朦胧/暗淡

在Premiere中，影响色调的主要参数包括曝光、对比度、高光、阴影、白色、黑色等。其中，曝光用于调整视频画面的曝光过度或不足的情况，对比度用于统一融合或区别分割整个视频画面的色彩，高光、阴影、白色和黑色用于调整视频画面的亮度、饱和度。短视频剪辑时可以通过调整曝光、高光、阴影、白色和黑色来增加视频画面的立体感并使得视频画面更细腻。另外，在短视频剪辑中通过设置高饱和度的色调来突出画面主体、营造场景氛围和表达人物情绪。

【例4-6】对短视频画面进行基础调色。

下面就利用Premiere对短视频进行基础调色，其具体操作步骤如下。

① 将需要剪辑的视频素材导入“项目”面板并拖动到“时间轴”面板中。

② 在“节目”面板中可以看到该视频画面主要是在室内拍摄，曝光不足，所以在“效果”面板中展开“Lumetri颜色”选项的“基本校正”选项，在“色调”选项中向右拖动“曝光”参数的滑块，增加曝光数值。然后继续增加高光数值，凸显画面的主体。

③ 此时发现视频画面泛黄，这表示色温过高，需要调整，在“白平衡”选项中降低色温数值。

④ 分别增加阴影和白色的数值，降低黑色数值，增加视频画面中人物的立体感。

⑤ 为了突出和营造温馨的视频氛围，可以提高饱和度数值，如图4-23所示。

⑥ 单击“基本校正”选项右侧的复选框，查看进行基础调色前后的视频画面的对比，如图4-24所示。

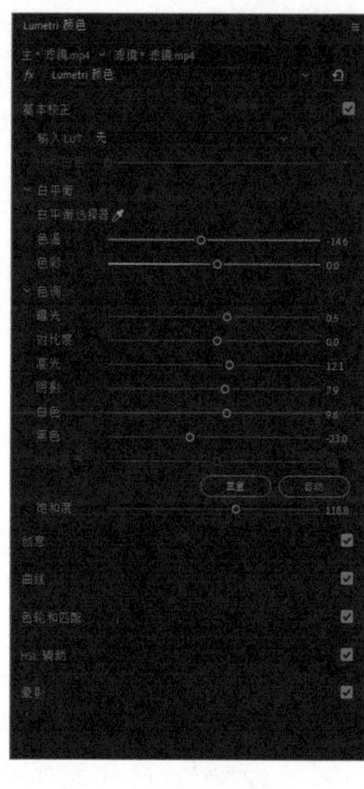

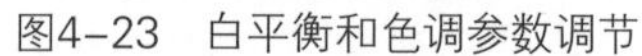
图4-23 白平衡和色调参数调节

图4-24 基础调色前后对比

（3）曲线

Premiere中的曲线主要是对视频画面的颜色通道进行调节，包括RGB曲线和色相与饱和度曲线两种，当视频画面中某种颜色太淡或太强时，就可以利用颜色曲线进行调节，如图4-25所示，该视频画面中蓝色和白色太淡，于是增加了蓝色和白色的曲线强度。

图4-25 调整颜色曲线前后对比

（4）色轮

色轮在短视频的调色中比较常用，因为很多短视频中以人物为拍摄对象，而Premiere中的色轮有一个人脸检测的功能，当检测到视频画面中的主体是人物时，可以自动匹配色轮设置，然后可以选择阴影、中间调和高光的颜色，以及调整阴影、中间调和高光的亮度，如图4-26所示。

3. 风格化调色

利用Premiere的创意、HSL辅助和晕影等选项，可以更加细节地修饰视频画面的颜色，完成视频的风格化处理。

（1）创意

在“创意”选项中可以为视频画面导入Premiere自带的滤镜色彩，然后调整其中的强度、自然饱和度、淡化胶片、锐化和色彩平衡等参数。

图4-26　色轮设置

（2）HSL辅助

HSL分别对应视频画面的色相、饱和度和亮度，可以通过设置HSL辅助参数来控制视频画面中的某个颜色。例如，通过HSL辅助对画面中人物的皮肤进行轻微的美化，非常适合短视频调色使用。

【例4-7】利用HSL辅助对人脸进行美化。

下面就利用Premiere的HSL辅助功能对人物脸部进行美化，其具体操作步骤如下。

① 将需要剪辑的视频素材导入“项目”面板并拖动到“时间轴”面板中。

② 在“效果”面板中展开“Lumetri颜色”选项的“HSL辅助”选项，在“设置颜色”选项中单击“吸管”按钮，在“节目”面板中人脸位置单击吸取颜色。

③ 单击选中“彩色/灰色”复选框，将“节目”面板中的视频画面变成灰色模式，单击“增加吸管”按钮，继续在人脸位置单击吸取人脸的颜色，直到人脸完全显示出来，如图4-27所示。

图4-27　选择美化区域

④ 取消选中“彩色/灰色”复选框，在“更正”选项中调整色温、色彩、对比度、锐化和饱和度，美化人脸的颜色。

（3）晕影

在“晕影”选项中可以为视频画面添加光晕效果，涉及数量、中点、圆度和羽化等参数。

↘ 4.2.3 不同风格的色彩调制

调色可以使短视频画面呈现出一种特殊的风格，但需要根据短视频的内容来确定这种风格。下面就根据不同的短视频类型介绍其常用的调色风格。

- 微电影：色彩对比强烈，阴影偏深蓝，中间调偏青色，高光偏品红，然后通过二级节点将亮部和中间调偏黄绿（可以纠正亮部的白平衡），提高橙黄色饱和度（增强与暗部蓝绿色调的反差），增强整体对比度，适合剧情类短视频。
- 大片效果：色彩使用冷暖对比为主，利用互补色的色彩理论，让画面更吸引用户。通常视频画面的高光部分和人物肤色为暖色调，阴影部分则为冷色调，和太阳落山前的颜色特点是一样的，适合剧情类、“种草”类短视频。
- 小清新：整体色彩饱和度较低，画面颜色偏暖、偏绿，适合各种类型的短视频。
- 青橙：整体色彩以青色和橙色为主，颜色偏冷，两种颜色在视频画面中形成强烈的对比，让视频更具视觉冲击力，适合旅行类短视频，如图4-28所示。
- 黑金：色彩以黑色和金色为主，通常可将视频画面设置成黑白色，然后保留黑色部分，将白色部分转变成金色，适合表现街景和夜景的短视频，如图4-29所示。

图4-28 青橙

图4-29 黑金

- 赛博朋克：整体色彩以青绿和洋红色为主，带给视频画面一种未来的幻想感，适合Vlog和剧情类短视频，如图4-30所示。
- 怀旧复古：复古色调是一种比较怀旧的色调，色彩饱和度较低，视频画面色调较暗，通常阴影偏青、偏绿或偏中性色，而高光偏黄色，适合剧情类或怀旧风格的短视频，如图4-31所示。

图4-30 赛博朋克

图4-31 怀旧复古

● **时尚欧美**：这种风格的调色厚重、浓郁和大气，视频画面的色调浓郁，色彩以灰色、深蓝色和黑色等为主，适合美妆类、穿搭类短视频，如图4-32所示。

● **甜美糖果**：这种风格的调色可以让人感到甜美、甜腻，通常会在纯色中加白色作为主色调，例如，粉绿、粉蓝、淡粉、粉黄、明艳紫、柠檬黄、宝石蓝和芥末绿等，视频画面较亮，对比度和清晰度较低，主色高饱和度、高亮度，且高光偏暖色，适合女性“达人”类和美食类短视频，如图4-33所示。

图4-32　时尚欧美

图4-33　甜美糖果

短视频调色有一个通用的方案可以作为参考，如表4-3所示。

表4-3　短视频调色通用方案

亮度	对比度	色温	饱和度	锐化
提高到25以内	提高到35以内	降低到-40以内	提高到45以内	提高到35以内

【例4-8】将短视频的颜色调制为小清新风格。

下面就利用Premiere中的调色参数，通过基础调色将视频素材的颜色调制为小清新风格，其具体操作步骤如下。

小清新调色

① 将需要调色的视频素材（配套资源：\素材文件\第4章\调色.mp4）导入“项目”面板并拖动到“时间轴”面板中。

② 在“效果”面板中展开“Lumetri颜色”选项，然后选择“基本校正”选项，在“色调”选项中调整各个参数，这里由于视频素材的光线较暗，可以把画面的曝光、对比度、高光和阴影都调高一些，再适当调低饱和度，让视频画面显得更明朗，如图4-34所示。

③ 展开“创意”选项，在“调整”选项中，提高淡化胶片的数值，以增加视频画面的胶片质感，适当增加锐化的数值以提高视频画面的清晰度，并适当增加自然饱和度的数值，如图4-35所示。

④ 展开“曲线”选项，在“RGB曲线”选项中单击红色色块，然后在下面的窗格中拖动调节红色曲线，将高光部分曲线提高，阴影部分曲线拉低，如图4-36所示。

图4-34　基本校正

图4-35　调整其他参数

图4-36　调节色彩曲线

⑤ 用同样的方法调整绿色曲线和蓝色曲线，都是将高光部分曲线提高，阴影部分曲线拉低，完成一个小清新风格的短视频调色（配套资源：\效果文件\第4章\小清新.prproj）。

4.3 处理音频

处理音频也是剪辑工作的重要组成部分，通常是根据短视频内容的风格选择适合的人声、音效和BGM，甚至使用专业的配音。下面就介绍音频处理的相关知识。

↘ 4.3.1 音画分离

在处理短视频中的音频时，特别对于同步录音的短视频，首先需要将音频和视频分割开，这就是所谓的音画分离。常用的短视频剪辑App通常不具备音画分离的功能，只有使用Premiere等剪辑软件才能进行音画分离的操作。具体操作方法很简单，将需要剪辑的视频素材导入“项目”面板并拖动到“时间轴”面板中，在轨道中的视频素材上单击鼠标右键，在弹出的快捷菜单中选择“取消链接”命令即可。

↘ 4.3.2 消除噪声

噪声会严重影响用户观看短视频的听觉感受，所以，在剪辑短视频时，应消除视频素材中的噪声。消除短视频素材中的噪声通常有两种方法，一种是利用视频剪辑软件或App中自带的降噪功能，另一种是使用专业的音频处理软件。

1. 利用Premiere自带的降噪功能

Premiere自带降噪功能，即利用相关音频效果消除噪声，例如降噪、消除齿音和消除嗡嗡声等，为视频素材中的音频应用这些效果可以在一定程度上消除短视频中的噪声。

【例4-9】利用软件自带的降噪功能消除短视频中的背景噪声。

下面就利用Premiere自带的降噪功能消除视频素材中的背景噪声，其具体操作步骤如下。

利用软件自带降噪功能消除噪声

① 将需要降噪的视频素材（配套资源：\素材文件\第4章\降噪功能.mp4）导入“项目”面板并拖动到“时间轴”面板中。

② 预览视频效果时，可以听到视频中有很大的背景噪声，在“效果”面板中展开“音频效果”选项，双击其中的“降噪”选项，将其应用到视频素材的音频轨道中。

③ 在音频轨道中使用鼠标右键单击效果图标，在弹出的快捷菜单中选择【降噪】/【补充增益】命令，如图4-37所示，然后再次使用鼠标右键单击效果图标，在弹出的快捷菜单中选择“编辑当前效果”命令。

④ 打开设置降噪补充增益的对话框，在“预设”下拉列表框中选择“强降噪”选项，如图4-38所示。

⑤ 关闭该对话框后，预览视频效果，即可发现视频中的噪声几乎已经被消除了（配套资源：\效果文件\第4章\消除噪声\消除噪声.prproj）。

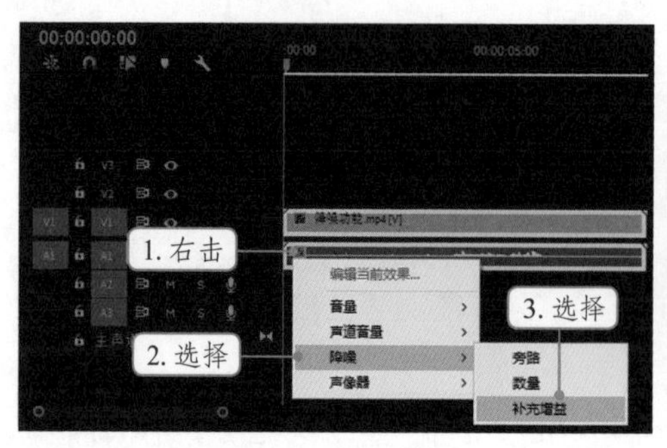

图4-37　设置降噪

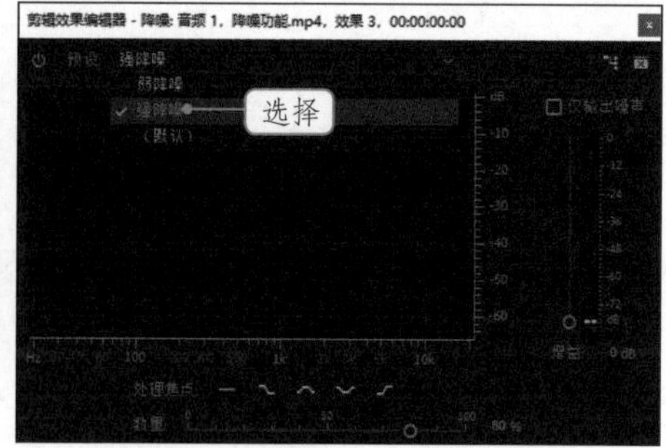

图4-38　选择“强降噪”选项

小贴士

很多手机短视频剪辑App也内置了降噪功能。例如，在剪映App的编辑主界面下方的工具栏中点击“剪辑”按钮，展开“剪辑”工具栏，点击“降噪”按钮，展开“降噪”栏，开启其中的降噪开关，即可降低短视频中的噪声。

2．使用专业的音频处理软件

有些噪声与正常的声音混在一起，无法通过视频剪辑软件自带的降噪功能清除，这时就需要使用专业的音频处理软件，例如Audition等。

【例4-10】利用Audition消除短视频中的噪声。

使用专业的音频处理软件消除噪声

在利用降噪功能消除了视频素材中的背景噪声后，发现视频中还有一些脚步声较大，影响视听体验。这种噪声只能利用Audition消除，其具体操作步骤如下。

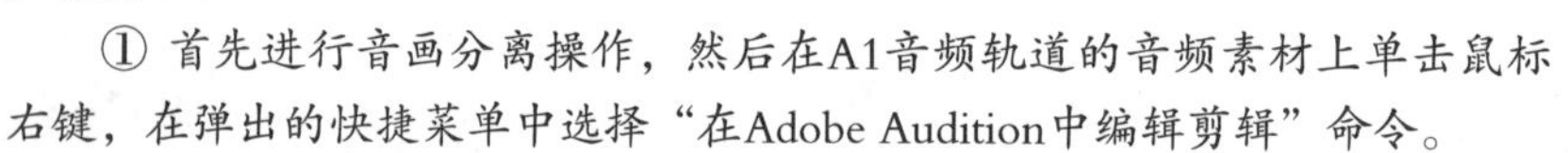

① 首先进行音画分离操作，然后在A1音频轨道的音频素材上单击鼠标右键，在弹出的快捷菜单中选择“在Adobe Audition中编辑剪辑”命令。

② Premiere将启动Audition，进入其操作界面，在上面的工具栏中单击“显示频谱频率显示器”按钮，显示整个音频的频谱频率，然后找到噪声所在的位置，这里主要是脚步声和其他噪声。

③ 在工具栏中单击“框选工具”按钮，在显示的频谱频率窗格中拖动鼠标选择需要消除的噪声，然后按【Delete】键将其删除，如图4-39所示，接下来用同样的方法消除其他噪声。

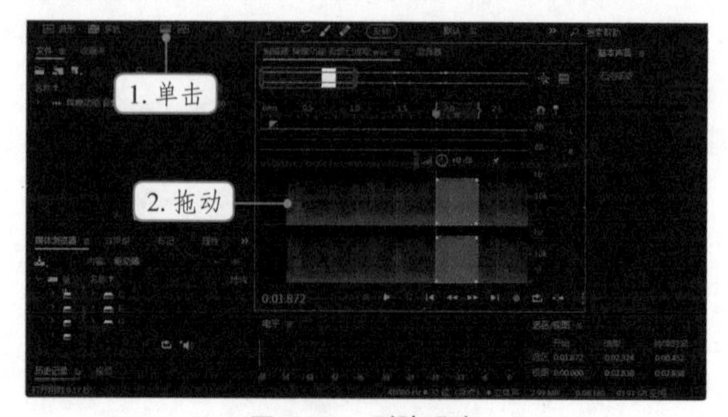

图4-39　删除噪声

④ 预览操作后的音频，如果完成了噪声消除，就选择【文件】/【保存】命令保存消除噪声后的音频文件，并实时同步到Premiere中，即可完成利用专业音频处理软件消除噪声的操作。

小贴士

在Audition中还有一种消除噪声的方法，即在操作界面的工具栏中单击“污点修复画笔工具”按钮，然后在频谱频率窗格中按住鼠标左键涂抹需要删除的噪声，即可将其消除。

4.3.3 收集和制作各种音效

在短视频中，音效和录音、BGM是有区别的。音效是一种由声音所制造出来的效果，其功能是为一些场景增进真实感、烘托气氛等。剪辑短视频时，在不同的场景添加不同的音效可以突出视频内容所要表达的效果。

1. 软件自带

短视频剪辑软件或App中大多自带一些音效，在剪辑短视频时可以直接下载使用。例如，快剪辑App中就有环境、动物、交通、自然和科幻等多种类型的音效，剪映App中则有综艺、笑声、机械等多种类型的音效，如图4-40所示。

图4-40 快剪辑App和剪映App中自带的音效

2. 网上下载

专业的素材网站中有可以下载的各种音效，例如站长素材、耳聆网和爱给网等。这些网站汇聚了各种奇妙的声音效果，很多专业录音师和声音爱好者参与了分享，声音的资源非常丰富。这些网站分类明确，很容易就能精确查找到需要的音效，还可以试听后再下载。图4-41所示为爱给网的音效库。

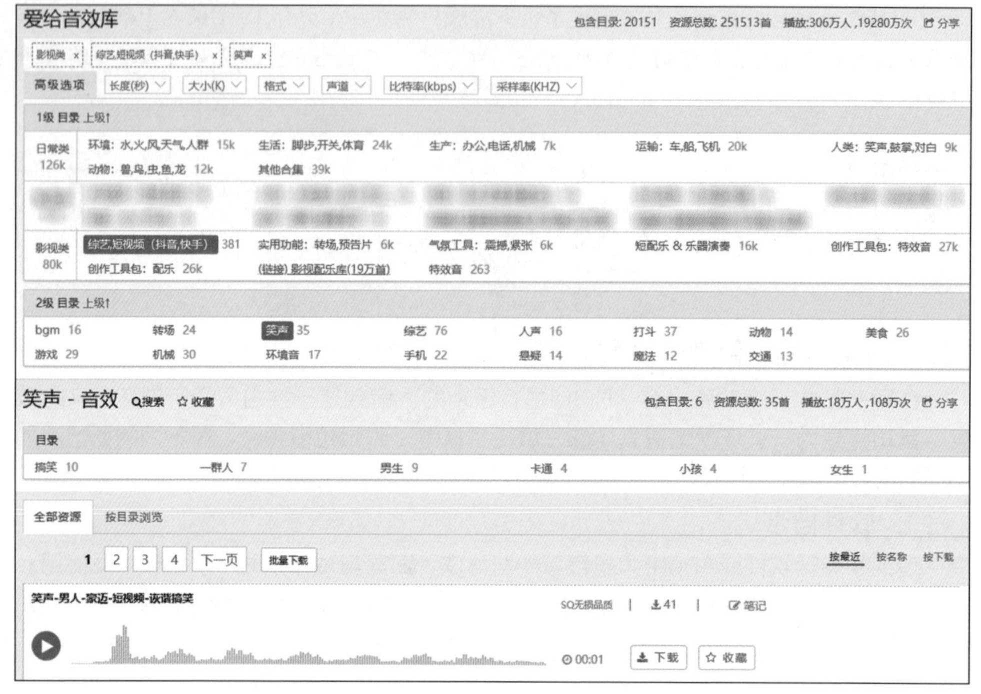

图4–41 爱给网的音效库

3. 软件制作

大多数的短视频剪辑软件都能制作音效，其方法是将需要的音效所在的视频进行音画分离，然后分割音频轨道中的音频素材，保留需要的音频作为音效。以Premiere为例，将视频素材导入“时间轴”面板中，然后进行音画分离，并将视频轨道中的视频素材删除，然后使用剃刀工具分割音频素材，最后将多余的音频删除并将需要的音频导出为音频文件。

4.3.4 设置背景音乐

背景音乐（BGM）是影响短视频关注度高低的一个重要因素，即使短视频的内容不是太精彩，但选取了非常合适的BGM，也会产生“1+1>2”的效果。所以，设置BGM就成了短视频剪辑过程中一个非常重要的步骤。下面就介绍选择BGM的原则，以及为不同类型的短视频选择BGM的相关知识。

1. 选择BGM的原则

BGM通常根据短视频的内容主题、整体节奏来选择。选择的BGM要适合短视频画面氛围与节奏，并能完美融合短视频且提高舒适感。具体来说，选择BGM有以下3个原则。

- **适合短视频的情绪氛围：**选择BGM时需要根据内容主题确定好主要的情绪基调。因为，音乐都有自己独特的情绪和节奏，选择与短视频内容情绪吻合度较高的BGM，能增强视频画面的感染力，让用户产生更多的代入感。例如，搞笑类短视频如果使用温情的BGM或恢宏大气的BGM，就会显得很突兀，影响搞笑效果。

● **与视频画面产生互动**：通常BGM和短视频画面的节奏匹配度越高，短视频就越具有观赏性。例如，剧情类短视频经常在剧情高潮部分切换BGM，通过反差来渲染戏剧效果。所以，选择BGM时应该注意音乐的节奏，最好让BGM与视频画面产生互动。

● **选择合适的形式**：短视频中，画面才是主角，而BGM只是对画面的辅助。最好让用户在BGM的自然流淌中欣赏视频画面，感觉不到BGM的存在。在很多情况下，使用纯音乐作为BGM较适合，除非画面需要BGM的歌词来增加用户的代入感。

小贴士

很多短视频剪辑软件或App中都有当前热门的BGM库，可以根据短视频主题进行选择。例如，剪映App中就有卡点、流行、清新、浪漫、美食、古风和旅行等多种BGM类型，如图4-42所示。

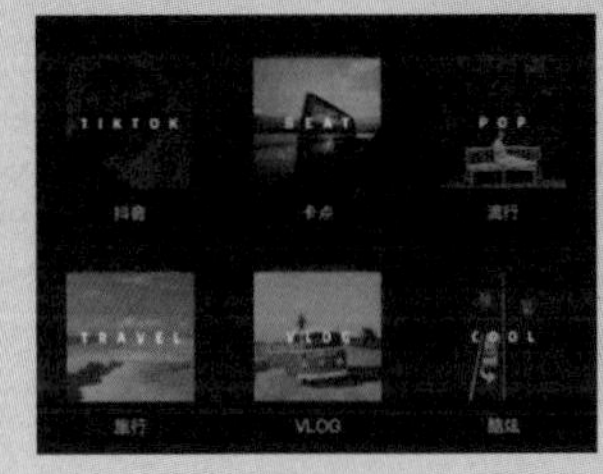

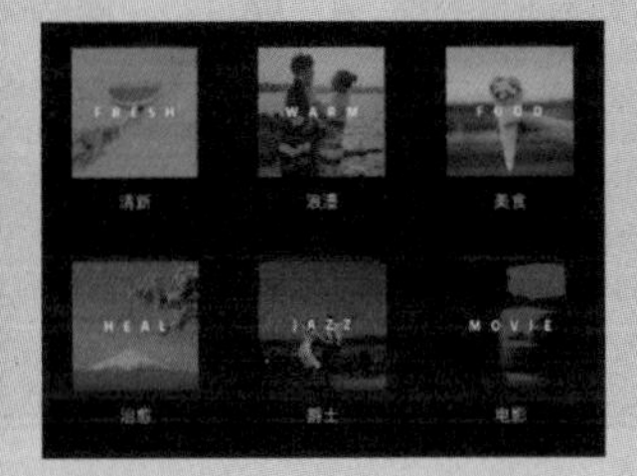

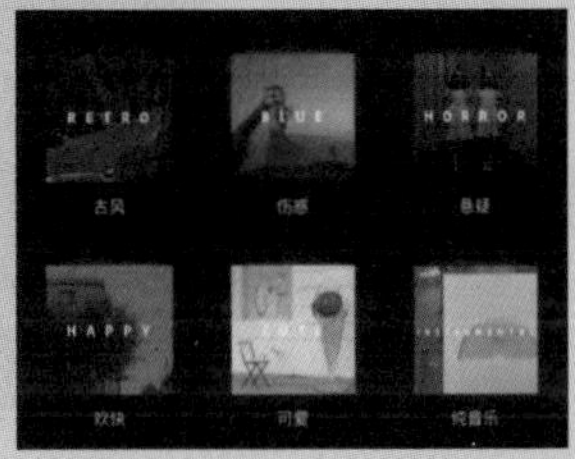

图4-42 剪映App中的BGM类型

2. 不同类型短视频的BGM选取

不同类型的短视频具有不同的主题和节奏，所以需要选择不同类型的BGM。下面介绍几类短视频适合采用的BGM。

小贴士

同一类短视频也可以采用不同风格的BGM，但应与短视频风格一致。例如，@李子柒的美食类短视频中选择的BGM主要以旋律优美的轻音乐为主，音量比原声小很多，与视频画面中的流水、狗叫和切菜声等交织在一起，凸显出画面的和谐。而@贫穷料理的美食类短视频较多搞怪和逗趣，所以BGM选择的是一些曲风活泼、节奏感鲜明的音乐，而这些BGM的作用较大，能够带动短视频的整体节奏。图4-43所示分别为@李子柒和@贫穷料理的美食类短视频画面，从中可以看出二者的画面风格与各自的BGM风格是相当契合的。

● **剧情类**：为剧情类短视频选择恰当的BGM不但能够推动剧情的发展，甚至还能放大剧情的戏剧效果。剧情可以大致分为喜剧和悲剧，喜剧类短视频可选择一些搞怪或轻松的BGM，悲剧类短视频可选择煽情感人的BGM。

● **美妆类**：美妆类短视频的目标用户通常是年轻人，所以可以挑选节奏快且时尚的BGM，例如流行音乐、电子乐、摇滚音乐等。这类BGM可以直接从热门音乐榜单中选择。

● **旅行类**：旅行类短视频可以利用BGM引导用户去感悟旅途的风景。例如，展示宏伟壮观景色的短视频可选择一些气势恢宏的交响乐作为BGM；展示古朴典雅的景色和建筑的短视频则可选择民族音乐或民谣小调；侧重介绍传统文化的短视频则可选择舒缓、清新的纯音乐来渲染气氛，增强用户的代入感。

●**美食类**：美食类短视频通常会通过视觉和听觉上的冲击来调动用户的感官，从而使用户产生满足感。所以，美食类短视频可挑选一些轻快、欢乐风格的纯音乐、爵士音乐或流行音乐作为BGM。

图4-43　使用不同类型BGM的美食类短视频

小贴士

短视频中的原声和BGM间存在一定的音量比例，需要根据短视频内容和BGM的作用来确定，通常原声和BGM的音量比例为6：4。

4.4 制作后期效果

设置好音效和BGM后，短视频剪辑就进入最后一步操作，即制作后期效果，主要包括制作字幕、制作封面和片尾，以及视频打码等。

4.4.1 制作字幕

一些短视频为了加强个性色彩，会使用各地的方言或加快语速制造幽默效果，此时就需要为视频画面添加和制作字幕，以保证所有用户都能理解短视频的内容。此外，在短视频创作中，制作字幕还有以下3个重要功能。

●**促进社会和谐**：有些听障人士需要字幕的帮助才能看懂短视频内容，并享受短视频带来的乐趣。另外，使用双语字幕能够让外籍人士看懂汉语短视频，或让普通用户看懂外语短视频，这也促进了文化上的交流。例如，网上有很多外国人创作的短视频，将学习普通话时的趣事作为笑点，这些笑点只有添加了字幕后才能让所有用户都能理解，如图4-44所示。

● **各取所需**：不同的用户吸收信息的方式不同，例如，有些用户不擅长聆听而善于阅读，字幕便能让其更有效率地理解短视频内容。

● **展现短视频的风格**：字幕是短视频创作的重要组成部分，字幕的大小、字体和颜色等也可以体现短视频的风格。例如，搞笑类短视频通常会使用比较特别的字体来制作字幕；政务类短视频常使用比较标准的印刷字体来制作字幕；萌宠类短视频则常使用彩色卡通风格的字幕，如图4-45所示。

图4-44　中英双字幕

图4-45　彩色卡通风格字幕

制作字幕的方法比较简单，通常在需要添加字幕的视频画面中输入对应的文本即可，另外，很多短视频剪辑App也具备自动识别并添加字幕的功能。但在制作字幕的过程中，有以下几个注意事项。

● **保证准确性**：字幕的准确性通常能反映短视频制作的品质。制作精良的短视频，其字幕会力求准确，避免出现错别字、不通顺等问题。另外，错误的字幕容易对用户形成误导，造成负面影响。

● **放置位置要合理**：短视频的标题和账号名称通常显示在左下角，添加字幕时应避开这个位置，否则会形成图4-46所示的遮挡，通常是将字幕设置在画面上部四分之一处。另外，短视频画面如果为横屏，可以把字幕放置在画面上方，如图4-47所示。

● **添加描边以突出字幕**：当采用白色或黑色的纯色字幕时，字幕很容易与视频画面相重合，影响观看，此时可以采用添加描边的方式来突出字幕。

【例4-11】利用专业字幕软件为短视频制作字幕。

当字幕的文字较多时，可以使用专业的字幕软件来为短视频批量添加字幕。下面就使用ArcTime为短视频制作字幕，其具体操作步骤如下。

① 启动ArcTime，选择【文件】/【导入音视频文件】菜单命令，打开“请选择一个音视频文件”对话框，选择需要设置字幕的视频文件，这里选择“制作字幕.mp4”（配套资源：\素材文件\第4章\制作字幕.mp4），单击“打开”按钮，将视频文件添加到ArcTime的操作界面中。

图4-46　字幕遮挡

图4-47　横屏画面短视频的字幕

② 选择【文件】/【导入纯文本】菜单命令，打开“选择TXT纯文本文件”对话框，选择字幕文本文件（配套资源：\素材文件\第4章\制作字幕.txt），单击“打开”按钮，打开“导入TXT纯文本数据—文件内容预览”对话框，在“内容预览”文本框中预览输入好的所有字幕，单击“继续”按钮，将字幕文本全部导入ArcTime的操作界面中。

③ 在操作界面的右上角单击“快速拖曳创建工具/JK拍打工具”按钮，导入的所有字幕文本将会跟随鼠标光标移动，并显示文本框中的第一行文本。

④ 在操作界面最下面的音频轨道中第一段语音的位置拖动鼠标，松开后，第一行文字将自动添加到视频画面中成为字幕，这时，鼠标光标处显示的文本将是字幕的第二行文本。用同样的方法将其他字幕文本添加到视频画面中，如图4-48所示。

图4-48　制作字幕

⑤ 选择【导出】/【快速压制视频（标准MP4）】菜单命令，打开“输出视频快速设置”对话框，设置输出视频的格式，单击“开始转码”按钮，即可输出制作好字幕的视频（配套资源：\效果文件\第4章\字幕\字幕.prproj）。

小贴士

在ArcTime操作界面的文本面板的下方单击“A”选项卡，即可展开文本样式面板，在其中可以选择字幕的文本样式，也可以重新设置或添加新的字幕样式。

4.4.2 制作封面和片尾

一条优秀的短视频不仅要从内容上吸引和打动用户，还要在封面和片尾上体现短视频创作者对美学意识的感悟以及对形式美的追求与创新。简单地说，短视频要想脱颖而出，需要同时具有醒目、可识别的封面，以及意蕴丰富且令人沉思的片尾。

1. 制作封面

短视频的封面通常有视频和图片两种方式。其基本特征包括时长（针对视频）在3秒以内；画面清晰完整，且没有任何压缩变形的情况；画面重点突出；画面和文字相匹配，不偏离主题；文字清晰，字体规范，不遮挡视频画面的主体。

有吸引力的封面可以大幅度提升用户的观看意愿，因此有必要精心制作。制作封面通常有以下思路。

（1）以用户定位为切入点

通常短视频都会有明确的用户定位，根据用户定位可以确定用户所关注的核心信息，例如，穿搭类短视频的用户往往会关注与服装、时尚等相关的信息，美食类短视频的用户则对诱人的美食图片更为敏感。因此，在制作封面时，可以有针对性地选择用户群体所喜爱的图片或视频。这样用户就能快速了解该短视频的核心内容，相应地，短视频的用户覆盖精准度也会更高。

（2）制造悬念引发好奇心

制作封面时，使用吸引人的画面、人物或文字等制造悬念，可以让用户产生了解事实真相并洞悉事件走向的意愿，进而继续观看短视频。例如，一条表现女生在水上摇摆桥上玩耍的短视频，内容很普通，正常情况下不会有太多用户关注，但如果将封面设置为女生站立不稳，摇摇欲坠的视频画面，并配上标题“猜我最后落水了吗？”如图4-49所示，就能制造较强的悬念，吸引用户观看完整条短视频。

图4-49 悬念式短视频封面

（3）以人物为主要吸引点

以人物为主要吸引点的短视频封面可以通过以下3种方式吸引用户。

- **表情丰富：**封面中人物丰富的表情通常能引起用户的兴趣，引发用户讨论或带给用户快乐，但此种方式需要形成系列化风格。此方面的典型例子有@多余和毛毛姐、@papi酱制作的短视频封面。

● **感动用户**：直接在封面中展示最容易感动用户的人物画面是一种巧妙的方式。例如，一条消防员凌晨吃面的短视频，其封面中展示消防员全身被水淋湿，脸上焦黑，用冷得发抖的手拿筷子挑面的画面，使很多用户十分感动，取得了很高的播放量，如图4-50所示。

● **设计统一的形式**：封面可以统一使用短视频“达人”某一角度、姿态的照片，搭配相关文字信息，让封面内容具备统一性。例如，某科普“达人”的所有短视频封面都使用鉴定某种事物的标题文字与事物的特征图片，以彰显统一性，如图4-51所示。

图4-50　感动用户的短视频封面

图4-51　统一形式的短视频封面

（4）呈现精美的效果

短视频的封面可以直接展示经过加工、美化和剪辑后的视频精彩画面。例如，美食类短视频通常会选择制作完成的美食作为封面，让用户看到后垂涎欲滴，进而产生继续观看的意愿。又如旅行类短视频以各地美丽的风景作为封面，生活类短视频以富有田园风情的视频画面作为封面，影视娱乐类、创意类、动漫类和摄影教学类等短视频将成品或精彩特效作为封面。这些呈现精美效果的封面能吸引众多的用户观看。

（5）展示故事情节

这种短视频封面通过“画面+文字”的形式，以第一人称诉说亲身遭遇，容易产生极强的感染力，引起用户的共鸣。例如，某条短视频的封面是男女主角抱头痛哭的画面，配上了文字“在一起6年，风雨同舟，向她求婚，两人都哭成泪人！”这条短视频在短短一小时内播放量突破百万，评论高达数千条。这就是典型的展示故事情节的短视频封面，通过场景化的片段，向用户传递爱情的美好，引发用户共鸣。

小贴士

展示故事情节的短视频封面一定要向用户传递某种较强的情绪，例如快乐、悲伤和愤怒等，通过情绪的力量感染用户，以吸引用户观看。

（6）展示重点信息

展示重点信息的短视频封面通常需要挑选出内容中的核心信息，将其归纳成关键词，并用醒目的方式显示在封面上。例如，很多科技类短视频的封面会直接使用大号字体写明重点信息，如图4-52所示。

图4-52　展示重点信息的短视频封面

另外，在封面制作过程中，还需要注意以下事项。

● **画面应具有原创性**：封面应尽量使用原创内容，最好选择短视频中的某一帧画面或某一个片段。

● **少广告，少水印**：有些短视频平台会限制有广告词或水印的短视频发布，而且用户也比较反感赤裸裸的广告，所以封面中应少加广告词和水印。

● **注意封面的尺寸和构图比例**：短视频平台通常对封面有尺寸要求，制作封面前需要提前加以了解。另外，封面的构图比例应该与短视频画面一致，例如内容采用9∶16的竖屏比例，封面也应采用9∶16的竖屏比例，否则容易产生视觉错乱感，影响观看体验。

● **画面清晰**：封面中的图片或视频一定要清晰，避免模糊、信息残缺不全或过暗过亮等问题。否则一旦影响用户的观看体验，用户通常不会继续观看。

● **封面文字的设计**：封面中的文字，包括字体、字号和颜色等都需要设计。设计的目的是展示短视频的重点内容，并对封面进行补充说明。另外，与字幕一样的是，封面文字也应避免和标题重叠。以人物为中心的封面中，文字通常应位于画面的中间位置；其他类型的封面中，文字应位于画面上部四分之一处。

2. 制作片尾

短视频的结尾通常有3种形式：一是没有片尾，短视频播放结束后便立即重新播放；二是使用普通片尾，即一张请求用户点赞、收藏、关注的圆形图片；三是使用影视片尾，即类似于影视剧的滚动字幕。

【例4-12】利用剪映App制作短视频普通片尾。

短视频普通片尾可以直接使用剪映App制作，其具体操作步骤如下。

短视频普通片尾

① 启动剪映App，进入操作界面，在下面的工具栏中点击“剪同款”按钮，进入剪同款短视频的操作界面。

② 在上面的文本框中输入“片尾”，点击“搜索”按钮，然后在搜索到的片尾模板中点击选择一种，然后预览其效果，点击“剪同款”按钮，如图4-53所示。

③ 然后打开“最近项目”界面，选择作为片尾的图片或视频，也可以点击“拍摄”按钮，重新拍摄图片或视频，然后点击“下一步”按钮。

④ 进入“编辑”界面，预览最终效果，点击右上角的“导出”按钮，在弹出的“导出选择”窗格中设置分辨率，然后点击窗格中的“导出”按钮，如图4-54所示。

小贴士

点击“点击编辑”按钮，在弹出的菜单中点击不同的按钮，可以实现拍摄图片、替换图片和裁剪图片等操作，如图4-55所示。

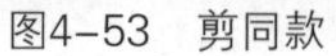

图4-53　剪同款

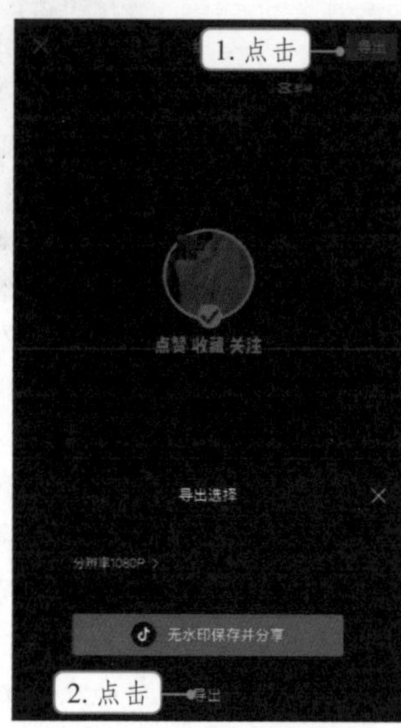

图4-54　导出视频

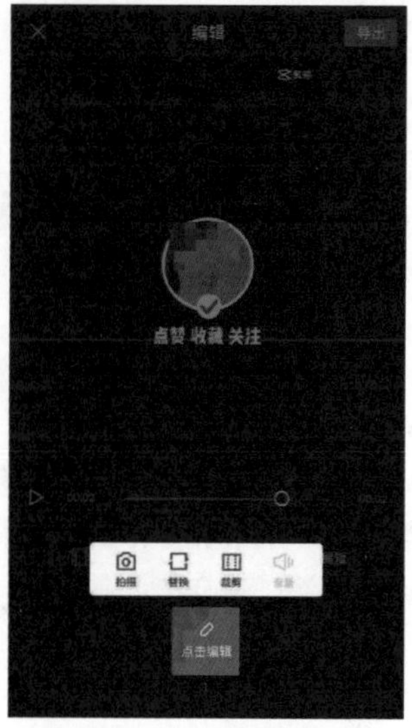

图4-55　编辑视频

⑤ 导出完成后，将打开完成界面，显示片尾已保存在手机相册和剪映App的模板草稿箱中，点击“完成”按钮即可完成片尾制作。之后在剪辑短视频时只需将其添加到短视频结尾处即可。

【例4-13】为短视频制作影视片尾。

影视片尾通常以流动字幕的方式显示创作人员的相关信息。下面就使用Premiere制作一个影视片尾，其具体操作步骤如下。

① 将需要剪辑的视频素材（配套资源：\素材文件\第4章\花絮.mp4）导入“项目”面板，并拖动到“时间轴”面板中。

② 在“时间轴”面板中选择该素材文件，为其添加预设的“画中画25% LL”特效，然后在“节目”面板中将视频画面缩小到39%，并将其调整到面板中间位置，如图4-56所示。

③ 选择【文件】/【新建】/【旧版标题】菜单命令，打开“新建字幕”对话框，将字幕名称修改为“片尾”，单击“确定”按钮，如图4-57所示。

④ 打开“字幕：片尾”对话框，在视频画面的左侧中间位置单击，创建文本框，输入片尾的字幕内容，然后设置字体样式和字体大小，这里将字体设置为“方正综艺简体”，字体大小为“80.0”，然后单击“滚动/游动”按钮，如图4-58所示。

⑤ 打开“滚动/游动选项”对话框，在“字幕类型”栏中单击选中“滚动”单选项，在“定时（帧）”栏中单击选中“开始于屏幕外”选项，单击“确定”按钮，如图4-59所示。

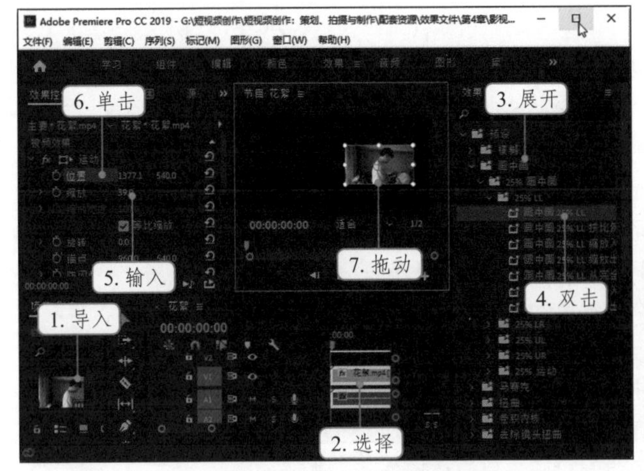

图4-56　设置花絮视频画面

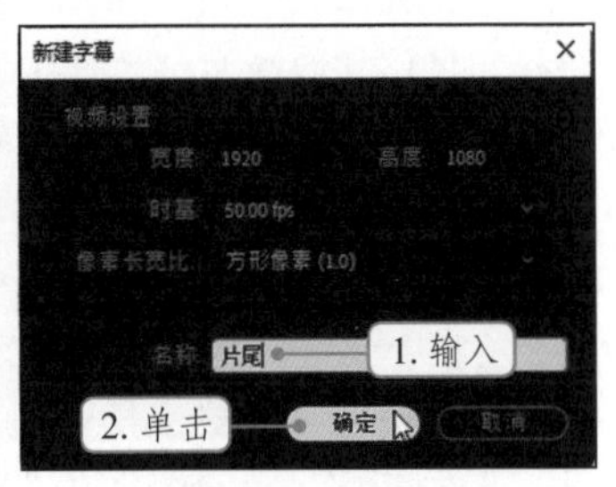

图4-57　新建字幕

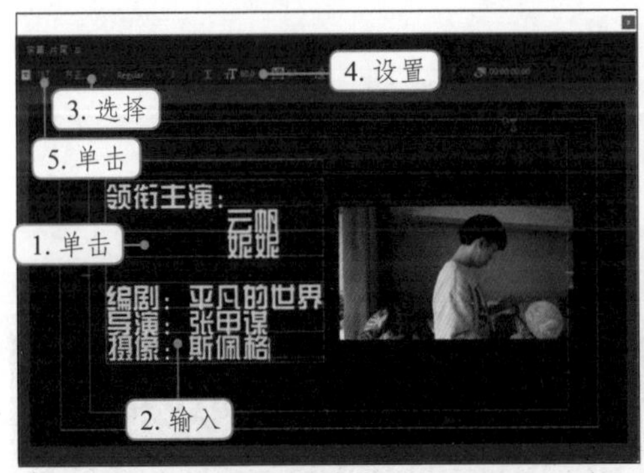

图4-58　输入和设置片尾字幕

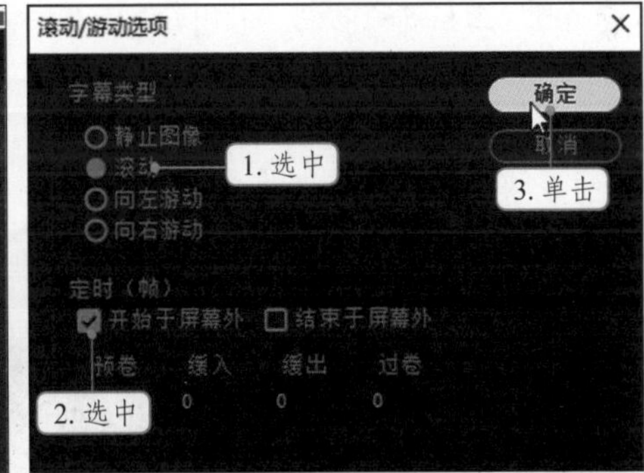

图4-59　设置字幕滚动

⑥ 在“项目”面板中复制一个片尾字幕，将其拖动到制作后的片尾字幕视频轨道后面，双击该字幕，打开“字幕：片尾”对话框，然后单击“滚动/游动”按钮，打开“滚动/游动选项”对话框，将字幕类型设置为“静止图像”。

⑦ 单击“文字工具”按钮，新建一个文字素材，在其中输入“谢谢观看 点赞关注”文本，并设置同样的字体和字号，并将该文字素材拖动到两个片尾素材的后面，并调整文本素材的时长，使其与视频时长相等，最后在片尾素材和文本素材之间应用默认的转场效果，如图4-60所示，完成整个影视片尾的制作（配套资源：\效果文件\第4章\影视片尾.prproj）。

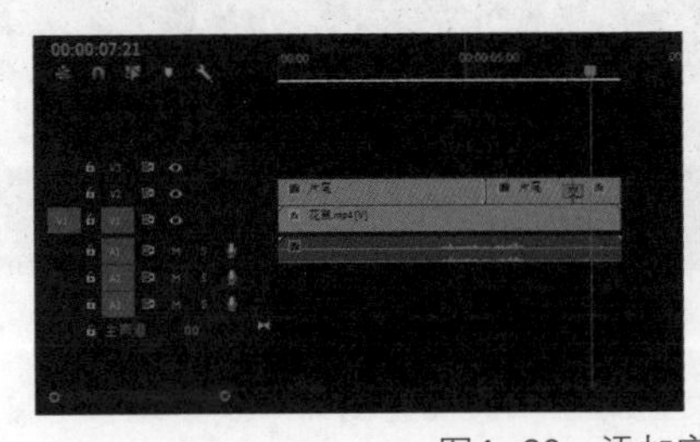

图4-60　添加字幕和设置转场

↘ 4.4.3 视频打码

视频打码是使用马赛克模糊的方式处理视频画面，让画面中的某些人或物品无法辨认。短视频中打码主要是为了保护隐私或遮挡品牌标志，这是短视频剪辑中的常见操作。视频打码通常分为以下两种情况。

- **固定位置打码**：固定位置打码是在视频画面的某个位置添加马赛克，视频播放的全程，该位置的画面都无法看清楚。这种方式适合处理引用他人视频的情况，例如，引用电视新闻时可以使用固定位置打码来隐藏电视台标志。
- **移动对象打码**：移动对象打码更为常见，只要短视频中需要打码的对象在移动，就可以使用这种方式，例如为人脸打码、汽车牌照打码等。

【例4-14】为短视频中女主角脸部打码。

由于短视频中女主角一直在移动，所以为其脸部打码属于移动对象打码。下面使用Premiere为女主角脸部打码，其具体操作步骤如下。

① 将需要剪辑的视频素材（配套资源：\素材文件\第4章\打码.mp4）导入“项目”面板并拖动到“时间轴”面板中。

② 在“时间轴”面板中选择该素材文件，展开“效果”中“风格化”选项，双击“马赛克”选项，视频画面即全部被打上了马赛克。这时，在“效果控件”面板中展开“*fx* 马赛克”选项，单击“创建椭圆形蒙版”按钮，将时间线定位到女主角脸部出现在视频画面中的位置，拖动椭圆形蒙版遮住女主角的脸部，并适当调整蒙版大小，如图4-61所示。

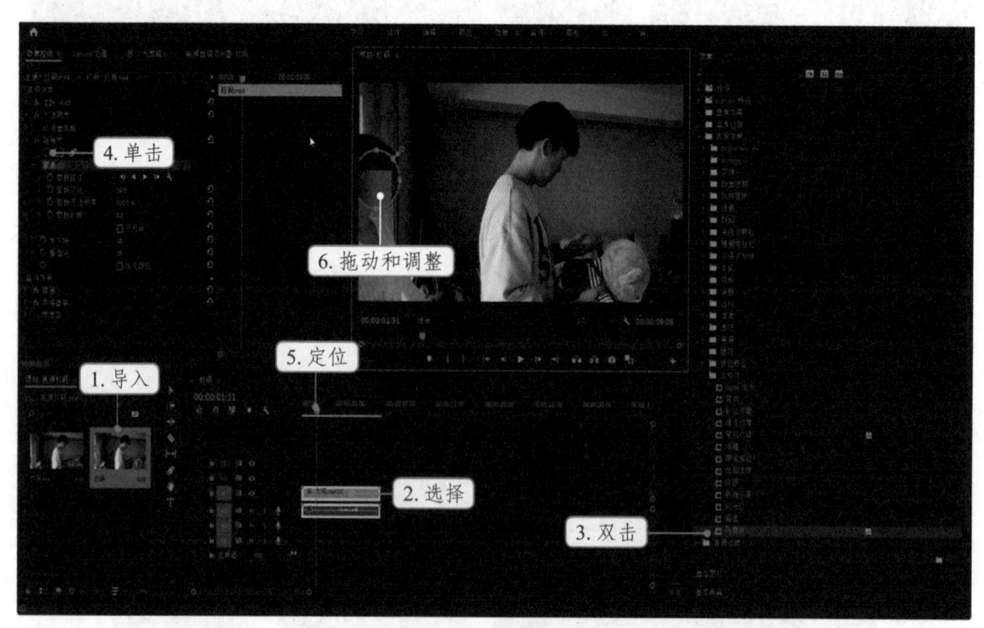

图4-61　生成马赛克蒙版

③ 在展开的“蒙版”选项中，单击“蒙版路径”选项左侧的“切换动画”按钮，激活蒙版路径，该按钮也变成蓝色，并在右侧的窗格中自动创建一个关键帧。按“空格”

键播放素材视频，女主角开始移动，在女主角脸部露出来时再按“空格”键暂停视频播放，在“效果控件”面板中单击“*fx*马赛克”选项中的“蒙版”选项，然后在“节目”面板中调整马赛克蒙版的位置，使其重新遮住女主角脸部，右侧的窗格中将自动创建第二个关键帧，如图4-62所示。

小贴士

以上就是使用Premiere在固定位置打码的基本操作。导出视频后，视频画面的左上边缘处一直有一个椭圆形的马赛克区域。另外，在“*fx* 马赛克”选项中单击“创建4点多边形蒙版”或“自由绘制贝塞尔曲线”按钮，可以创建其他形状的马赛克区域。

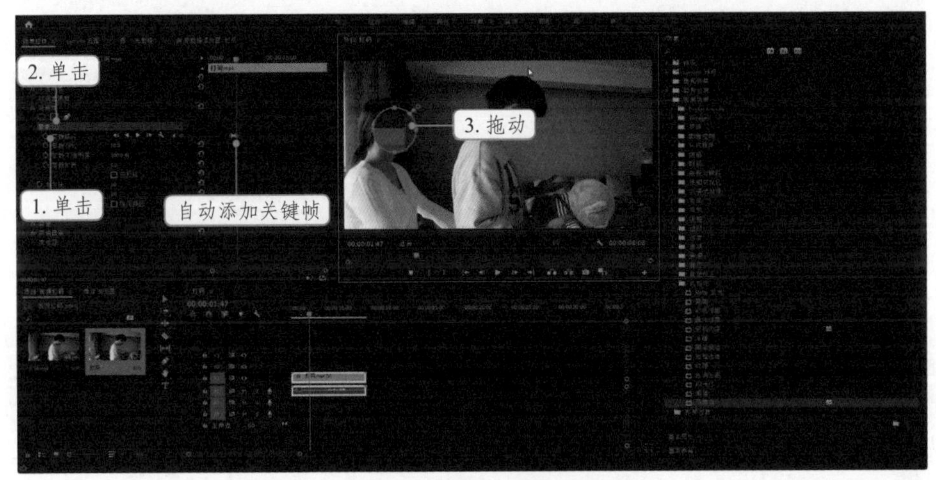

图4-62　调整马赛克蒙版

④ 继续播放素材视频，重复步骤③中的相关操作，使马赛克蒙版继续遮挡住女主角的脸部，直到视频播放完为止，然后就可以预览打码效果了，如图4-63所示（配套资源：\效果文件\第4章\视频打码.prproj）。

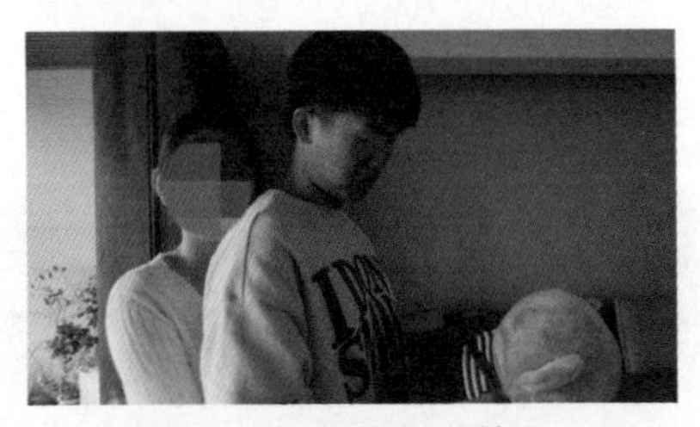

图4-63　视频打码效果

小贴士

使用在移动的对象上打码还有一种方法：在添加马赛克蒙版后，单击“蒙版路径”选项右侧的“向前跟踪所选蒙版”按钮，Premiere将自动生成移动的马赛克蒙版来遮挡对象。当然，前提条件是视频中需打码的对象的移动幅度很小，否则将无法实现完全遮挡。

4.5 课后实操——剪辑剧情类短视频《星星》

剪辑短视频的步骤包括导入和裁剪视频素材、调色、处理噪声、添加音效和BGM、添加字幕、制作封面和片尾，以及导出短视频等。下面就将拍摄好的《星星》视频素材导入Premiere中，并运用本章所学的知识完成短视频的剪辑。

1. 导入和裁剪视频素材

首先将素材文件导入Premiere中，并删除多余的视频画面，然后为一些重点视频画面设置转场效果，其具体操作步骤如下。

导入和裁剪视频素材

① 先将所有的视频素材按照时间顺序用数字序号重命名，然后将这些需要进行剪辑的视频素材（配套资源：\素材文件\第4章\星星素材\）导入“项目”面板中，先将“青春校园.mp4”视频素材拖动到“时间轴”面板中，接着将“1.mp4”视频素材拖动到“时间轴”面板中。

② 双击“1.mp4”视频素材，在“源”面板中标记视频的入点和出点，开始为入点，第5秒为出点，将视频时长裁剪为5秒，如图4-64所示。

③ 拖动“2.mp4”视频素材到“时间轴”面板中，将其第2秒标记为入点，第5秒为出点，裁剪视频，然后将视频移动到V1视频轨道中的“1.mp4”视频素材后面。

④ 用同样的方法为其他视频素材标记入点和出点，并裁剪视频。其中，“3.mp4”视频素材的入点和出点标记分别在第1秒和第4秒，“4.mp4”的在第1秒和第2秒，“5.mp4”的在第1秒和第4秒，“6.mp4”的在第1:20秒和第3:40秒，“7.mp4”的在第3:40秒和第5:40秒，“8.mp4”的在第2秒和第10秒，“9.mp4”的在开始和第2秒，“10.mp4”的在第2:30秒和第7:40秒，“11.mp4”的在第2:15秒和第3:15秒，“12.mp4”的在第2秒和第7秒，“13.mp4”的在第1:40秒和第3:40秒，“14.mp4”的在开始和第6秒，“15.mp4”的在开始和第5秒，“16.mp4”的在第2:10秒和第5:20秒，“17.mp4”的在第4秒和第6秒，“18.mp4”的在第1:30秒和第3:30秒，“19.mp4”的在第1秒和第3秒，“20.mp4”的在第2:20秒和第3:40秒，“21.mp4”的在第5秒和第9秒，“22.mp4”的在第1秒和第7秒。

⑤ 接下来分别在“3.mp4”和“4.mp4”、“5.mp4”和“6.mp4”、“14.mp4”和“15.mp4”、“15.mp4”和“16.mp4”、“18.mp4”和“19.mp4”、“19.mp4”和“20.mp4”、“20.mp4”和“21.mp4”视频素材之间添加默认的“交叉溶解”转场，然后继续在“青春校园.mp4”和“1.mp4”、“8.mp4”和“9.mp4”、“22.mp4”和“美好生活.mp4”视频素材之间添加默认的“交叉溶解”转场，并将持续时间设置为“00:00:01:00”，最后在“13.mp4”和“14.mp4”视频素材之间添加“黑场过渡”式的溶解转场，并将持续时间设置为“00:00:02:00”，如图4-65所示，完成导入和裁剪视频素材的操作。

图4-64　添加出点

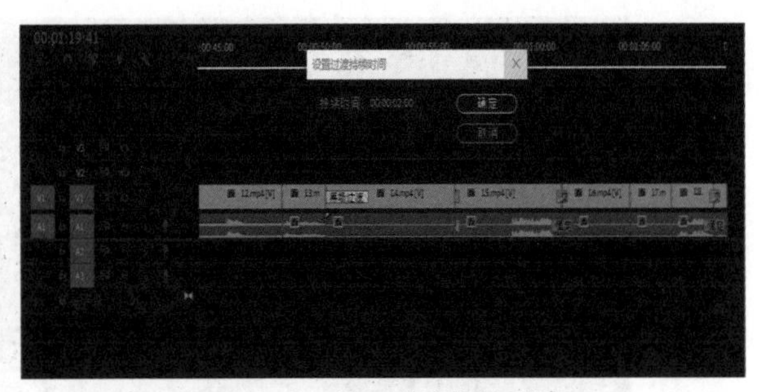
图4-65　设置过渡持续时间

2. 调色

接下来就需要为短视频调色，由于短视频的主要内容是关于美好爱情的，所以这里将其整体色调设置为小清新风格。由于短视频素材文件很多，这里选择不同场景中的某个素材进行调色，然后将调制的色彩复制到其他相同场景的素材中，并根据效果进行微调，其具体操作步骤如下。

① 打开前面已经完成了剪辑操作的Premiere项目文件，在“时间轴”面板中选择“1.mp4”素材。

② 在“效果”面板中展开“Lumetri颜色”选项，调整其中的“基本校正”“创意”“曲线”选项，由于视频素材的光线较暗，可以把画面的曝光、对比度、高光和阴影都调高一些，然后适当调低饱和度，让视频画面看起来更明朗一些。

③ 调高淡化胶片的数值，以增加视频画面的胶片质感；适当增加锐化的数值，以提高视频画面的清晰度；适当增加自然饱和度的数值，以增加视频画面的鲜艳程度。展开“曲线”选项，在“RGB曲线”选项中单击红色色块，然后在下面的窗格中拖动调节红色曲线，将高光部分曲线提高，阴影部分曲线拉低，并用同样的方法调整绿色曲线和蓝色曲线，基本参数数值如图4-66所示。

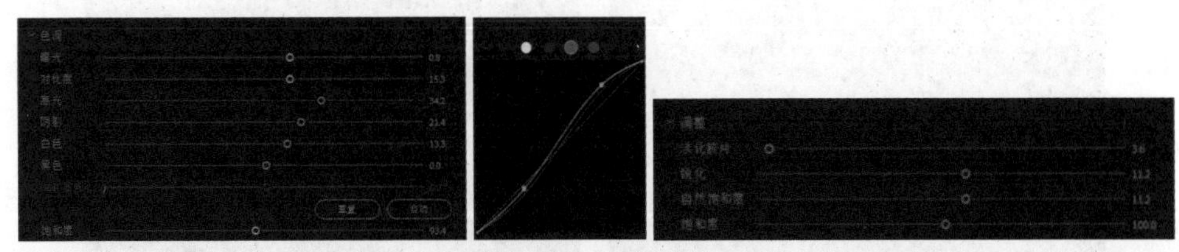
图4-66　调色参数

④ 在“效果控件”面板中单击“效果控件”选项卡，在“*fx* Lumetri颜色”选项上单击鼠标右键，在弹出的快捷菜单中选择“复制”命令，然后在“时间轴”面板中选择“2.mp4”素材，在“效果控件”面板的空白位置单击鼠标右键，在弹出的快捷菜单中选择“粘贴”命令，即可将“1.mp4”素材的调色应用到“2.mp4”素材的视频画面中。

⑤ 继续将“1.mp4”素材的调色应用到除“美好生活.mp4”外的其他视频素材中。

⑥ 分别查看每个素材的视频颜色，并对其中的参数进行微调，具体参数可以参考调整后的效果文件。完成视频画面调色的操作，调色前后的视频画面对比如图4-67所示。

图4-67　调色前后的视频画面对比

3. 处理噪声

处理视频素材中原有的声音，主要是删除多余的声音和噪声，提高声音的质量，其具体操作步骤如下。

① 打开完成了调色操作的Premiere项目文件，在“时间轴”面板中选择“青春校园.mp4”素材。

② 在素材视频上单击鼠标右键，在弹出的快捷菜单中选择“取消链接”命令，然后在A1音频轨道中选择“青春校园.mp4”的音频素材，按【Delete】键将其删除。

③ 用同样的方法删除“1.mp4”“2.mp4”“4.mp4”“5.mp4”“8.mp4”“9.mp4”“12.mp4”“14.mp4”“16.mp4”“17.mp4”“19.mp4”“20.mp4”“21.mp4”“美好生活.mp4”素材中的音频。

④ 选择“3.mp4”素材，音画分离后，利用剃刀工具将多余的噪声删除，只保留人声的部分，然后，为人声添加“降噪”和“减少混响”两个音效，其中的“降噪”设置为“强降噪”的补充增益，如图4-68所示。

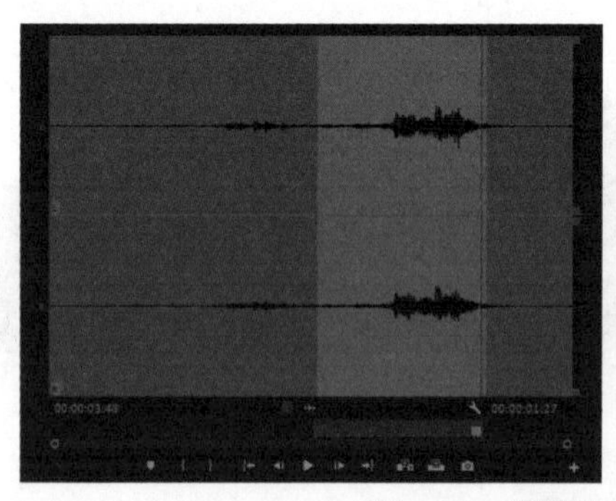

图4-68　消除噪声并提升声音效果

⑤ 用同样的方法为“6.mp4”素材添加“降噪”和“减少混响”音效。在“7.mp4”素材的音频轨道上单击鼠标右键，在弹出的快捷菜单中选择“在Adobe Audition中编辑剪辑”命令，打开Audition的主界面，在工具栏中单击“污点修复画笔工具”按钮，在音频轨道中多余的声音上涂抹，将其清除，如图4-69所示，然后为其添加“降噪”和“减少混响”音效。

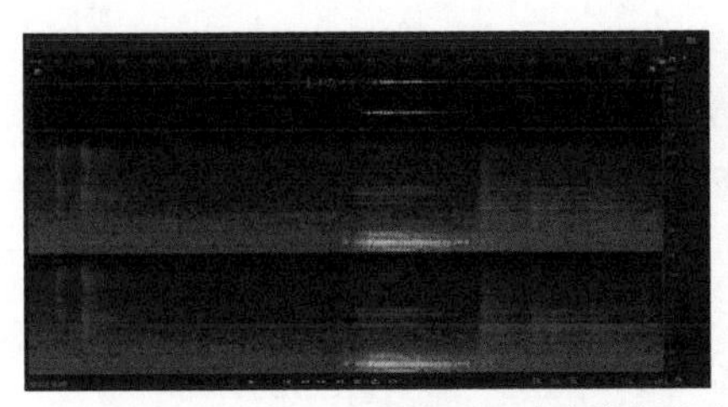

图4-69 清除多余声音的音频轨道前后对比

⑥用同样的方法为“10.mp4”“11.mp4”素材的音频添加上述两种声音效果，然后利用Audition为“13.mp4”“15.mp4”“18.mp4”“22.mp4”素材清除多余的杂音，并为其添加“减少混响”和 “降噪”音效，并将“降噪”预设为“强降噪”，完成噪声处理的操作。

4. 添加音效和BGM

处理噪声后就可以为短视频添加音效和BGM了，其具体操作步骤如下。

① 打开完成了噪声处理操作的Premiere项目文件，导入音频文件（配套资源：\素材文件\第4章\星星素材\青春岁月.mp3）并将其拖动到A2音频轨道中。

② 设置音频素材的入点为“00:00:02:45”，然后将音频素材拖动到与视频素材左对齐的位置，然后将时间线定位到“12.mp4”素材最后，使用剃刀工具将时间线右侧的音频素材删除。

③ 将时间线定位到视频的开始位置，在“效果控件”面板中展开“*fx* 音量”选项中的“级别”选项，拖动调节滑块，将音量级别设置为-10.0dB左右；将时间线定位到A1音频轨道中第一个音频素材左侧的位置，用同样的方法将音量级别设置为-20.0dB左右；将时间线定位到“青春岁月.mp3”音频素材最后的位置，用同样的方法将音量级别设置为-30.0dB左右，如图4-70所示，Premiere将在音频素材中添加3个关键帧，并根据音量级别自动调整声音大小。

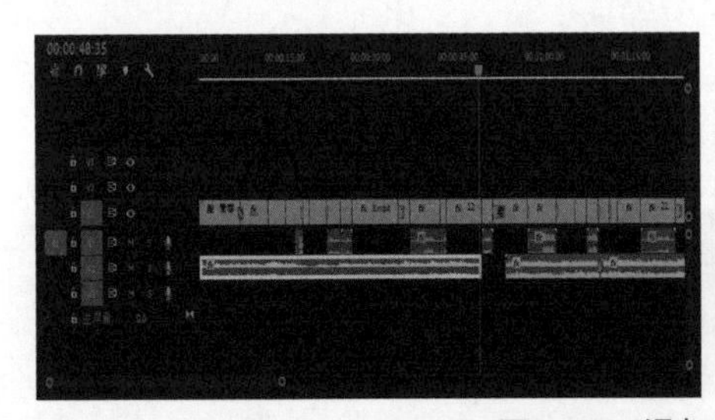
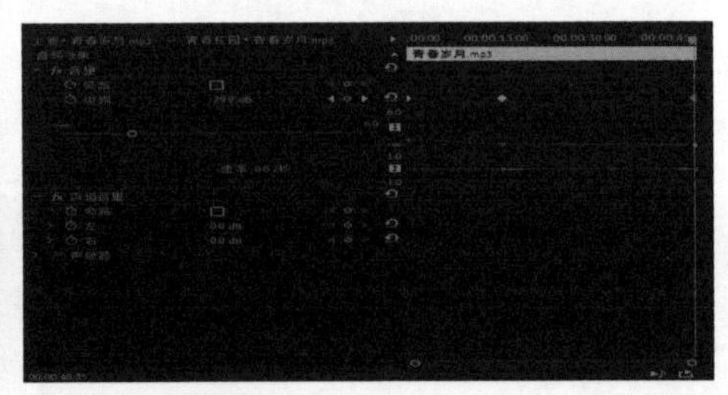

图4-70 添加关键帧并设置音量

④ 导入音频文件（配套资源：\素材文件\第4章\星星素材\生活.mp3）并将其拖动到A2音频轨道中，将出点设置为“00:00:16:28”，将其拖动到“14.mp4”至“18.mp4”的位置，右侧与“18.mp3”的右侧对齐。

⑤ 用同样的方法在该音频素材的开始位置添加一个关键帧，将音量大小调整为-30.0dB左右。

⑥ 再次导入“青春岁月.mp3”音频文件，将入点设置为“00:01:52:36”，出点设置为“00:02:43:02”，将其拖动到A2音频轨道中“生活.mp3”音频素材的右侧。

⑦ 为该音频素材添加4个关键帧，第1个关键帧在开始位置，第2个关键帧在音频素材播放大约“00:01:11:27”的位置，将音量大小调整为-20.0dB左右，第3个关键帧在音频素材播放大约“00:01:18:21”的位置，将音量大小调整为-30.0dB左右，第4个关键帧在音频素材播放大约“00:01:21:44”的位置，将音量大小调整为-20.0dB左右。

⑧ 再次导入音频文件（配套资源：\素材文件\第4章\星星素材\婴儿哭.mp3），将出点设置为“00:00:13:38”，将其拖动到A3音频轨道中与A2中“青春岁月.mp3”音频文件差不多的位置，为该音频素材添加3个关键帧，第1个在开始位置，将音量大小调整为-40.0dB左右，第2个在音频素材播放大约“00:01:01:05”的位置，将音量大小调整为-10.0dB左右，第3个差不多在音频素材的最后，将音量大小调整为-40.0dB左右，如图4-71所示，完成添加音效和BGM的操作。

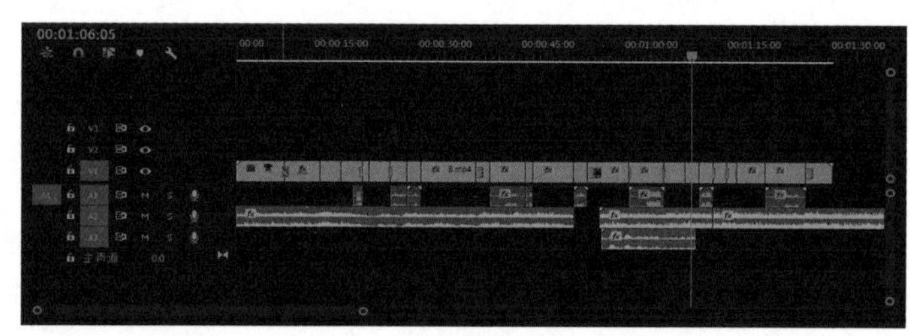

图4-71　添加音效和BGM

5. 添加字幕

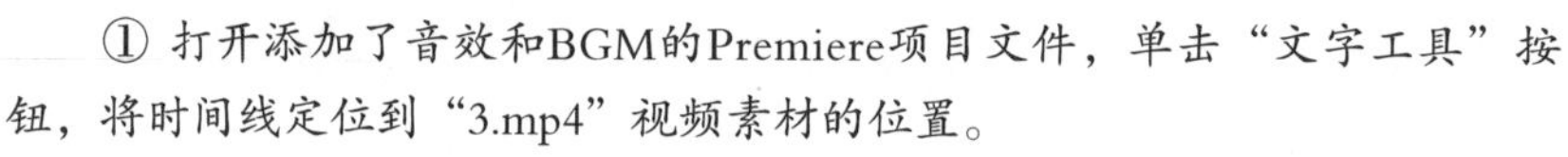

接下来为短视频添加字幕，由于需要输入的字幕不多，这里选择直接在Premiere中添加字幕，其具体操作步骤如下。

① 打开添加了音效和BGM的Premiere项目文件，单击“文字工具”按钮，将时间线定位到“3.mp4”视频素材的位置。

② 在“节目”面板中视频画面上字幕位置处单击，输入“你折星星干吗？”，选择输入的文本，在“效果控件”面板中展开“文本”选项的“源文本”选项，设置文本的字体样式，这里将字体设置为“FZKaTong-M19S”（即方正卡通简体），填充颜色为“白色”，描边颜色为“黑色”，描边大小为“4.0”，然后单击“选择工具”按钮，将字幕拖动到视频画面正下方。

③ 在“时间轴”面板中可以看到V2视频轨道中添加的字幕，拖动其大小，使其与“3.mp4”视频素材中人物说话的时间相等，如图4-72所示。

④ 按住【Alt】键将V2视频轨道中的字幕素材拖动到V3视频轨道中，复制一个相同样式的字幕素材，将其拖动到“6.mp4”视频素材上方的V2视频轨道中，将文字修改为“我要把这些星星送给喜欢的人”，然后调整字幕位置和大小，使其与素材中人物说话的时间相等。

⑤ 用同样的方法为其他有对话的视频素材添加字幕，并在“14.mp4”视频素材前面的黑场过渡效果中添加一个字幕素材“多年以后”，并为这个字幕素材的前后都设置默认的交叉溶解转场效果，如图4-73所示，完成添加字幕的操作。

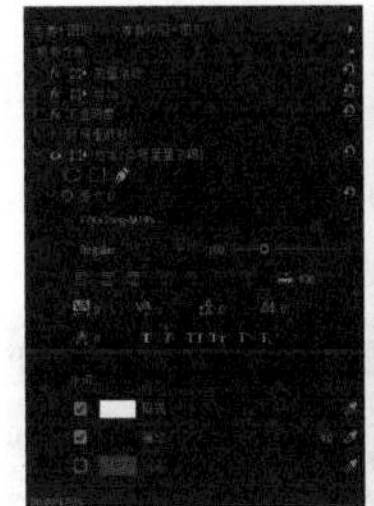
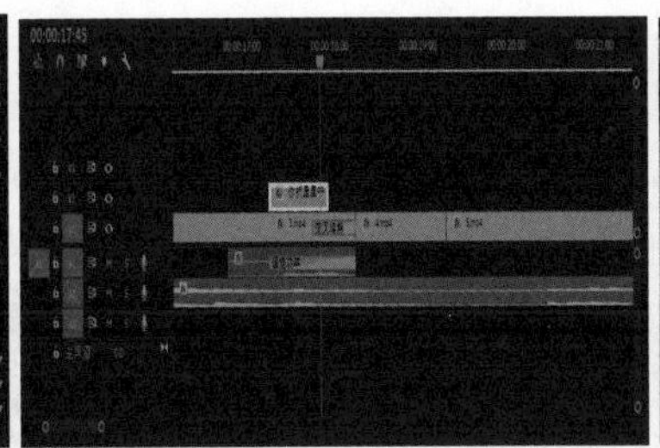

图4-72　添加和设置字幕

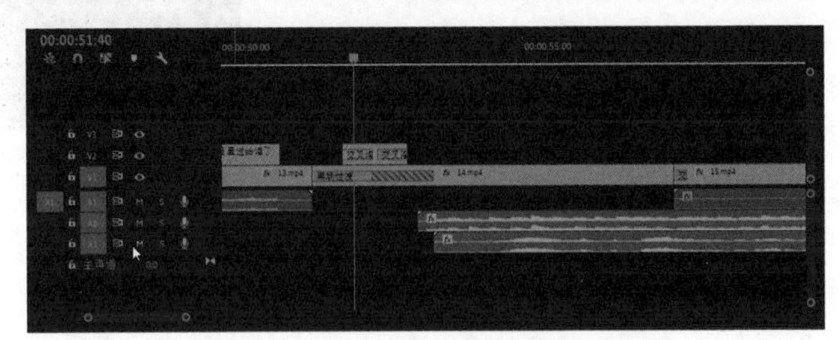

图4-73　为字幕素材设置转场效果

6. 制作封面和片尾

本例中直接在视频开头添加字幕和标志作为封面，使用字幕形式和拍摄花絮作为片尾，其具体操作步骤如下。

① 将添加了字幕的视频素材和封面图素材（配套资源：\素材文件\第4章\封面图.jfif）导入“项目”面板并拖动到“时间轴”面板中的V2视频轨道中，放置在“青春校园.mp4”视频素材上面。

② 分别在V3和V4视频轨道中创建字幕素材，一个输入“平凡青春系列之”，另一个输入“星星”，将这3个素材的时长调整为与“青春校园.mp4”视频素材一致，“星星”素材时长稍微短一点，然后调整这3个素材中文字和图片的位置。

③ 选择图片素材，在“效果控件”面板的“*fx* 不透明度”选项中展开“不透明度”选项，在“混合模式”下拉列表框中选择“相乘”选项，选择“平凡青春系列之”字幕素材，将其字体样式设置为“方正静蕾简体、红色填充、绿色描边”，选择“星星”字幕素材，将其字体样式设置为“方正卡通简体、白色填充、阴影”，如图4-74所示。

④ 在这3个素材的前后都添加默认的转场效果，然后将“星星”素材前面的转场效果的持续时间设置为“00:00:02:00”，如图4-75所示。

图4-74　设置封面文本字体样式

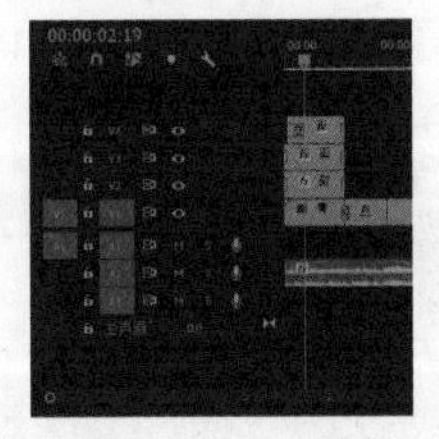

图4-75　设置转场效果

⑤ 将制作片尾的视频素材（配套资源：\素材文件\第4章\花絮1.mp4、花絮2.mp4）导入“项目”面板并拖动到“时间轴”面板中所有视频素材的最后。

⑥ 在“时间轴”面板中选择该视频素材，为其添加预设的“画中画25% LL”特效，然后在“节目”面板中将视频画面缩小到40%，并将其调整到面板的右侧中间位置。

⑦ 利用【文件】/【新建】/【旧版标题】菜单命令新建字幕，在视频画面中创建文本框并输入片尾的字幕内容，然后调整字体样式和字体大小，这里将字体设置为“方正综艺简体”，字体大小为“80.0”，然后单击“滚动/游动”按钮，打开“滚动/游动选项”对话框，在“字幕类型”栏中单击选中“滚动”单选项，在“定时（帧）”栏中单击选中“开始于屏幕外”选项，单击“确定”选项，如图4-76所示。

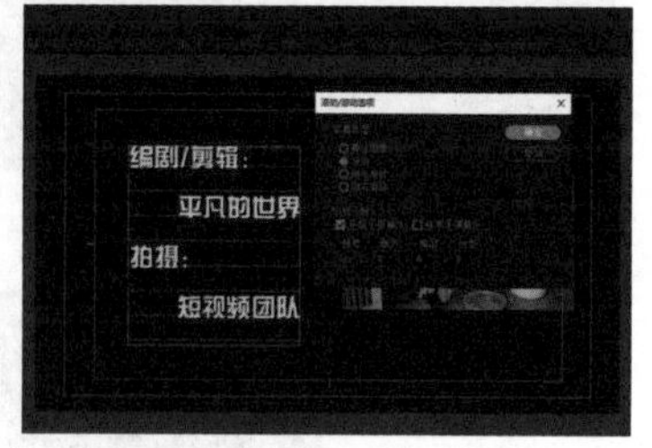

图4-76 设置片尾字幕

⑧ 在“项目”面板中将创建的字幕素材拖动到V2视频轨道中，并调整其播放时间，使其与片尾视频一同播放。然后新建一个字幕素材，输入“谢谢观看 点赞关注”，设置字体样式为“方正综艺简体、白色填充、绿色描边”，然后调整其持续时间（00:00:00:50左右）和位置。

⑨ 为添加的最后一个字幕素材设置默认转场效果，持续时间为“00:00:02:25”，将A2音频轨道中最后一个音频素材裁剪到和字幕素材相同长短，并为其最后设置默认转场效果，持续时间为“00:00:04:00”，如图4-77所示，完成整个封面和片尾的制作（配套资源：\效果文件\第4章\封面和片尾.prproj）。

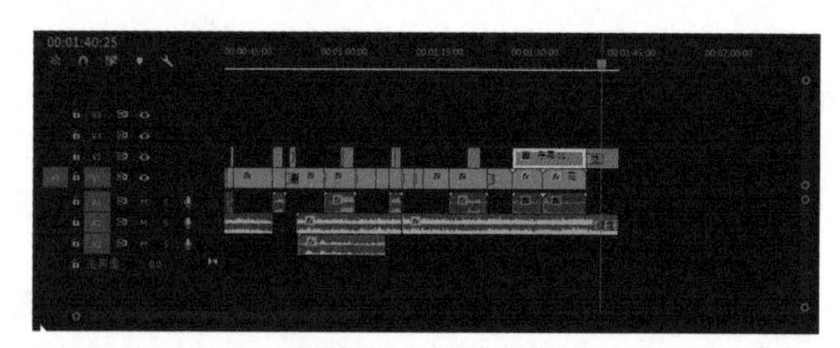

图4-77 制作片尾

7. 导出短视频

最后导出制作好的短视频，选择【文件】/【导出】/【媒体】菜单命令，打开“导出设置”对话框，先在“导出设置”选项中设置导出短视频的格式，然后单击“输出名称”右侧的视频名称，打开“另存为”对话框，选择视频文件的保存位置，最后单击“导出”按钮，Premiere将按照设置导出短视频（配套资源：\效果文件\第4章\星星.mp4）。

课后练习

试着根据本章所学的剪辑知识，自行剪辑《星星》短视频，看看最终效果和案例中有哪些不同，并查找不同的原因。

第 5 章 短视频手机拍摄与剪辑

随着手机性能的不断提升，各种拍摄和剪辑类App不断出现。由于操作便捷，很多短视频创作者直接使用手机进行拍摄和剪辑。本章将介绍使用手机拍摄和剪辑短视频的相关知识，包括常用的手机拍摄辅助器材、手机拍摄和剪辑的常用App，以及手机拍摄和剪辑短视频的方法等。

学习目标

- 了解手机拍摄短视频的辅助器材。
- 熟悉手机拍摄短视频的常用App。
- 熟悉手机剪辑短视频的常用App。
- 掌握手机剪辑短视频的操作。
- 掌握手机处理图片的操作。

5.1 手机拍摄的辅助器材

除了手机自身的性能高低外，视频画面的清晰度和稳定性是评价手机拍摄短视频质量的两大关键因素。所以，短视频创作者通常需要通过一些辅助器材提高手机拍摄短视频的质量，包括自拍杆、固定支架、手机云台和外接镜头等，下面分别进行介绍。

↘ 5.1.1 自拍杆

自拍杆其实就是一根装配了蓝牙设备的可伸缩金属杆，安装上一部手机后就可以承担起以往需要配备专业摄像器材、大型转播车以及大批专业人员一起完成的视频拍摄和直播工作。下面就介绍自拍杆在拍摄短视频中的常用功能和常用拍摄手法。

1. 自拍杆的常用功能

自拍杆最初被用于拍摄照片，而随着手机性能的提升和短视频的流行，自拍杆也被广泛用于拍摄短视频。在拍摄短视频的过程中，自拍杆的常用功能有以下几项。

- **蓝牙配对连接**：主流自拍杆需要利用蓝牙与手机配对连接，通常在启动自拍杆后，通过手机蓝牙搜索，然后进行配对连接；或者启动自拍杆后靠近手机，手机上将自动弹窗提示连接，如图5-1所示。
- **伸缩自如且能自由旋转**：伸缩自如是指自拍杆的支架能够大范围伸缩，以便支持安装多种类型的手机；自由旋转则是指支架能360度旋转，可以为短视频拍摄带来更大的视角，如图5-2所示。

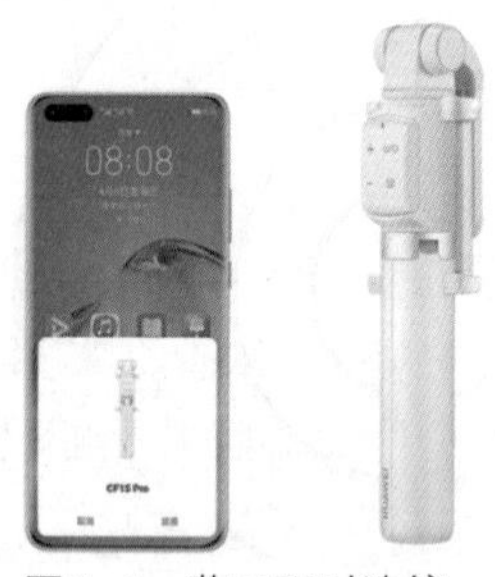

图5-1　蓝牙配对连接

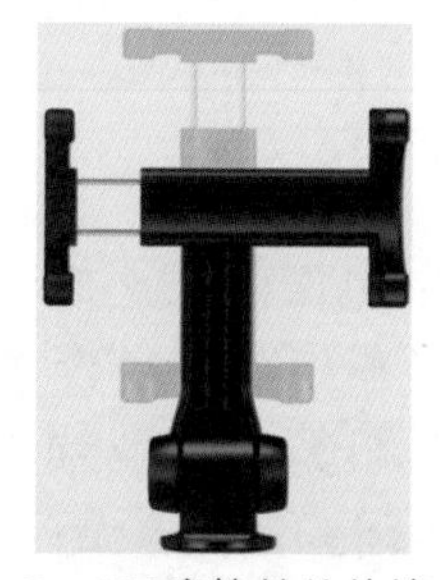

图5-2　360度旋转的伸缩支架

- **前后双摄转换**：手机通常有前后两组镜头，用于不同视频内容的拍摄，所以，自拍杆应该具备前后双摄转换功能，这项功能可以通过控制按钮来实现。
- **一键变焦**：变焦是视频拍摄过程中常用的拍摄手法，自拍杆也可以通过变焦按钮实现一键变焦功能，如图5-3所示。
- **拍照/摄像切换**：为了实现拍照和摄像模式之间的切换，自拍杆也配备了对应的功能切换按钮，如图5-4所示，通常单击或双击切换按钮即可进行模式切换。

小贴士

自拍杆的遥控器上有一个拍摄（快门）按钮，按一次该按钮即可进行拍照或视频拍摄，再按一次即可停止视频拍摄。

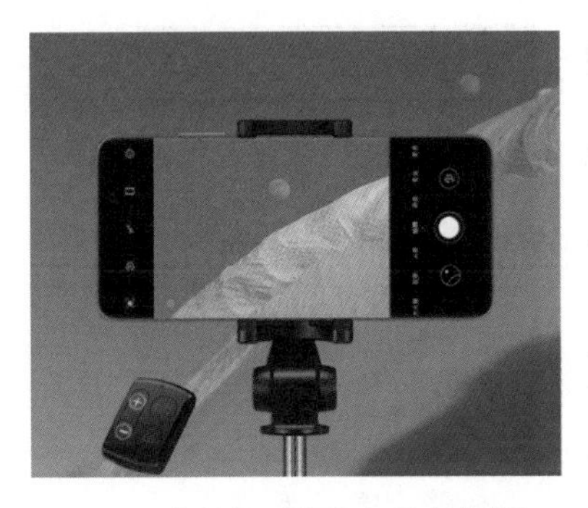

图5-3　自拍杆遥控器上的变焦按钮

图5-4　自拍杆拍照/摄像功能切换按钮

2. 自拍杆的常用拍摄手法

使用手机拍摄短视频时，受到手的限制，能拍摄到的运动镜头比较有限。使用自拍杆进行拍摄，会在一定程度上增加拍摄的范围，提升画面的稳定性。下面就介绍使用自拍杆拍摄短视频时的一些常用拍摄手法。

- **低角度跟随镜头**：使用手机拍摄低角度跟随镜头非常不方便，拍摄时难以做到长时间放低手机并保持同样的拍摄角度。使用自拍杆就能很好地解决这个问题，把自拍杆拉到最大长度，倒垂向下，一边走路一边拍摄，这样就可以拍出低角度跟随镜头。需要注意的是，由于自拍杆是垂直向下的，低角度拍摄的视频中路面会占据较多画面，所以在拍摄前，需要将手机镜头稍微上抬，这样手臂下垂后拍摄的视频画面的构图才是合理的，如图5-5所示。
- **俯拍镜头**：拍摄俯拍镜头时控制手机很不方便，而使用自拍杆就能轻松拍摄固定镜头或摇镜头的俯拍画面。拍摄者只需要双手握紧自拍杆，让手臂夹紧身体，同时匀速转动腰部，即可进行俯拍的摇镜头拍摄，如图5-6所示。

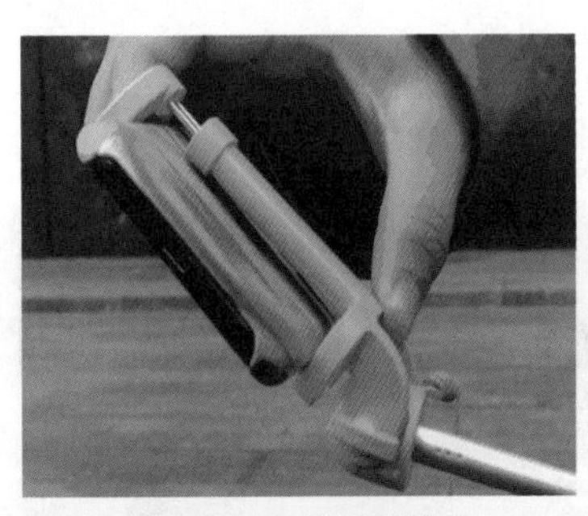

图5-5　上抬手机镜头

图5-6　拍摄俯拍的摇镜头

- **推拉镜头**：使用手机拍摄推拉镜头时，一旦前后出现障碍物，能够移动的距离是有限的。这时就可以使用自拍杆拍摄前后推拉的镜头，利用手作为支撑，前后推动自拍杆，使拍出来的视频画面更有纵深感，如图5-7所示。

图5-7　使用自拍杆拍摄推拉镜头及拍摄的视频画面

小贴士

利用自拍杆也能轻松拍摄一些常见镜头。例如，拍摄移镜头只需要注意与拍摄对象保持尽量一致的速度，并排行走；拍摄摇镜头则可以用扎马步的方式进行，如图5-8所示；拍摄升降镜头则可以把自拍杆撑在小腹的位置作为支点，如图5-9所示，然后上下摆动自拍杆进行拍摄，这些操作比直接手持手机拍摄更方便。

图5-8　拍摄摇镜头

图5-9　拍摄升降镜头

5.1.2　固定支架

固定支架就是固定手机的设备。固定支架有很多不同的类型，但用于短视频拍摄的主要有自拍杆式固定支架和三脚架式固定支架。

- **自拍杆式固定支架**：这种固定支架是一种能进行三脚固定的自拍杆，利用折叠自拍杆底部脚架的方式固定手机，然后使用自拍杆的遥控器遥控拍摄视频，如图5-10所示。这种固定支架比较适合个人拍摄短视频时使用。

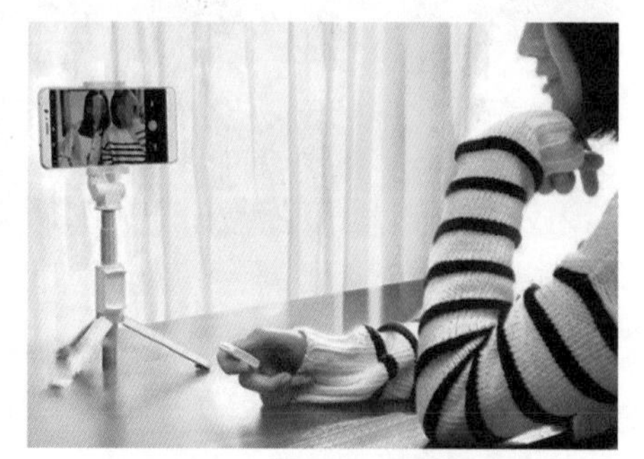

图5-10　自拍杆式固定支架

- **三脚架式固定支架**：这种固定支架其实就是支持固定手机的三脚架，更换顶部的支架还可以支持平板电脑、相机和摄像机等设备，如图5-11所示。多机位三脚架式固定支架能够装备多个设备或手机，除了用于短视频拍摄外，还经常用于多台手机的多机位视频直播，如图5-12所示。

图5-11　三脚架式固定支架

图5-12　多机位三脚架式固定支架

5.1.3　手机云台

使用自拍杆拍摄短视频依然无法彻底解决视频画面“抖动”的问题，而且自拍杆越长抖得越厉害。为了避免这种问题，短视频创作者可以选用稳定性更强、拍摄效果更好的手机云台来拍摄短视频。手机云台是单手稳定器中的一种，把无人机自动稳定协调系统的技术应用到单手稳定器上，实现拍摄过程中的自动稳定平衡。只要把手机固定在手机云台上，无论拍摄者手臂是什么姿势，手机云台都能够随着拍摄者的动作幅度自动调整手机状态，手机始终保持在稳定平衡的角度上，并拍摄出稳定流畅的视频画面，如图5-13所示。

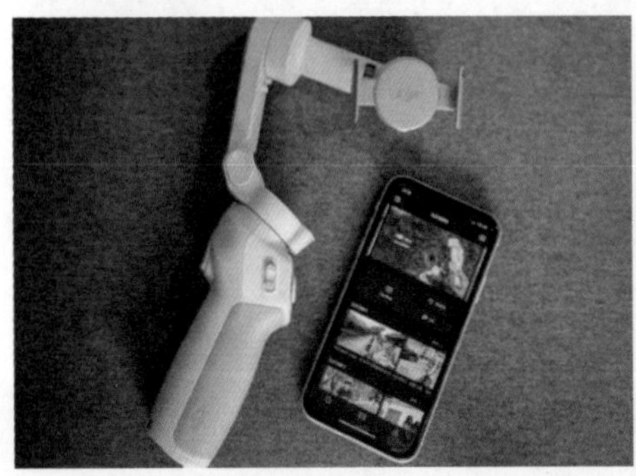

图5-13　手机云台

1. 手机云台的常用功能

使用手机云台能够拍摄出品质更高的视频画面，很多短视频创作者将其称为“高级自拍杆”。下面就介绍手机云台在短视频拍摄方面相对于自拍杆而言独有的功能。

● 增稳防抖：手机云台通过电动机械方式增强手机稳定性，防止拍摄时视频画面抖动，即使拍摄者处在行走、上下楼梯等运动状态下，拍摄的视频画面依然非常平稳，没有明显的跳动画面，非常适合旅行类、Vlog类短视频的拍摄。

图5-14　一键切换横竖屏

● **一键切换横竖屏**：手机云台通常具备一键切换横竖屏的功能，这项功能非常适合在拍摄短视频时使用，如图5-14所示，而自拍杆和固定支架要切换横竖屏只能手动操作。

● **旋转模式**：手机云台的旋转模式就是通过控制云台带动手机匀速平稳旋转，从而拍出倾斜或旋转的摇镜头。

● **延时摄像**：延时摄像就是物体或景物缓慢变化的过程被拍摄并压缩到一个较短的时间内，呈现出平时用肉眼无法察觉的奇异、精彩的景象。这种通常需要在剪辑过程中实现的视频效果，可以直接利用手机云台实现。例如，拍摄表现城市风光、自然风景、天文现象、日常生活、美食制作等短视频时，使用延时摄像功能可以轻松拍摄出精彩的大片级短视频，如图5-15所示。

● **手势控制**：手势控制功能是指通过拍摄对象的手势控制手机开始或停止视频拍摄，以及通过手势切换对应的拍摄模式，对于多人拍摄和单人拍摄都非常实用，能够省去很多操作，大大节省拍摄时间，如图5-16所示。

图5-15　使用延时摄像功能拍摄的短视频画面

图5-16　手势控制

● **动态变焦**：动态变焦是指在手机屏幕上框选拍摄对象后，手机云台将自动进行拍摄，在保证拍摄对象清晰的前提下，根据算法自动实现靠近或远离的背景伸缩效果，非常酷炫，如图5-17所示。

● **智能跟随**：智能跟随是指在手机屏幕上框选拍摄对象后，手机云台能够自动锁定并跟随移动的框选对象进行拍摄，并利用上下摇摆、左右旋转等动作调整视频画面的构图，保证框选对象在视频画面的中心位置，如图5-18所示，画面稳定且实时跟踪，相比手持拍摄画面更加流畅。这个功能非常适用于运动物体的拍摄。

● **磁吸快拆**：有一些手机云台采用磁吸设计来固定手机，用磁吸手机夹固定手机，然后将其与云台上的磁吸指环扣吸附连接，配合折叠设计，非常便捷地实现吸上、展开、拍摄和拆卸等操作，如图5-19所示。

2. 手机云台的常用拍摄手法

手机云台在拍摄短视频时，可以进行更多的运镜操作和更灵活的构图。

图5-17 动态变焦

图5-18 智能跟随

- **跟镜头拍摄**：拍摄时手持手机云台跟随着拍摄对象一起运动，在拍摄对象的背面、正面和侧面进行拍摄，可以输出更加稳定的视频画面。运动的镜头能够带入更多的画面信息，也可以加强人物的第一人称视角感，非常适合拍摄Vlog类和剧情类短视频。
- **低角度拍摄**：将手机云台倒拎贴近地面，从低角度拍摄，传感器会帮助手机云台识别拍摄人员的动作，自动旋转手机并调整拍摄姿态，可轻松地记录低视角的视频画面。这在拍摄小朋友、小动物或风景类短视频时尤为实用，更能渲染空间感，带来全新的视觉体验，如图5-20所示。

图5-19 手机云台的磁吸设计

图5-20 手机云台的低角度拍摄

- **推拉镜头和摇移升降镜头**：手机云台自带的左右俯仰摇镜功能，在推拉镜头和摇移升降镜头的手法上更加稳定，使得拍摄运镜操作也更轻松。

小贴士

一些主流品牌的手机云台也自带视频拍摄和剪辑App，可以直接利用其中自带的模板轻松拍摄和剪辑出酷炫的“大片”。

↘ 5.1.4 外接镜头

外接镜头的功能与相机的镜头类似，安装不同功能的外接镜头，可以弥补手机原生镜头取景范围、对焦距离等方面的不足，辅助手机拍摄出更加清晰和高品质的画面。手机的外接镜头主要有长焦、广角、增距、微距、鱼眼、电影和人像等多种类型，而在拍摄短视频的过程中，常用的外接镜头主要有人像镜头、微距镜头和电影镜头，如图5-21所示。

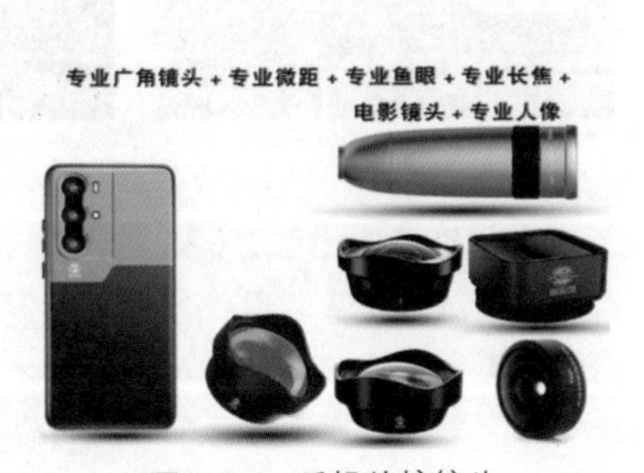

图5-21 手机外接镜头

小贴士

需要注意的是，安装外接镜头也无法改变手机的原有像素，例如，用1800万像素的手机和外接镜头拍出的画面无法超越1800万像素。

● **人像镜头**：普通手机拍摄的短视频画面通常不容易产生景深效果，拍摄对象和背景的边界容易融合在一起，无法分清主次。使用人像镜头拍摄的视频画面则会产生景深效果，能达到拍摄对象清晰、背景虚化的效果，如图5-22所示。图中左侧为使用手机普通模式拍摄的视频画面，分不清主次，右侧为外接人像镜头拍摄的视频画面，拍摄对象主体突出，背景虚化，呈现出一种纪录片式的视觉效果。

图5-22　手机拍摄和外接人像镜头拍摄的视频画面的对比

● **微距镜头**：微距镜头主要用于拍摄十分细微的物体，例如，花草树木、昆虫和各种物品等，如图5-23所示，使用微距镜头拍摄细小的自然景物，可以得到高清晰度的画面和高级的质感，从而带给用户一种影像震撼。旅行类、时尚类、美食类和萌宠类短视频都可能会用到微距镜头。使用微距镜头拍摄的视频画面能够充分展示物体的细节，同时背景虚化效果比较强。

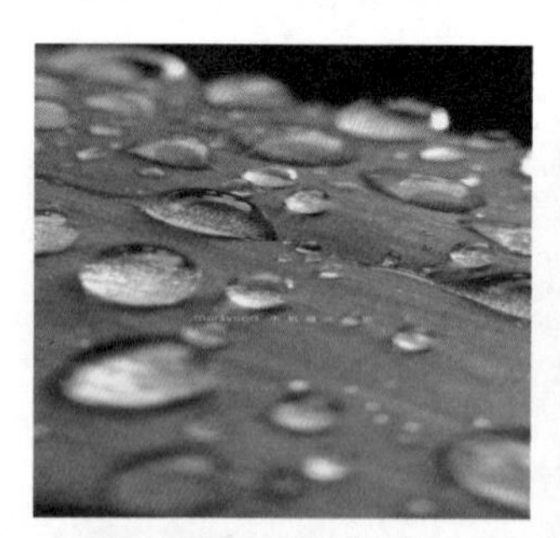

图5-23　手机外接微距镜头拍摄的画面

● **电影镜头**：电影镜头也被称为变形镜头，是一种可以使宽幅度场面被压缩入标准的画面区域的镜头。通俗地讲，电影镜头就是通过镜头将手机拍摄的视频画面解析形成宽幅电影所需要的画面，给用户带来强烈的影片感、高级感，非常适合拍摄宽屏画面的短视频。图5-24所示为正常拍摄和外接电影镜头拍摄的画面对比。

图5-24　正常拍摄和外接电影镜头拍摄的画面的对比

5.2　手机拍摄短视频

使用手机拍摄短视频时，除了使用手机自带的视频拍摄功能外，用户还可以通过下载和安装App来进行拍摄。而且，通过这些App拍摄短视频更加简单和方便，通常只需按下录制按钮即可拍摄视频。下面就介绍手机拍摄短视频的注意事项和手机拍摄的常用App。

↘ 5.2.1　手机拍摄短视频的注意事项

手机拍摄短视频在运镜、构图、补光拍摄手法等方面与相机没有太大的区别，但毕竟视频拍摄只是手机的一项重要功能，所以，为了保证短视频拍摄的顺利进行以及拍摄到较高质量的视频画面，需要了解以下几点注意事项。

- **保证足够的存储空间**：拍摄清晰度较高的短视频通常需要较大的存储空间，例如，拍摄一分钟的1080P全高清分辨率的短视频，所需的存储空间最少为100MB，加上素材则需要手机至少预留几个GB的存储空间。所以，使用手机拍摄前首先要检查手机的存储空间，如果空间不足就需要清理内存，或者安装存储卡及其他外置存储设备。
- **保证充足的电量**：使用手机进行短视频拍摄是一项非常耗电的操作，所以在拍摄前应该保证手机有足够的电量支持。除了提前充满电外，还可以配备充电宝等外部电源，保证拍摄工作的正常进行。

●**保证不受外部干扰**：外部干扰是指手机的通信功能等影响拍摄工作的干扰，例如，短信或通知的弹出会影响拍摄画面的实时监控，而且提示音可能会被录入从而影响正常的拍摄录音，甚至电话接入也会导致拍摄自动停止等。所以，使用手机拍摄前最好将手机设置为飞行模式，这样就可以防止短信、电话、微信或其他干扰信息影响拍摄工作的正常进行。

●**根据发布平台的不同调整拍摄方向**：手机拍摄主要有横屏和竖屏两种，横屏尺寸通常是16∶9或16∶10，竖屏尺寸则是9∶16或10∶16。如果需要将短视频发布在优酷、爱奇艺或哔哩哔哩等长视频平台，则最好选择这些平台默认的横向视频，纵向视频在这些平台播放时会在屏幕两侧出现黑条，影响用户的视觉体验，如图5-25所示。

●**擦拭镜头**：在使用手机的过程中，手指表面的油脂可能会残留在镜头上，从而导致手机拍摄出来的画面锐度、反差、饱和度降低，画面模糊不清，整体视觉体验差，这就需要在拍摄前使用擦镜纸擦拭镜头。

●**将屏幕亮度值调整到最大**：如果拍摄时环境光线太强，而手机屏幕的亮度较低，将无法看清楚屏幕中的拍摄画面，所以，将手机屏幕的亮度值调整到最大会有助于拍摄时看清楚所有的画面细节，让拍摄的画面更加真实，如图5-26所示。

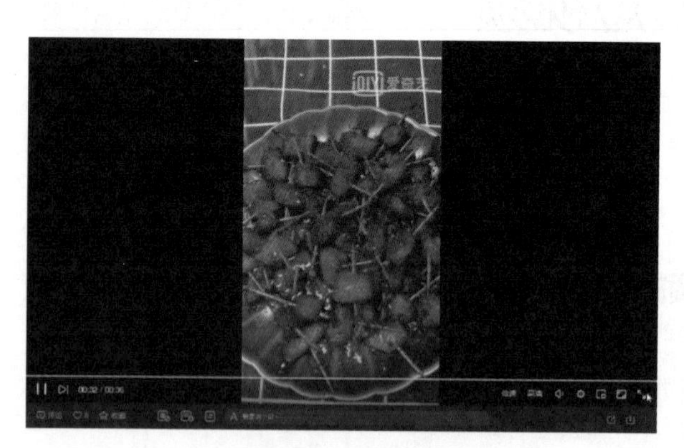

图5-25　爱奇艺平台播放的竖屏短视频

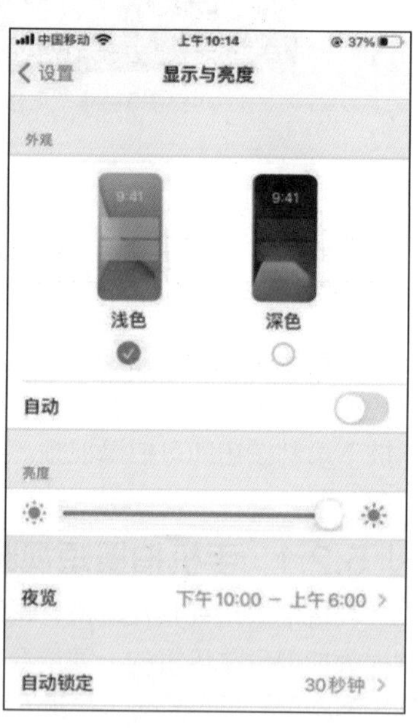

图5-26　调整屏幕亮度到最大

↘ 5.2.2　手机拍摄App

手机拍摄App是指以视频拍摄为主要功能的App，包括以下几种类型。

1．专业视频拍摄App

这种类型App只有一个功能，就是拍摄各种视频，比较常见有ProMovie、FiLMic专业版和ZY PLAY等。这种类型App支持手动设置和调整曝光、对焦、快门速度、感光度和白平衡等与相机拍摄类似的辅助参数，非常适合专业的短视频团队使用。图5-27所示为ProMovie的视频拍摄界面，除了快门、感光度、白平衡、对焦、变焦和曝光补偿等基础参数设置外，还有一些能够提高拍摄视频画面质量的参数和辅助功能。下面就以ProMovie为例介绍专业视频拍摄App拍摄短视频时比较实用的功能。

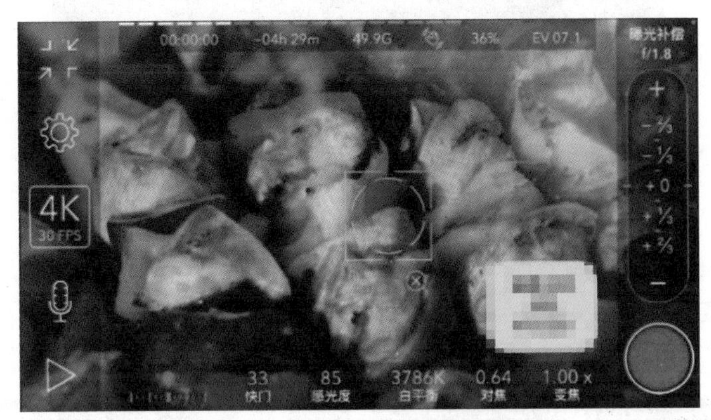

图5-27 ProMovie的视频拍摄界面

●**防抖动**：ProMovie的防抖动功能类似于相机的防抖功能，但比较普通，无法达到相机的防抖水平。

●**视频格式设置**：该功能可设置多种参数，包括画面宽高比、分辨率、帧率和画质等，如图5-28所示。

●**音频格式设置**：使用该功能可提高短视频的音频质量。该功能中包括输入设备、音频增益、采样率和音频格式等多种参数的设置，如图5-29所示。

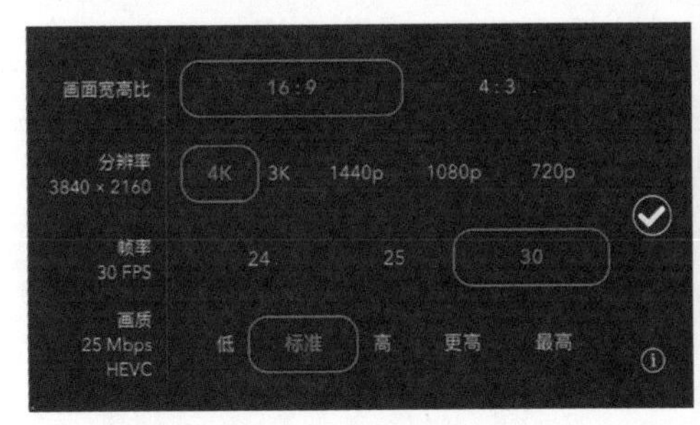

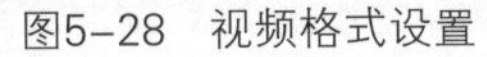
图5-28 视频格式设置

图5-29 音频格式设置

小贴士

需要注意的是，由于镜头性能和摄像元件的不同，不同型号手机的视频格式通常是不同的。所以，在拍摄短视频前需要尽量调整好视频格式的参数，拍摄尽可能清晰的画面。

●**水平仪**：拍摄视频时有时无法判断画面是否水平，添加水平仪后拍摄界面会直接显示水平标记，这有助于使视频画面保持水平。

●**参考线**：参考线类似于电影画框，设置参考线后，拍摄的视频画面将以电影镜头的比例呈现，如图5-30所示。

图5-30　水平仪和参考线

●**视角变换**：视角变换是指将镜头进行水平、垂直翻转或直接倒置，从而拍摄出不同视角的视频画面，如图5-31所示。

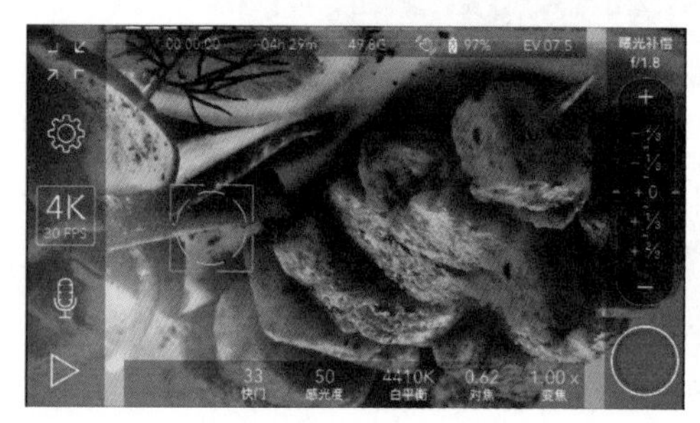

图5-31　视角变换

2. 手机自带的相机

手机自带的相机其实也是一种App，其主要功能是拍照和拍摄视频，用户能够调节和设置的功能项目不多，通常只有对焦与曝光、视频格式。

●**对焦与曝光**：使用手机自带的相机拍摄视频时最重要的是可以设置自动曝光锁定，这样手机在拍摄中就不会频繁改变对焦点和曝光度。通常在拍摄时，在手机屏幕中单击某区域即可对该区域对焦，并在右侧显示曝光标记，上下拖动该标记即可调整曝光度，如图5-32所示。

●**视频格式**：手机自带相机的视频格式通常包含视频分辨率和每秒传输帧数、视频格式控制等参数，如图5-33所示。

小贴士

1080p HD 是指视频的分辨率为1920像素×1080像素，30fps指视频以每秒30帧的速度播放。

3. 相机App

相机App包括如轻颜相机、美颜相机和无他相机等，图5-34所示为轻颜相机的操作界面。

图5-32　对焦与曝光

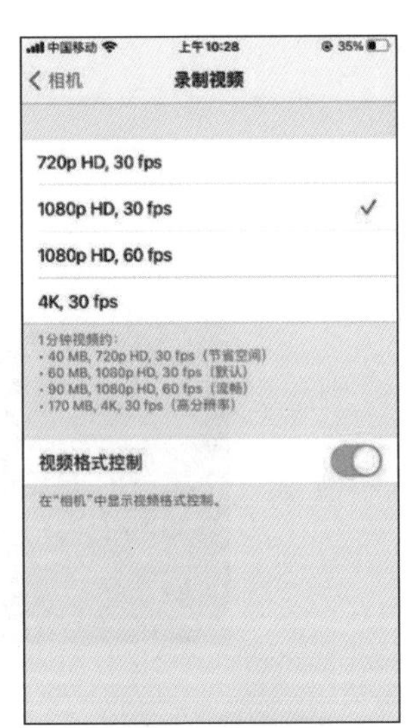

图5-33　视频格式

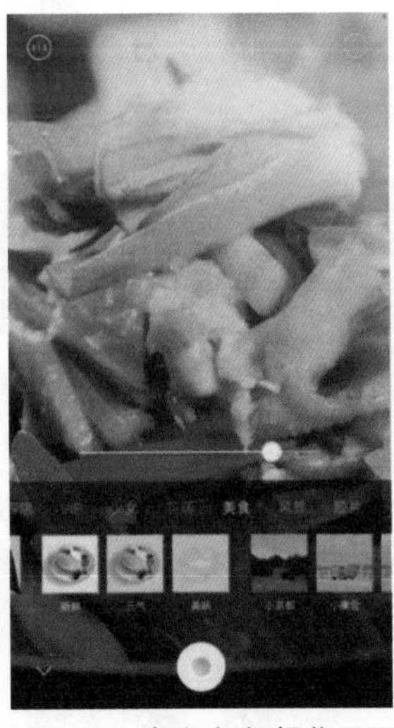

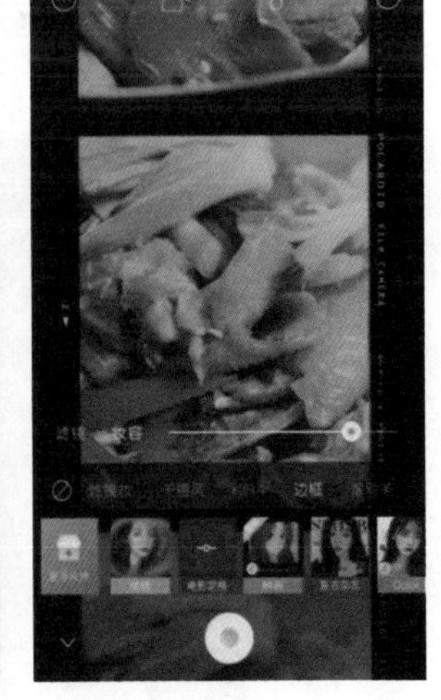

图5-34　轻颜相机操作界面

相机App通常自带了很多滤镜和美颜效果，在拍摄短视频前可以设置好需要的风格、美颜效果和滤镜，甚至BGM，拍摄完成后可以直接保存并发布到网上。这类App拍摄短视频最大的优势就在于操作简单、方便，非常适合短视频新手使用或拍摄无剧情且内容简短的短视频，例如美食类、旅行类和Vlog类短视频。

4．短视频App

短视频App也能实现一些简单的短视频拍摄操作，但视频拍摄只是其辅助功能。短视频App的短视频拍摄功能与相机App基本相同，不同之处在于其具备一定的短视频剪辑功能，并能直接发布到对应的短视频平台中。抖音、快手和微视都是这类App的代表，下面就以抖音为例，介绍这类App拍摄短视频的特点。

●**调整快慢速**：抖音有一个快慢速功能，分为“极慢”“慢”“标准”“快”“极快”5个档次，选择“极慢”和“慢”拍摄的视频画面将呈现慢动作，选择“快”和“极快”拍摄的视频画面将呈现快动作。当需要在视频中呈现快动作或慢动作画面时，不需要通过剪辑，只需要使用该功能就能实现，非常便捷。例如，选择“极快”拍摄夜晚车流，就容易拍摄出车水马龙的延时大片效果，如图5-35所示。

图5-35　选择“极快”拍摄的夜晚车流

●**分段拍**：抖音的分段拍功能非常实用，这个功能可以在拍摄了一段视频后暂停，更换场景或主角后再继续拍摄下一段视频，然后自动将多段视频组合成一个完整的视频。只要在相邻两段视频间设置精彩的转场效果，最后就能呈现出非常酷炫的视频画面。例如，网上比较流行的“卡点换装”视频，就可以通过分段拍功能实现，不需要再进行后期剪辑。分段拍时可以先固定好手机并设置好构图，然后拍摄几秒主角后暂停，待主角换上另外一套服装并摆出与拍摄暂停前同样的姿势时重复前面的“拍摄—暂停”步骤，直到整个换装流程完成。

●**拍同款**：拍同款是指直接使用目标视频的BGM，拍摄与目标视频内容基本相同的视频，其方法是点击目标视频右侧的“音乐”按钮，在打开的音乐界面中点击“拍同款”按钮，进入视频拍摄界面拍摄即可。

●**合拍**：合拍是利用上下或左右分屏的方式拍摄与目标视频内容相同的视频，其方法是点击目标视频右侧的“分享”按钮，在弹出的工具栏中点击“合拍”按钮，进入合拍视频界面拍摄即可，如图5-36所示。

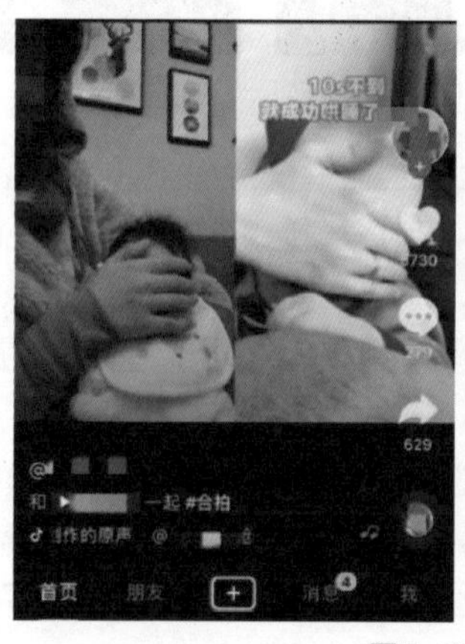

图5-36　合拍

● **挑战**：挑战也是短视频App中常见的一种拍摄方式，其方法是选择一种挑战的视频，进入该挑战主界面，点击“立即参与”按钮，进入视频拍摄界面拍摄即可。

5. 图像处理App

图像处理App的主要功能是对拍摄的照片、视频进行编辑和美化，其本质是一种具备短视频拍摄功能的剪辑处理App，其视频拍摄和剪辑功能与视频剪辑App基本相同，典型代表是美图秀秀，如图5-37所示。

图5-37　美图秀秀操作界面

6. 视频剪辑App

视频剪辑App的主要功能是编辑视频素材，将其整理和美化成一条完整的视频。其同样具备图片和视频拍摄功能，拍摄的图片和视频可以直接剪辑后发布到短视频平台中。常见的视频剪辑App包括剪映、快影、VUE和Videoleap等，图5-38所示分别为剪映和VUE的视频拍摄界面。

图5-38　剪映和VUE的视频拍摄界面

小贴士

使用手机创作短视频的过程中，手机自带的相机和专业视频拍摄App比较适合拍摄剧情类或时长较长的视频，拍摄之后再利用视频剪辑App或Premiere等专业视频剪辑软件进行后期制作；其他带摄像功能的App则适合跟拍、随拍等形式的短视频拍摄，在拍摄前后直接应用App自带的特效进行简单剪辑后即可发布到短视频平台中。

5.3 手机剪辑短视频

与在计算机中的剪辑相比，手机剪辑短视频更加方便和快捷，操作也更加智能化，可更方便地应用各种特效模板。但手机剪辑也有缺点，例如容易被这些固定的模式所束缚，无法自由发挥，也无法完成一些精准的剪辑操作。下面就介绍手机剪辑的相关知识。

5.3.1 常用的短视频剪辑App

在手机中对拍摄的视频素材进行后期制作也可以通过短视频剪辑App实现，下面就分别介绍3款具有不同定位的常用短视频剪辑App。

1. 剪映

剪映是一款全能的视频剪辑App，具备视频拍摄和剪辑功能，自带了多种视频特效和模板，能够轻松完成手机拍摄、剪辑和发布短视频等相关操作。剪映集合了同类App的很多优点，包括模板众多且更新迅速，音乐音效丰富，支持提取视频的BGM，支持高光、锐化、亮度、对比度和饱和度等多种色彩调节，具备美颜、滤镜和贴纸等辅助特效功能，支持添加和自动识别字幕及关闭App水印等。表5-1所示为剪映的视频剪辑性能测试结果。

表5-1　剪映的视频剪辑性能测试结果

模板	特效	字幕样式	BGM	转场	贴纸	滤镜	调色	水印	相机	费用
多	80种以上	多	添加方便	39种以上	99种以上	37种以上	具备	免费关闭	可以开启	免费/收费

2. VUE

VUE是一款专门用于拍摄和编辑原创Vlog的短视频剪辑App，可以让用户通过简单的操作实现 Vlog的拍摄、剪辑和发布，记录与分享自己的生活，如图5-39所示。

VUE具有强大的制作Vlog的能力，用户不仅能通过其自带的Vlog模板快速制作Vlog，还能通过Vlog学院学习制作Vlog。表5-2所示为VUE的视频剪辑性能测试结果。

图5-39　VUE 界面

表5-2　VUE的视频剪辑性能测试结果

模板	特效	字幕样式	BGM	转场	贴纸	滤镜	调色	水印	相机	费用
少许	无	很多	添加方便	10种左右	99种以上	10种以上	具备	无	可以开启	免费/收费

3. 巧影

巧影是一款功能齐备的专业级短视频手机剪辑App，其很多功能与PC端的视频剪辑软件类似。巧影的剪辑、特效和背景抠像功能非常强大，而且操作简单、极易上手，可实现较为专业的短视频效果，如图5-40所示。

图5-40　巧影的剪辑操作界面

为了让用户更好地进行剪辑，巧影的操作界面设置了横屏模式。巧影除了拥有短视频剪辑的基本功能外，还基本覆盖了短视频剪辑的高级功能，例如，很多短视频剪辑App所不具备的关键帧编辑，视频素材的画中画剪辑，以及多图层（包括图片、效果、字体、手写和视频等多种图层）剪辑等，甚至还拥有一些PC端视频剪辑软件特有的功能，例如色度键功能（可以轻松实现在视频中的背景抠像，创作混合性的视频）。巧影有免费版和付费版，用户付费后，不仅可以移除水印，解锁多种高级功能，而且可以获得下载巧影素材商店中全部高级版素材资源的权限。表5-3所示为巧影的视频剪辑性能测试结果。

表5-3　巧影的视频剪辑性能测试结果

模板	特效	字幕样式	BGM	转场	贴纸	滤镜	调色	水印	相机	费用
99种以上	无	很多	添加方便	150种以上	250种以上	62种以上	具备	有	可以开启	免费/收费

↘ 5.3.2　手机剪辑短视频的思路

手机剪辑短视频时通常会按照时间顺序对素材进行排序，但短视频创作者也会从众多视频素材中进行选择，并明确剪辑的目标，这就需要有剪辑的思路。剪辑思路是影响短视频质量的重要因素，确定剪辑思路也是短视频剪辑中必不可少的环节之一。短视频的类型不同，剪辑思路也会存在差别，下面就介绍比较常见的旅行类、Vlog类和剧情类短视频的剪辑思路。

1. 旅游类短视频的剪辑思路

旅行类短视频的素材通常具有不确定性的特点，除了短视频脚本中规定的镜头内容外，还会拍摄的很多不在计划之内的素材内容。而且，除了脚本规定的拍摄路线和拍摄对象外，绝大多数视频素材是通过旅行过程中即兴拍摄而获得的。所以，旅行类短视频的剪辑思路通常比较开放，主要有排比、逻辑和相似3种剪辑思路。

- **排比**：排比的剪辑思路是指在剪辑视频素材时，利用匹配剪辑的手法，将多组不同场景、相同角度、相同行为的镜头进行组合，并按照一定的顺序排列在视频轨道的时间线中，剪辑出具有跳跃感的短视频，如图5-41所示。

图5-41　用排比思路剪辑的旅行类短视频画面

● **逻辑：** 逻辑的剪辑思路是指利用两个事物之间的动作衔接匹配，将两个视频素材组合在一起，例如，主角在家打开门，然后出门就走入一个景点；或者主角在前一个画面中跳起来，在下面一个画面中就跳入了游泳池或大海。

● **相似：** 相似的剪辑思路是指利用不同场景、不同物体的相似形状或相似颜色，将多组不同的视频素材进行组合，例如，天上的飞机和鸟，摩天轮和转经筒，瀑布和传水车等。图5-42所示的短视频即先剪辑了瀑布的全景画面，后接了一个瀑布水流的近景画面，最后接了一个传水车的全景画面。

图5-42 用相似思路剪辑的旅行类短视频画面

2. Vlog类短视频的剪辑思路

Vlog类短视频通常以第一人称视角记录短视频创作者生活中所发生的事情，主要以事件发展顺序为线索。通常拍摄的时间比较长，一般在几个小时甚至十几个小时，内容主要是整个事件的经过，以及旁白形式的展开讲解。这种短视频的素材通常比较多，剪辑时需要做大量的“减法”，即在视频素材的基础上尽量删除没有意义的片段，只保留能够展示故事核心线索的片段。

3. 剧情类短视频的剪辑思路

剧情类短视频通常会按照短视频脚本的设计进行拍摄，视频素材由大量单个镜头组成，剪辑的难度相对较大。剧情类短视频通常有传统和创造性两种剪辑思路。

（1）传统剪辑思路

在传统剪辑思路中，剪辑一般遵循开端、发展、高潮和结局的内容架构，并在此基础上加入中心思想、主题风格、剪辑创意等元素。这些元素确定了短视频的基本风格，剪辑人员根据这个风格挑选合适的音乐，并确定短视频的大概时长，从而完成剪辑工作。

（2）创造性剪辑思路

创造性剪辑思路是在传统剪辑思路的基础上发展而来的，能够在一定程度上提升短视频的艺术效果，主要包括戏剧性效果剪辑思路、表现性效果剪辑思路和节奏性效果剪辑思路。

● **戏剧性效果剪辑思路：** 戏剧性效果剪辑思路是指在剪辑过程中，运用调整重点或关键性镜头出现的时机和顺序的方式，选择最佳剪辑点，使每一个镜头都在剧情展开的恰当时间出现，让剧情更具逻辑性和戏剧性，从而提高整条短视频的观赏性。例如，很多剧情类短视频通过反转来凸显剧情的戏剧性，这就需要找到反转的最佳剪辑点，制造出出其不意的效果，从而直接给予用户观看的愉悦感。

- **表现性效果剪辑思路**：表现性效果剪辑思路则是在保证剧情叙事连贯流畅的基础上，大胆简化情节，将一些类似的镜头并列，突出某种情绪或意念，取得揭示内在含义、渲染气氛的效果，从而让剧情一步到位，直击用户内心，更具有震撼性。例如，在很多剧情类短视频中，为了表现某种意外情况的震撼性，通常会将现场不同人物的表情并列呈现，以渲染剧情氛围，影响用户的情绪。
- **节奏性效果剪辑思路**：手机剪辑的创造性通常会体现在视频画面的节奏上，并通过节奏来影响用户的情绪。例如，剪辑快速转换的视频画面以提升用户的急迫感和紧张感，剪辑时间长且转换较慢的视频画面以使用户产生迟缓或压抑的感觉。因此，节奏性效果剪辑思路就是利用长短镜头交替和画面转换快慢结合，在剪辑上控制画面的时间，掌握转换节奏，控制用户的情绪起伏，从而达到预期的艺术效果。

4. 手机剪辑的注意事项

手机剪辑主要是在短视频剪辑App中进行的。在剪辑时，需要注意以下几点。

- 多个视频素材组合成一条短视频时，裁剪掉素材中多余的开始和结束片段。
- 灵活设置视频变速，特别是慢速，以增加短视频的艺术效果。
- 必要时可设置短视频的画面比例和背景，为不同比例的视频画面增加背景，以提升用户的观影体验，并让短视频更符合平台对画面比例的效果要求，如图5-43所示。
- 灵活插入照片，并使用贴纸、转场、特效和滤镜等来提升短视频的视觉表现力。
- 灵活使用App自带的滤镜大片功能，并通过调整亮度、对比度、清晰度和饱和度等参数对短视频进行调色。
- 剪辑时注意字幕位置，不要被遮挡。
- 直接从热门短视频中选择合适的BGM作为剪辑素材可以提高剪辑效率。
- 向手机传输其他器材拍摄的视频素材时，应该选择正确的传输方式，避免出现因传输方式造成的画质下降问题。

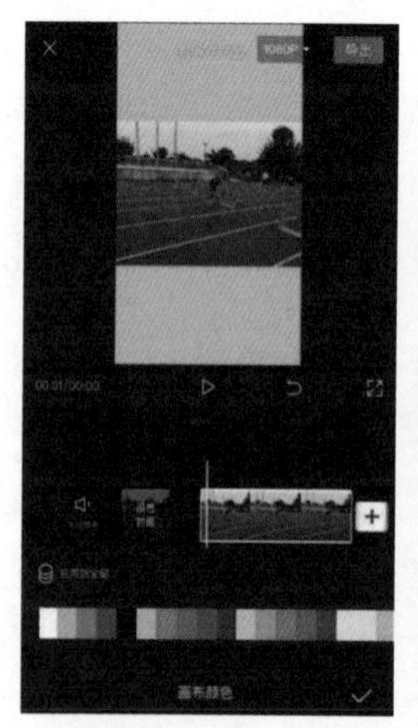
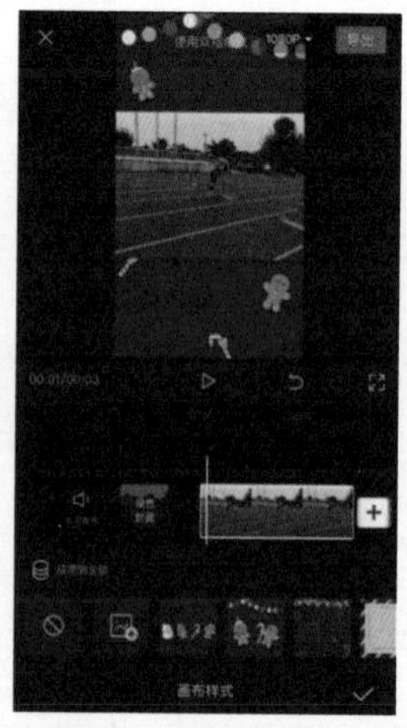
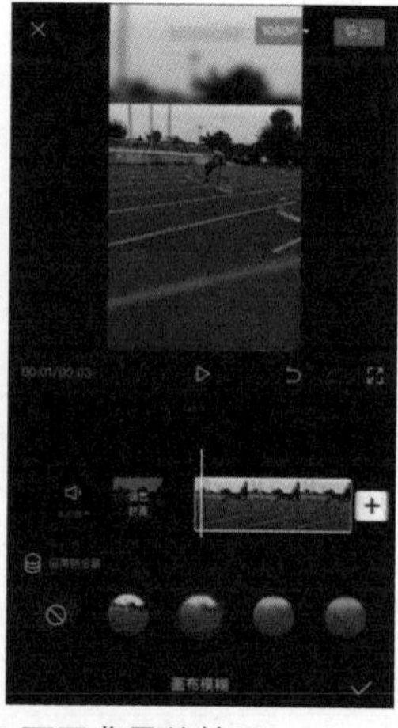

图5-43　为短视频设置9：16的画面比例并添加不同背景的效果

5.3.3 手机剪辑短视频的进阶功能

手机剪辑短视频的操作非常智能化，更适合大多数短视频创作者。下面就以剪映为例，介绍手机剪辑短视频的一些常用的进阶功能。

1. 画中画

画中画是指在视频画面中添加另一个视频画面，其功能非常强大，能够制作出很多有创意的视频画面，如盗梦空间画面和九宫格视频等。

【例5-1】利用画中画功能剪辑短视频。

下面就利用剪映中的画中画功能剪辑一条盗梦空间画面的短视频，其具体操作步骤如下。

① 在手机中点击剪映App的图标，打开剪映主界面，点击“开始创作”按钮，打开视频选择界面，点击选择视频素材（配套资源：\素材文件\第5章\盗梦空间.mp4），点击“添加”按钮。

② 在编辑窗格的视频轨道上点击添加的素材，在下面的“剪辑”工具栏中点击“编辑”按钮，展开“编辑”工具栏，点击“裁剪”按钮，打开“裁剪”界面，然后拖动画面四周的控制按钮裁剪视频画面，如图5-44所示，最后点击“确定”按钮，返回视频剪辑界面。

③ 在视频画面窗格中向下拖动裁剪好的视频，使其占据视频画面的下半部分，空出上半部分，然后在“剪辑”工具栏中点击“返回”按钮，返回上一级工具栏，点击“画中画”按钮，展开“画中画”工具栏，点击“新增画中画”按钮，再次选择刚才添加的同一个视频素材。

④ 放大添加的视频画面，使其与原有的视频画面保持同样大小，在下面的画中画编辑工具栏中点击两次“旋转”按钮，再点击“镜像”按钮，使视频画面与原有的画面呈现水中倒影的状态，点击“裁剪”按钮，将其裁剪至与原有画面差不多的大小，并将其放置到视频画面窗格的上半部分空余位置，如图5-45所示。

图5-44　裁剪视频画面

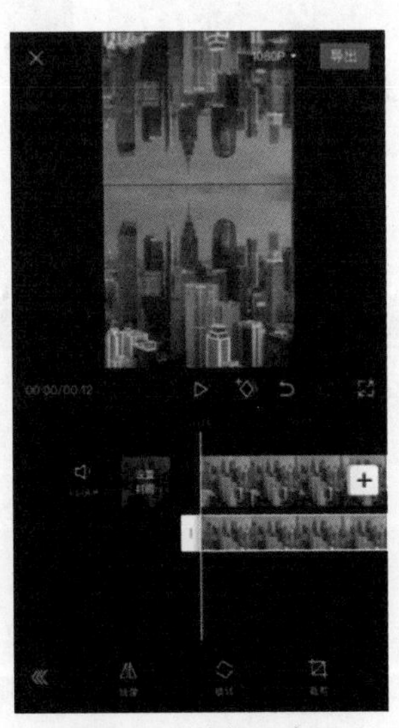

图5-45　编辑画中画

⑤ 点击3次“返回”按钮，返回主界面的工具栏，点击“贴纸”按钮，展开贴纸窗格，在其中选择一种贴纸，这里选择“Plog”选项卡中的“人类观察日记”样式，然后在视频画面窗格中调整该贴纸的大小，完成后点击“确定”按钮，如图5-46所示，然后在编辑窗格的贴纸轨道中点击贴纸，拖动改变其时长，使之与视频轨道中的视频素材时长相同。

⑥ 点击“返回”按钮，返回主界面的工具栏，点击“音频”按钮，展开“音频”工具栏，点击“音乐”按钮，打开“添加音乐”界面，在其中选择一首BGM，这里选择“悬疑”类别中的“Spring Rain”选项，单击右侧的“使用”按钮，将BGM添加到音频轨道中，然后将时间线定位到视频画面最后，点击添加的音频，在下面的音频编辑工具栏中点击“分割”按钮，然后点击后面多余的音频，在下面的音频编辑工具栏中点击“删除”按钮，将其删除，如图5-47所示。

⑦ 在编辑窗格的视频轨道右侧点击“添加视频”按钮，添加制作好的结尾素材（配套资源：\素材文件\第5章\结尾.mp4）。

⑧ 返回操作界面，在工具栏中点击“滤镜”按钮，展开滤镜窗格，在其中选择一种滤镜，这里选择“风景”选项卡中的“古都”选项，点击“确定”按钮，为当前视频画面应用“古都”滤镜，然后在滤镜轨道中增加滤镜时长，使之与视频轨道中的视频素材时长相同，如图5-48所示。

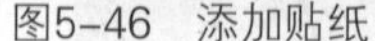
图5-46　添加贴纸

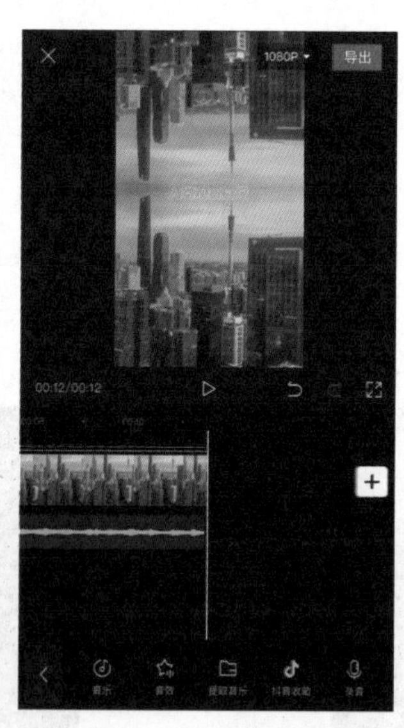

图5-47　裁剪音频

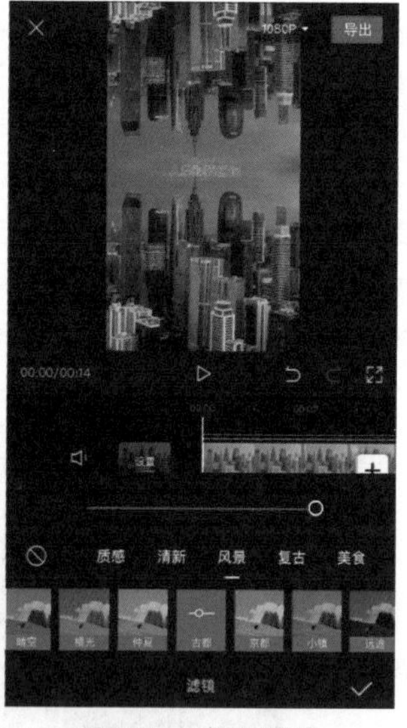

图5-48　应用滤镜

⑨ 预览短视频效果，然后点击右上角的“导出”按钮，将短视频导出到手机相册中，完成整条短视频的剪辑（配套资源：\效果文件\第5章\盗梦空间.mp4）。

2. 变速

变速是短视频剪辑中很常用的功能，大多通过在某个时间点将视频画面突然放慢或加速，来让短视频更有节奏感，也能起到强调和提升视觉效果的作用。

【例5-2】利用变速功能制作旅行类短视频。

下面就利用剪映的变速功能制作旅行类短视频，并添加一些特效、滤镜和背景来增强短视频的视觉效果，其具体操作步骤如下。

① 在手机中点击剪映App的图标，打开剪映主界面，点击“开始创作”按钮，打开视频选择界面，点击选择视频素材（配套资源：\素材文件\第5章\变速.mp4），点击“添加”按钮。

② 首先将视频画面上下黑色部分裁剪掉，然后在主界面下面的工具栏中点击“背景”按钮，展开“背景”工具栏，点击“画布模糊”按钮，打开“画布模糊”工具栏，在其中选择一种背景模糊的样式，这里选择左侧第二种样式，点击“确定”按钮，如图5-49所示。

小贴士

剪映的画布模糊功能在填补视频画面空白区域的同时，会让视频画面产生景深效果，非常实用。但画布模糊有4种程度，使用较多的是中间的两种模糊程度。

③ 将时间线定位到“00:01”左右的位置，在编辑窗格的视频轨道中点击素材，在下面的“剪辑”工具栏中点击“分割”按钮，将视频素材分割成两个部分。

④ 点击选择分割后右侧的视频素材，在下面的“剪辑”工具栏中点击“变速”按钮，展开“变速”工具栏，点击“常规变速”按钮，打开“变速”窗格，拖动滑块设置视频播放速度，本例中设置为“0.3x”左右，点击“确定”按钮，如图5-50所示。

⑤ 在编辑窗格的空白处点击，返回剪辑主界面，在视频轨道中分隔开的两个视频素材之间点击“转场”按钮，打开“转场”窗格，在两个视频之间设置转场特效，这里在“基础转场”选项卡中选择“闪白”选项，然后拖动“转场时长”的滑块，将其设置为“0.2s”，点击“确定”按钮，如图5-51所示。

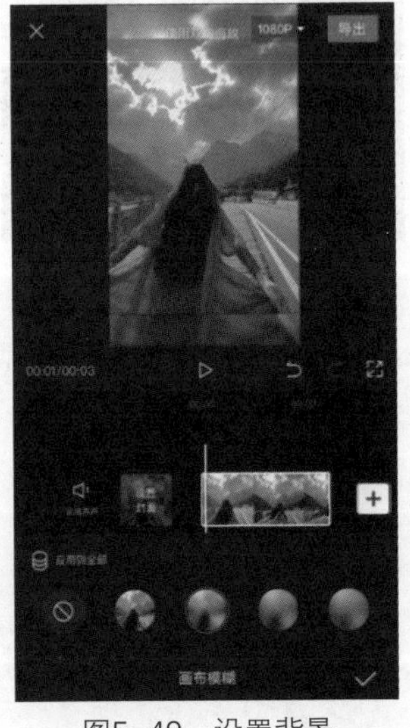

图5-49　设置背景

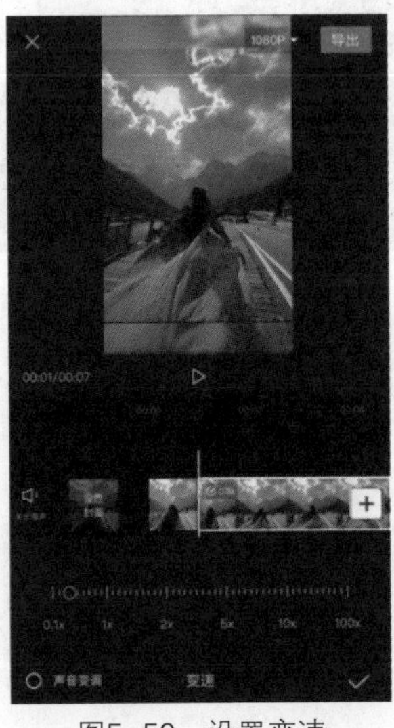

图5-50　设置变速

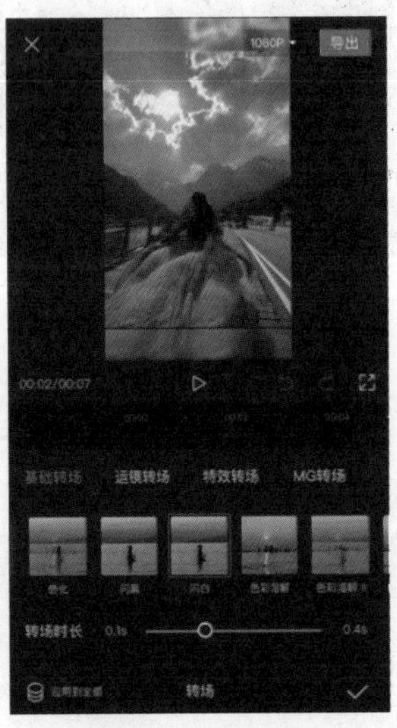

图5-51　添加转场

⑥ 返回主界面的工具栏，点击“调节”按钮，展开“调节”工具栏，点击“亮度”按钮，拖动“重置”滑块，提高视频画面的亮度，然后用同样的方法调整视频画面的对比度、饱和度、光感和锐化，使得视频画面的色彩更加鲜明清晰，然后点击“确定”按钮，如图5-52所示。

⑦ 在编辑窗格的视频轨道下点击“调节1”设置条，将其长度调整为与全部视频素材长度相同，为所有视频画面应用同样的色彩调节效果。

⑧ 返回主界面的工具栏，点击“特效”按钮，打开“特效”窗格，为视频画面应用一种特效，这里选择“自然”选项卡中的“晴天光线”选项，然后点击“确定”按钮。接下来调整“晴天光线”特效的时长，使之与第2段视频素材时长相同，并与第2段视频素材同时开始和结束，如图5-53所示。

⑨ 为视频添加BGM“《蓝》—引用版”，并通过分割剪切，只保留BGM的高潮部分，时长只比整个视频多“00:01”左右，然后在音频轨道中点击该音乐素材，在下面的工具栏中点击“淡化”按钮，打开“淡化”窗格，拖动“淡入时长”的滑块，将其调整为“0.1s”左右，单击“确定”按钮，如图5-54所示。

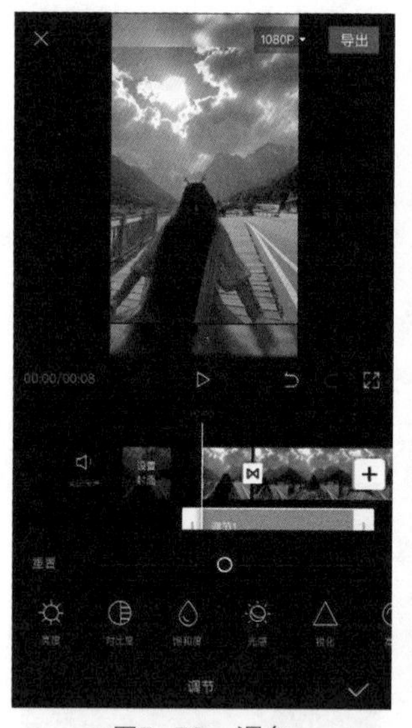

图5-52 调色

图5-53 添加特效

图5-54 添加BGM

⑩ 最后为整条短视频添加一个制作好的结尾素材（配套资源：\素材文件\第5章\结尾.mp4），检查视频无误后将其导出，完成整条短视频的制作（配套资源：\效果文件\第5章\变速.mp4）。

小贴士

在剪映的编辑窗格中点击选择视频或音频素材，或者特效、调色等对应的设置条后，通常可以调节其长度（表示时长），如果要移动这些设置条，只需要将其按住不放，当设置条透明度降低时拖动即可。

3. 蒙版

蒙版也是短视频剪辑中很常用的功能，可以通过隐藏或显示视频画面来制作一些酷炫的视频特效，例如酷炫影片开头等。

【例5-3】利用蒙版功能制作片头。

下面就利用剪映的蒙版功能，为短视频制作片头，其具体操作步骤如下。

① 在手机中点击剪映App的图标，打开剪映主界面，点击“开始创作”按钮，导入视频素材（配套资源：\素材文件\第5章\片头.mp4）。

② 在工具栏中点击“画中画”按钮，将素材图片（配套资源：\素材文件\第5章\黑屏.jpg）导入剪映中，将该图片的大小调整到与视频画面相同，然后将这张黑色图片向上拖出视频画面，在编辑窗格上方的右侧点击“添加关键帧”按钮，为该图片添加一个关键帧，如图5-55所示。

③ 用同样的方法再次导入该黑色图片，调整大小后将其向下拖出视频画面，并添加一个关键帧。然后，把时间线向后拖动，到后面某一个位置（该位置为片头文字出现的位置），将黑色图片向上拖入视频页面，放置在视频画面的下部。在编辑窗格中选择上一张添加的黑色图片，将其向下拖入视频页面，放置在视频画面的上部，如图5-56所示。

④ 将时间线定位到黑色图片的最后，在下面的工具栏中点击“不透明度”按钮，打开“不透明度”窗格，拖动滑块到最左侧，点击“确定”按钮，如图5-57所示，用同样的方法设置另外一张黑色图片的不透明度，同样将滑块拖动到最左侧。

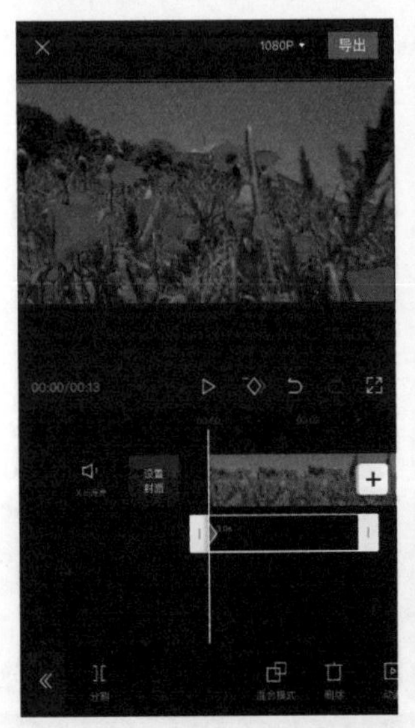

图5-55　添加画中画和关键帧

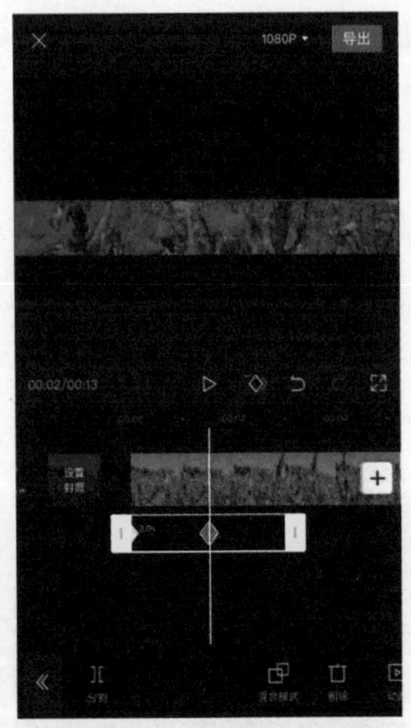

图5-56　调整图片位置

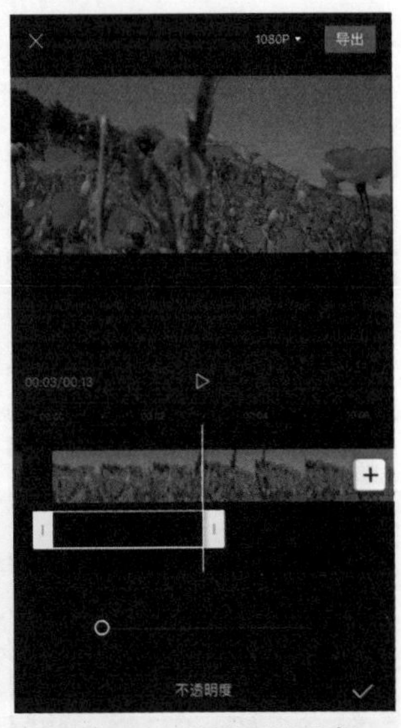

图5-57　设置不透明度

⑤ 将时间线定位到片头文字出现的关键帧位置，继续新增画中画，导入片头文本图片（配套资源：\素材文件\第5章\名称.jpg），将该图片的大小调整到与视频画面相同，然后将这张文本图片向上拖动，使图中的文字部分处在上方黑色图片的中间位置。

小贴士

为了在文字处显示视频画面，最好采用与遮挡图片相同的颜色作为图片背景，图片中的文字为另一种颜色（最好使用纯色）。例如，本案例中遮挡图片为黑色，作为蒙版的图片背景同样为黑色，文字颜色则为白色。另外，为了在蒙版中显示出更多的视频画面，制作蒙版图片时，可以适当增加文字大小，并选择线条较粗的字体。

⑥ 在下面的工具栏中点击“蒙版”按钮，打开“蒙版”窗格，在其中点击“线性”按钮，为图片设置线性蒙版，画面中将显示线性蒙版的指导线，向下拖动指导线，将图片中的文字全部显示出来，并使蒙版和黑色图片位置对齐，点击“确定”按钮，如图5-58所示。

⑦ 在下面的工具栏中点击“混合模式”按钮，打开“混合模式”窗格，点击“变暗”按钮，为蒙版应用混合模式，点击“确定”按钮，如图5-59所示，并将该蒙版的时长设置为与视频素材相同。

⑧ 用同样的方法继续新增画中画，再次导入黑色图片，将该图片的大小调整到与视频画面相同，并为该图片设置线性蒙版，先将图片旋转180度，然后向上拖动指导线，使蒙版和下方黑色图片位置对齐，点击“确定”按钮，如图5-60所示。

⑨ 为该图片应用“变暗”的混合模式，并将该蒙版的时长设置为与视频素材相同，然后添加BGM“飞鸟和蝉（剪辑版）”，剪切其时长为“00:13”左右，并设置其“淡出时长”为“0.2s”。

⑩ 最后，添加一个制作好的结尾素材（配套资源：\素材文件\第5章\结尾.mp4），检查视频无误后将其导出，完成整条短视频的制作（配套资源：\效果文件\第5章\蒙版.mp4）。

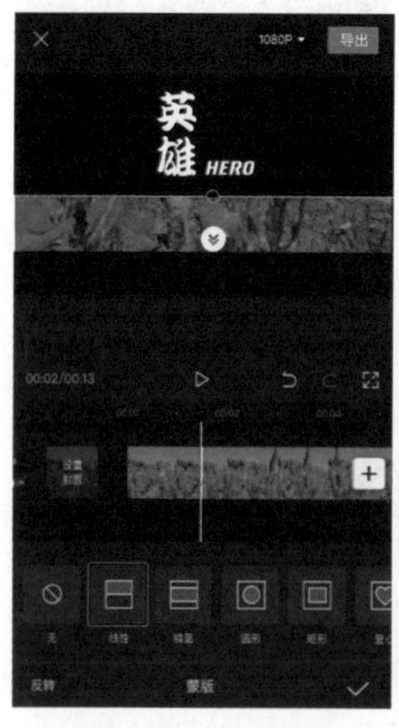

图5-58　添加蒙版

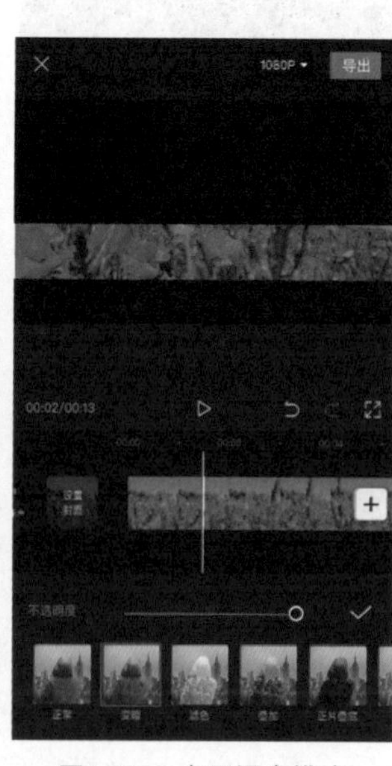

图5-59　应用混合模式

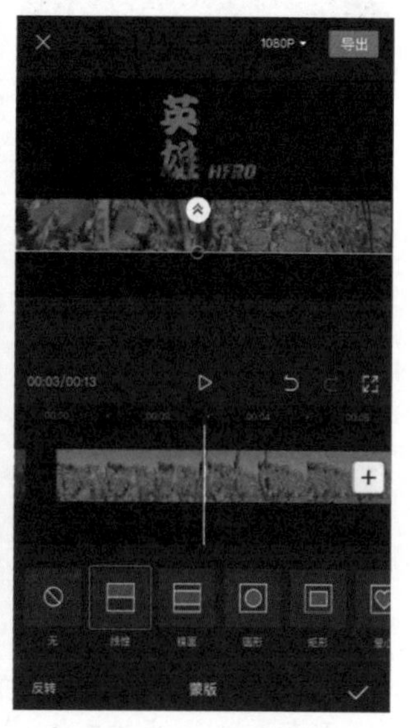

图5-60　旋转蒙版

4．卡点

卡点主要是指短视频的画面与BGM的节奏相匹配，并根据该节奏进行变换。常利用卡点功能制作旅行类、美食类、时尚类短视频。

【例5-4】利用卡点功能制作旅行类短视频。

在剪映中，卡点功能也被称为踩点功能。下面就利用剪映的踩点功能，制作一条旅行类短视频，其具体操作步骤如下。

① 在手机中点击剪映App的图标，打开剪映主界面，点击“开始创作”按钮，导入视频素材（配套资源：\素材文件\第5章\踩点.mp4）。

② 在下面的工具栏中点击“音频”按钮，然后为视频插入BGM“ChakYoun9-Keep Going-继续前行”，然后裁剪该音频素材，保留“00:24”左右的时长。

③ 选择裁剪好的音频素材，在下面的工具栏中点击“踩点”按钮，打开“踩点”窗格，在左侧向右滑动“自动踩点”滑块，此时编辑窗格的音频轨道中将自动出现多个黄色圆点，该圆点就是自动踩点的标记，先将时间线定位到第一个圆点处，点击下面的“-删除点”按钮，将该卡点删除，用同样的方法将音频素材前“00:09”时长的所有卡点删除，然后从“00:10”开始，将后面每隔“00:02”的卡点删除，只保留8个卡点，完成后点击“确定”按钮，如图5-61所示。

④ 将时间线定位到第一个黄色圆点处，在编辑窗格中选择视频素材，将其进行分割，并删除右侧多余的视频，然后点击“添加视频”按钮，导入第一个踩点视频素材（配套资源：\素材文件\第5章\黄土地.mp4），将时间线定位到第二个黄色圆点处，分割添加的“黄土地.mp4”视频素材，并删除右侧多余的视频，如图5-62所示。

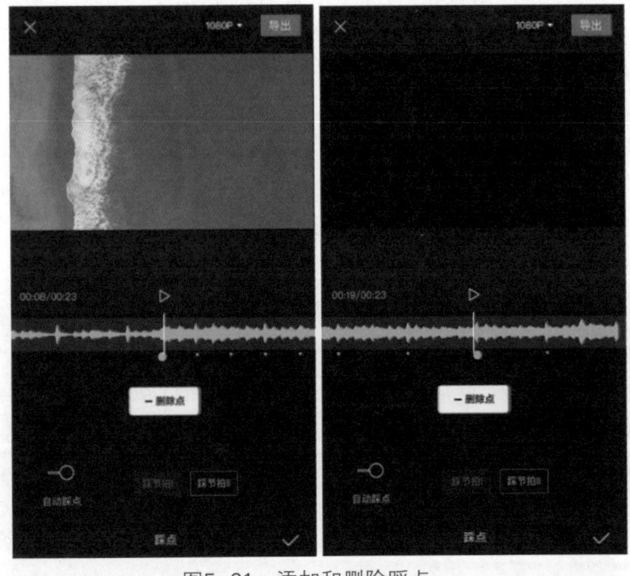

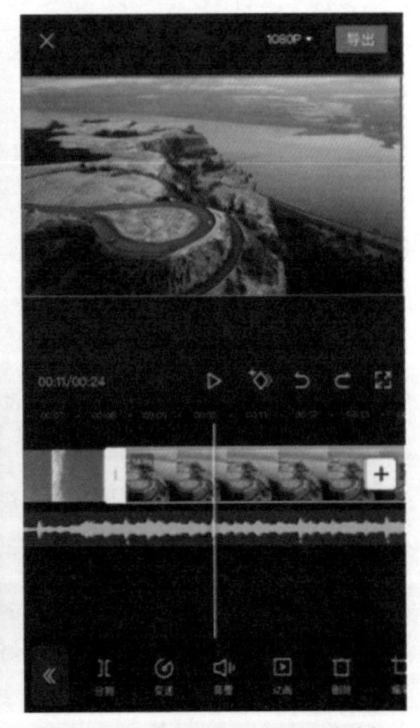

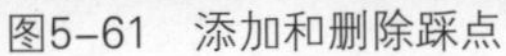

图5-61　添加和删除踩点　　　　图5-62　添加踩点视频素材

小贴士

除了自动踩点功能外，剪映也能手动设置踩点，在“踩点”窗格中将时间线定位到踩点位置，点击“+添加点”按钮即可添加踩点标记。

⑤ 用同样的方法为其他踩点添加踩点视频素材，并删除多余的视频，第2个踩点视频素材为“城市.mp4”，第3个踩点视频素材为“深林.mp4”，第4个踩点视频素材为“池水.mp4”，第5个踩点视频素材为“摩天轮.mp4”，第6个踩点视频素材为“冰瀑.mp4”，第7个踩点视频素材为“落日.mp4”，第8个踩点视频素材为“星空.mp4”。

小贴士

踩点通常都是音乐节奏较强的地方，在音频轨道中通常都是具有较高波峰和较低波谷的位置，也就是说，可以直接通过查看音频波来添加踩点。

⑥ 选择分割后的“黄土地.mp4”素材，在下面的工具栏中点击“动画”按钮，展开“动画”工具栏，继续点击“组合动画”按钮，打开“组合动画”窗格，选择“旋转降落”选项，为其添加踩点动画，点击“确定”按钮，如图5-63所示。用同样的方法为其他几个分割后的视频素材设置动画效果，“城市.mp4”素材动画效果为“旋转缩小”，“深林.mp4”素材动画效果为“四格转动”，“池水.mp4”素材动画效果为“晃动旋出”，“摩天轮.mp4”素材动画效果为“形变左缩”，“冰瀑.mp4”素材动画效果为“抖入放大”，“落日.mp4”素材动画效果为“旋入晃动”，“星空.mp4”素材动画效果为“哈哈镜”。

⑦ 在编辑窗格中选择“踩点.mp4”视频素材，为其添加“基础”选项卡中的“开幕”特效，并设置特效时长从视频开始到“00:06”左右。将时间线定位到“00:02”左右的位置，也就是短视频标题文本出现的位置，返回操作界面的工具栏中，点击“文本”按钮，展开“文本”工具栏，继续点击“新建文本”按钮，在界面文本框中输入“一个人的旅行”，然后在视频画面中拖动调整文本大小，然后点击“确定”按钮。

⑧在下面的工具栏中点击“样式”按钮，打开“样式”窗格，点击“新青年体”按钮，为文本设置字体，然后向左拖动下面的“透明度”滑块，降低文本的透明度，如图5-64所示，接着点击“阴影”选项卡，并在下面点击黑色的颜色块，设置文本阴影，点击“确定”按钮。

⑨ 增加文本素材的时长，使其与“踩点.mp4”视频素材同时结尾，然后在下面的工具栏中点击“动画”按钮，打开“动画”窗格，在“入场动画”选项卡中选择“开幕”选项，为文本素材设置开幕动画，并在下面的时间控制条中将控制点拖动到三分之二处，点击“出场动画”选项卡，选择“渐隐”选项，并在下面的时间控制条中将控制点拖动到入场动画结束的位置，单击“确定”按钮，如图5-65所示。

⑩ 为视频添加一个制作好的结尾素材（配套资源：\素材文件\第5章\结尾.mp4），检查视频无误后将其导出，完成整条短视频的制作（配套资源：\效果文件\第5章\踩点.mp4）。

图5-63　设置踩点动画

图5-64　设置文本样式

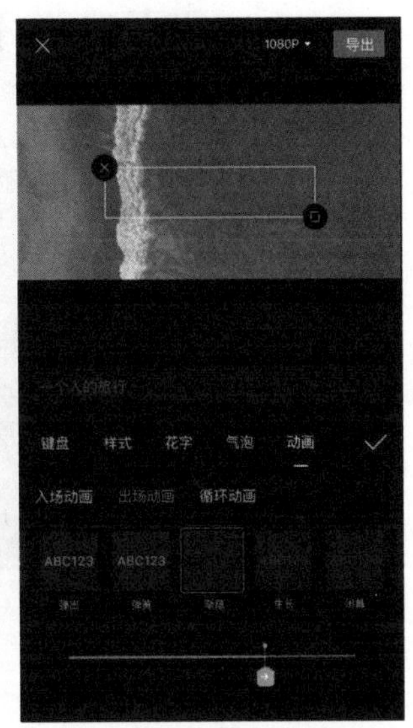

图5-65　设置文本动画

5.4　手机处理图片

使用手机剪辑短视频同样需要制作封面和片尾的图片，以及对一些定帧图片进行处理，这就需要使用一些专业的图片编辑和制作App，如美图秀秀和黄油相机。下面分别介绍手机图片处理中常用的一些操作，包括去除水印、抠图、拼图，以及应用模板制作图片等。

5.4.1　去除水印

去除水印是图片处理中的常见操作，该功能也可以用于去除图片中多余的物体。

【例5-5】去除图片中多余的标志。

下面就使用美图秀秀去除图片中多余的标志，其具体操作步骤如下。

① 打开美图秀秀App，在操作界面上半部分点击“图片美化”按钮，打开选择图片的界面，在手机中点击选择素材图片（配套资源：\素材文件\第5章\去除水印.jpg）。

② 进入图片编辑界面，在下面的工具栏中点击“消除笔”按钮，进入“消除笔”界面，在下面拖动“画笔”滑块，可以设置消除笔的大小，找到需要去除的标志，放大该标志所在图片，然后用手指在标志处涂抹，使标志完全被消除笔涂抹成其他的颜色，涂抹完成后，该标志被自动去除，点击“确定”按钮，如图5-66所示。

③ 用同样的方法去除左上角黑色衣服上的白色文字标志，然后点击右上角的“保存”按钮，即可将编辑后的图片保存到手机中，完成去除图片中多余标志的操作（配套资源：\效果文件\第5章\去除水印.jpg）。

图5-66　去除图片中多余的标志

↘ 5.4.2　抠图

图像处理中经常会遇到抠图问题，抠图对象包括人脸、头发、树木和花朵等。美图秀秀具有抠图功能，能够自动识别人物并抠图。

【例5-6】抠图并添加背景。

下面就使用美图秀秀为素材图片中的人物抠图，并为其添加背景，其具体操作步骤如下。

① 打开美图秀秀App，导入素材图片（配套资源：\素材文件\第5章\抠图.jpg）。在图片编辑界面下面的工具栏中点击“抠图”按钮，进入“抠图”界面，美图秀秀将自动抠图，并将图片画面自动分为“人物”和“背景”两个区域，如图5-67所示。

小贴士

美图秀秀的自动抠图功能只限于有人物的图片，没有人物的图片，需要使用画笔涂抹的方式进行抠图，其方法是在打开的“抠图”窗格中点击“画笔”按钮，然后在图片中需要抠图的对象上涂抹，当该对象完全变色后，点击“确定”按钮，美图秀秀会将图片划分为“自定义”和“背景”两个区域，“自定义”区域即对应的是抠图对象。

② 在下面工具栏中点击“背景”按钮，展开“背景”工具栏，在其中选择一种背景图案，这里选择带有奶茶图案的背景，即可将图片的“背景”区域设置为该背景，如图5-68所示。

③ 适当缩小“人物”区域，然后在其四周出现的编辑框中，点击左下角的“+1”按钮，复制一个一模一样的人物抠图，然后点击左上角的“设置”按钮，在弹出的菜单中选择“翻转”命令，如图5-69所示，将人物抠图水平翻转。

图5-67　自动抠图

图5-68　添加背景

图5-69　设置抠图

④ 调整好抠图的位置后，点击“确定”按钮，返回美图秀秀的操作界面，在下面的工具栏中点击“贴纸”按钮，打开“贴纸”窗格，在其中选择一种贴纸，这里选择“新年快乐”贴纸样式，将该贴纸拖动到人像抠图下面，点击“确定”按钮。

⑤ 点击右上角的“保存”按钮，即可将制作好的图片保存到手机中，完成抠图的操作（配套资源：\效果文件\第5章\抠图.jpg）。

小贴士

自动抠图后，点击拖动“人物”区域，即可选中人物抠图，并对其进行各种操作，而且将该人物抠图删除后，美图秀秀将自动还原去除的“人物”区域，使之与背景一致，这种操作可以用于去除图片中多余的人物，如图5-70所示。

图5-70　利用抠图功能去除图片中的多余人物

↘ 5.4.3 拼图

拼图也是图片处理中常见的操作，通过拼图可以展示更多的图片和内容，这也符合短视频吸引用户关注的制作目的。美图秀秀中提供了模板、海报、自由和拼接4种拼图模式，可以根据自己的需要进行选择。

【例5-7】利用拼图功能制作旅行类短视频封面。

下面就使用美图秀秀中的拼图功能，为旅行类短视频制作封面图片，其具体操作步骤如下。

拼图

① 打开美图秀秀App，在操作界面上半部分点击“拼图”按钮，打开选择图片的界面，在手机中点击选择两张素材图片（配套资源：\素材文件\第5章\拼图1.jpg、拼图2.jpg）

② 下面的工具栏中将显示选择的拼图图片，点击右侧的“开始拼图”按钮，进入拼图界面，在下面的窗格中点击“拼接”选项卡，在展开的“拼接”窗格中选择一种拼图样式，如图5-71所示，自动完成拼图操作。

小贴士

美图秀秀的4种拼图模式都支持图片和视频的拼接，非常适合制作带有视频画面的封面。

③ 点击右上角的“保存/分享”按钮，将拼图保存到手机中，并打开发布页面，点击左上角的“图片美化”按钮，打开图片编辑界面，在下面的工具栏中点击“边框”按钮，进入边框界面，在下面的窗格中点击“简单边框”选项卡，在展开的“简单边框”窗格中选择一种边框样式，为图片添加边框，点击“确定”按钮，如图5-72所示。

④ 返回图片编辑界面，在下面的工具栏中点击“文字”按钮，为拼图添加标题文字，并分别设置字体和字号，效果如图5-73所示。

图5-71　选择拼图样式

图5-72　添加边框

图5-73　添加文本

⑤ 点击右上角的“保存”按钮，即可将制作好的图片保存到手机中，完成拼图的操作（配套资源：\效果文件\第5章\拼图.jpg）。

↘ 5.4.4 应用模板制作图片

大多数图片制作App中自带了一些文字、色彩和特效的模板，可用来美化图片。黄油相机App中就有很多优质的模板，用户可以应用这些模板制作出符合自己需求的图片。黄油相机的核心优势便是内置极其丰富的中文字体，用户可以尽情发挥自己的想象力，将视频或图像画面转化为精美的图文图片。

【例5-8】利用模板制作短视频的封面。

下面就利用黄油相机中的模板制作短视频的封面，其具体操作步骤如下。

应用模板制作图片

① 启动黄油相机App，进入模板界面，选择一个需要的模板，这里选择“独唱”模板，点击进入该模板界面。

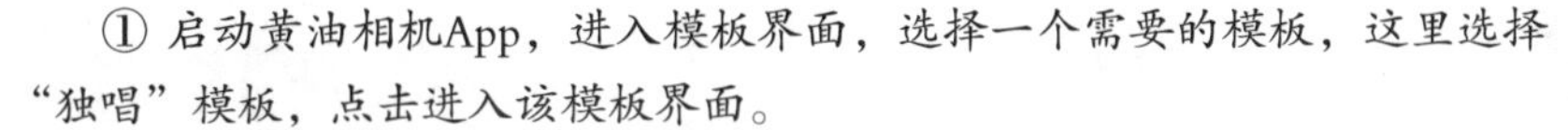

② 在模板界面右下角点击“使用模板”按钮，打开手机相册，选择制作封面的素材图片（配套资源：\素材文件\第5章\模板.jpg）。

③ 进入黄油相机的图片编辑界面，并为选中的图片应用“独唱”模板，在下面的工具栏中点击“布局”按钮，打开“布局”工具栏，在其中点击“画布比”按钮，展开“画布比”窗格，选择“9：16”对应的选项，点击“确定”按钮，如图5-74所示。

④ 点击“独”文本，出现文本框，在其中双击即可打开文本输入框，输入“英”后，点击文本输入框右侧的“确定”按钮，更换模板中的文本。

小贴士

由于模板中的字体需要付费购买，这里更换一种免费字体，其方法是点击“独”文本，在下面的“字体”栏中点击选择“禅意雪松体”选项，然后双击该文本，输入“英”，点击“确定”按钮，如图5-75所示。

⑤ 用同样的方法将“唱”修改为“雄”，字体为“禅意雪松体”，然后选择下面的小字，将其修改为“每个人生命中都有一个英雄，为你遮风挡雨，把你背在肩头，让你岁月静好。”，这段文本每个标点符号后都需要换行，并将红色文本修改为“平凡世界”。

⑥ 选择“雄”文本，将其适当放大至与“英”文本相同大小，然后调整所有文本的大小和位置，最终效果如图5-76所示。

小贴士

在黄油相机中点击只能选择一个文本框，如果要同时选择多个文本框，则需要在文本框外的任意位置按住屏幕并拖动，框选多个文本框。

⑦ 点击右上角的“去保存”按钮，打开“保存和发布”界面，点击左下角的“保存到相册”按钮，即可将制作好的图片保存到手机中，完成应用模板制作图片的操作（配套资源：\效果文件\第5章\英雄封面.jpg）。

图5-74　设置画布比

图5-75　输入文本

图5-76　调整文本大小和位置

5.4.5　制作封面图片

制作封面图片

黄油相机也具备图片编辑处理功能，包括背景、滤镜、调色和贴纸等，可以为短视频制作精美的封面和结尾图片。

【例5-9】制作旅行类短视频封面。

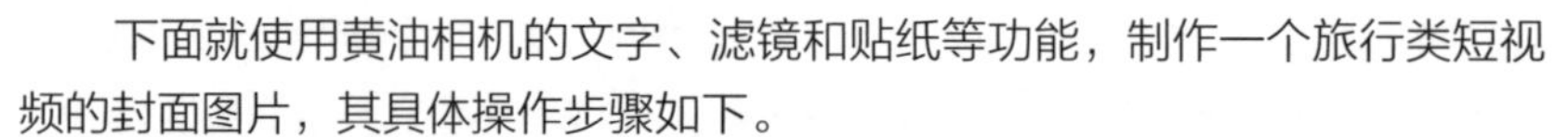

下面就使用黄油相机的文字、滤镜和贴纸等功能，制作一个旅行类短视频的封面图片，其具体操作步骤如下。

① 启动黄油相机，在下面的工具栏中点击“编辑”按钮，然后打开“相册”界面，在其中选择制作封面的素材图片（配套资源：\素材文件\第5章\封面.jpg），进入图片编辑界面，在下面的工具栏中点击“布局”按钮，然后将图片的画布比设置为“9：16”。

② 返回编辑界面，在工具栏中点击“滤镜”按钮，展开“滤镜”窗格，点击“胶片”选项卡，选择“海街日记”选项，如图5-77所示。

③ 返回编辑界面，在工具栏中点击“加字”按钮，打开“加字”工具栏，点击“新文本”按钮，在图片中间显示文本框，双击该文本框，输入文本“/ 只有在世界美丽的时候，”，换行继续输入“　你的生命才是美丽的。”，点击“确定”按钮。然后调整文本的大小，并将文本框拖动到合适位置，并设置文本字体格式为“黄油溏心体”，在下面的窗格中点击“样式”选项卡，点击“阴影”按钮，为文本添加阴影效果，最后点击“确定”按钮，如图5-78所示。

④ 继续用同样的方法添加新文本，这里添加“「」”符号，然后将后面一个“」”符号删除，点击“确定”按钮。用同样的方法添加“」”符号，注意两个符号应各自在独立的文本框中。设置字体格式为“文悦古体仿宋”。

图5-77　应用滤镜

图5-78　添加文本并设置样式

⑤ 在继续添加文本“旅行日志”，设置字体为“文悦新青年体”，在图片其他位置点击，返回编辑界面，在下面的工具栏中点击“贴纸”按钮，打开“贴纸”工具栏，点击“添加”按钮，展开“贴纸”窗格，在左侧的工具栏中点击“基础图形”选项卡，然后在右侧的窗格中选择实心圆形样式，将其添加到图片中，如图5-79所示。

⑥ 在窗格上方点击“样式”选项卡，将颜色设置为“红色”，并点击“-”按钮，增加圆形的透明度，接着将该圆形缩到最小，如图5-80所示。在该圆形右侧添加文本“REC”，设置字体为“方正兰亭特黑”，并将该文本缩小到与圆形相同高度。

⑦ 在“加字”工具栏中点击“花字”按钮，展开“花字”窗格，点击“手绘”选项卡，选择“中山路”样式，如图5-81所示。将花字文本修改为“直台羌寨”，然后调整大小和位置，并将符号和文本全部移动到图片左上角。

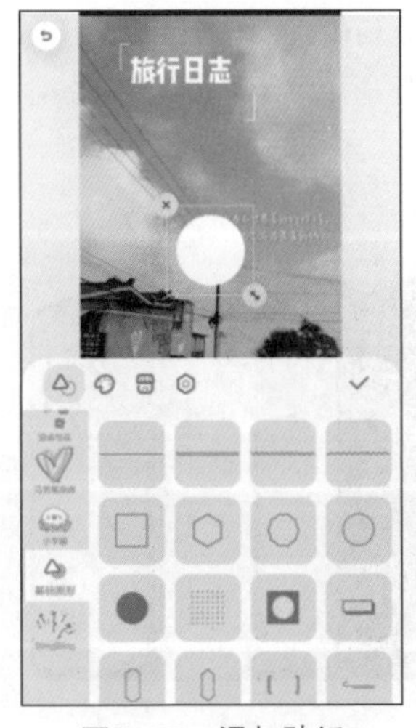

图5-79　添加贴纸

图5-80　设置贴纸样式

图5-81　添加花字

⑧ 点击右上角的“去保存”按钮，打开“保存和发布”界面，点击左下角的“保存到相册”按钮，即可将制作好的图片保存到手机中，完成该旅行类短视频封面的制作。

小贴士

在“保存和发布”界面中点击右下角的“保存并发布”按钮，即可将制作好的图片作为模板发布到网上，下次制作同类短视频封面时，可以直接应用该模板，只更换图片和文字内容，以保持短视频封面风格的一致。

5.5 课后实操——手机拍摄和剪辑短视频《比赛》

使用手机拍摄和剪辑短视频的相关操作与使用相机的基本相同，也包括创建短视频团队、准备拍摄器材、设置场景和准备道具、现场布光、设置拍摄参数、开始拍摄、导入和裁剪视频素材、调色、添加特效视频和BGM、添加字幕、制作封面和片尾等操作。下面就运用前面和本章所学的知识，拍摄和剪辑短视频《比赛》。

1. 创建短视频团队

拍摄该短视频可以组建一个中型团队，至少需要4个人，包括导演、摄像和男女主角。短视频中“儿子”的角色不需要露脸，因此该角色可以由导演扮演。

2. 准备拍摄器材

由于该短视频属于剧情类，且主要场景在室内，所以使用手机进行拍摄并采用现场录音的方式（手机自带录音功能），另外还要准备稳定器。

- **手机**：型号为iPhone X，ROM容量为256GB，如图5-82所示。
- **稳定器**：采用智云Crane云鹤3 LAB单反图传稳定器手持拍摄。
- **灯光设备**：主要以室内灯光作为主光，并配合使用斯丹德 LED-416补光灯和金贝110cm五合一反光板。

3. 设置场景和准备道具

根据短视频脚本设置场景和准备道具，这两项都比较简单。

- **场景**：该短视频中的场景全部都在室内，可以在家中客厅拍摄所有镜头。
- **道具**：棍子或擀面杖。

图5-82 摄像手机

4. 现场布光

拍摄时可以根据客厅的光照强度选择顺光拍摄，并在拍摄对象侧后方使用补光灯来增强主角的立体效果，另外，应打开客厅的顶灯，并将光线调整到最强。

5．设置拍摄参数

在拍摄短视频前，设置手机的拍摄参数，主要包括视频拍摄模式、闪光灯的开/关。这里将录制视频的模式设置为“1080p HD，60fps”，并打开闪光灯，如图5-83所示。

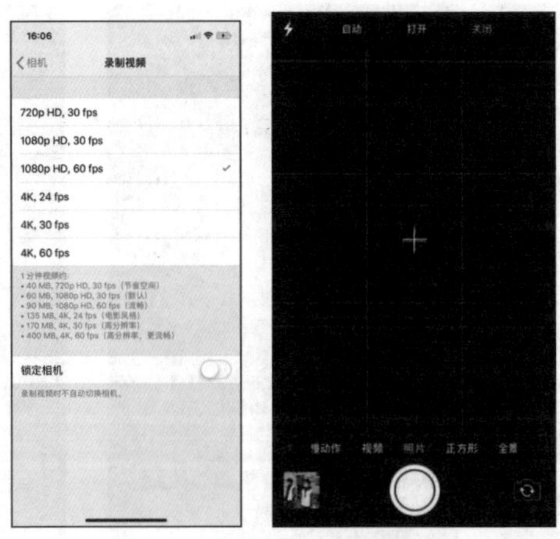

图5-83　设置手机的拍摄参数

6．拍摄视频素材

根据短视频脚本拍摄10个与脚本内容相对应的视频素材。另外，拍摄过程中注意景别的变化和镜头的运用，主要运用突出拍摄主体的构图方式。图5-84所示为拍摄的视频素材。

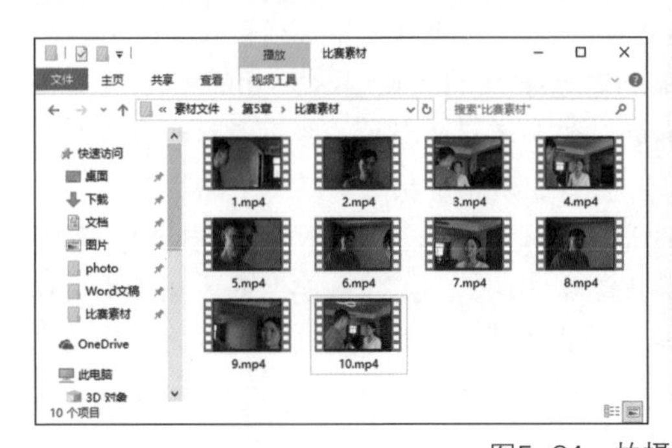

图5-84　拍摄的视频素材

7．导入和裁剪视频素材

首先将素材文件导入剪映中，并删除多余的视频画面，然后为短视频的开头和结尾设置特效，其具体操作步骤如下。

① 打开剪映App，点击“开始创作”按钮，打开手机资源库，点击选择需要的视频素材（配套资源：\素材文件\第5章\比赛素材\3.mp4），可在打开的界面中预览该视频素材，点击左下角的“裁剪”按钮，如图5-85所示。

② 展开“裁剪”窗格，在视频轨道中拖动右侧的滑块裁剪视频，将视频时长缩短为“2.0s”，点击“确定”按钮，如图5-86所示。

③ 返回手机资源库界面，该视频素材已经被裁剪并选中，点击“添加”按钮，如图5-87所示，打开剪映的短视频编辑界面，该裁剪好的视频已经被添加到编辑窗格的视频轨道中。

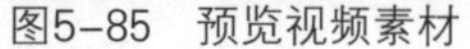

图5-85 预览视频素材

图5-86 裁剪视频

图5-87 导入视频

④ 将时间线定位到添加的视频素材的最后，点击编辑窗格右侧的“添加视频”按钮，然后用同样的方法裁剪“1.mp4”视频素材（配套资源：\素材文件\第5章\比赛素材\1.mp4），左侧滑块选取“3.4s”，右侧滑块选取“2.0s”，并将其添加到视频轨道中。

⑤ 用同样的方法裁剪其他视频素材（配套资源：\素材文件\第5章\比赛素材\），并将它们依次添加到视频轨道中，完成导入和裁剪视频素材的操作。各个素材的裁剪时间选取情况如下：“2.mp4”的左侧滑块选取“2.8s”，右侧滑块选取“2.2s”；“4.mp4”的右侧滑块选取“3.5s”；“5.mp4”的左侧滑块选取“3.2s”，右侧滑块选取“1.1s”；“6.mp4”的左侧滑块选取“2.3s”，右侧滑块选取“1.8s”；“7.mp4”的左侧滑块选取“2.0s”，右侧滑块选取“1.0s”；“8.mp4”的左侧滑块选取“3.3s”，右侧滑块选取“2.2s”；“9.mp4”的左侧滑块选取“1.9s”，右侧滑块选取“1.0s”；“10.mp4”的左侧滑块选取“3.7s”，右侧滑块选取“3.0s”。

⑥ 将时间线定位到视频开始位置，在下面的工具栏中点击“特效”按钮，展开“特效”窗格，点击“基础”选项卡，在下面的列表框中选择“开幕”选项，点击“确定”按钮，为短视频开头添加“开幕”特效，然后在编辑窗格中将“开幕”特效的时长设置为与第一段视频素材相同，如图5-88所示。

⑦ 将时间线定位到最后一个视频素材中间位置，用同样的方法为其添加“全剧终”特效，如图5-89所示，完成导入和裁剪视频素材的操作。

8. 调色

接下来就是为短视频调色。由于该短视频属于剧情类短片，这里通过应用颜色比较明亮的滤镜和冷色调的滤镜，使画面显示清晰且具备一定的电影质感，其具体操作步骤如下。

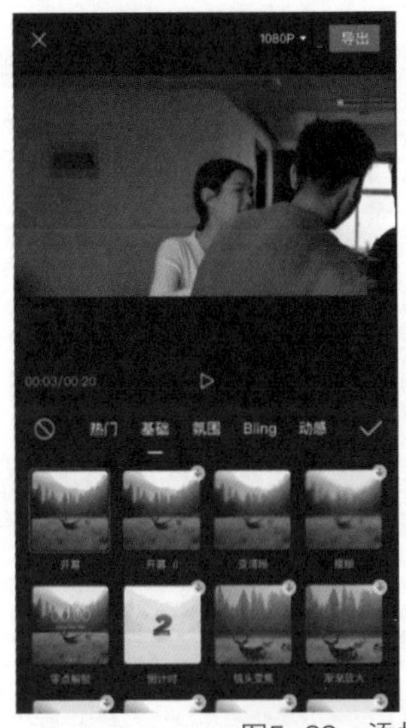

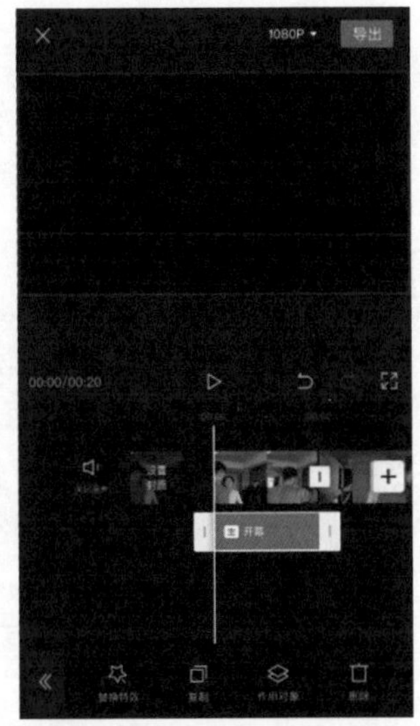

图5-88　添加“开幕”特效

图5-89　添加“全剧终”特效

① 将时间线定位到已经裁剪好的视频素材中任意位置，返回剪映的编辑界面中，在下面的工具栏中点击“滤镜”按钮，展开“滤镜”窗格，在“精选”选项卡中选择“自然”选项，点击“确定”按钮，如图5-90所示。

② 在编辑窗格中拖动“自然”滤镜左右两侧的滑块，将其时长设置为与整条短视频相同，为短视频应用该滤镜，如图5-91所示。

③ 点击“返回”按钮，返回“滤镜”工具栏，点击“新增滤镜”按钮，展开“滤镜”窗格，用同样的方法添加“德古拉”滤镜，并调整时长，如图5-92所示，完成调色操作。

图5-90　添加滤镜

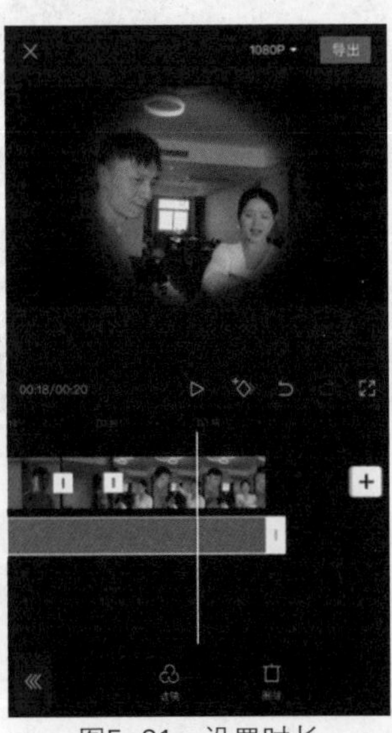

图5-91　设置时长

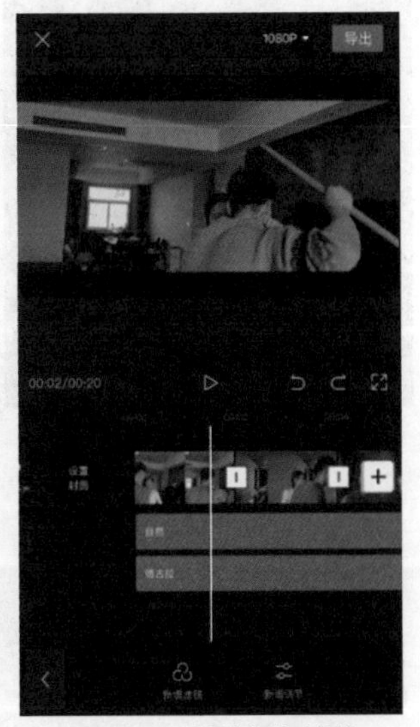

图5-92　继续添加滤镜

小贴士

利用剪映编辑短视频的过程中，点击左上角的“关闭”按钮，将退出短视频编辑界面，剪映会将编辑过的短视频保存到“剪辑草稿”中，方便再次进行编辑。

9. 添加特效视频和BGM

添加特效视频和 BGM

由于剪映无法分离视频中的音频，所以这里保留视频原声。同时为了烘托剧情效果，为该短视频添加特效视频和BGM，其具体操作步骤如下。

① 在编辑窗格中，将时间线定位到“00:17”位置，也就是倒数两个视频素材间的位置，点击右侧的“添加视频”按钮，在打开的素材库界面中点击“素材库”选项卡，在下面的素材列表框中选择“搞笑片段”栏中的第1个视频素材，点击“添加”按钮，如图5-93所示。

② 在编辑窗格中拖动该视频素材右侧的滑块，将其时长设置为“2.0s”，如图5-94所示。

③ 将时间线定位到短视频最后，用同样的方法，将素材库中的第2个“搞笑片段”视频添加到短视频中，如图5-95所示。

图5-93 添加特效视频

图5-94 设置时长

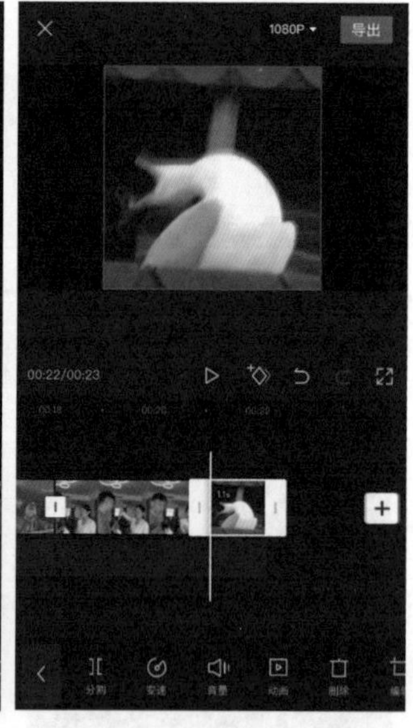

图5-95 继续添加特效视频

④ 返回剪映编辑界面，点击“特效”按钮，然后将“全剧终”特效拖动到最后位置，并缩短其时长，效果如图5-96所示。

⑤ 再返回剪映编辑界面，点击“滤镜”按钮，将两个滤镜的时长增加到与短视频一致。

⑥ 再次返回剪映编辑界面，点击“音频”按钮，打开“音频”工具栏，点击“音乐”按钮，进入“添加音乐”界面，滑动类型列表，选择“搞怪”类型，进入“搞怪”

音乐界面，点击“偷偷”选项试听音乐，然后在右侧点击“使用”按钮，如图5-97所示。

⑦ 将音乐添加到编辑窗格中，拖动音频素材右侧的滑块，缩短其时长，使之在插入的第1个特效视频之前结束。

⑧ 在编辑窗格中点击添加的音频素材，在下面的工具栏中点击“音量”按钮，展开“音量”窗格，拖动滑块将音量设置为“30”，点击“确定”按钮，如图5-98所示，完成添加特效视频和BGM的操作。

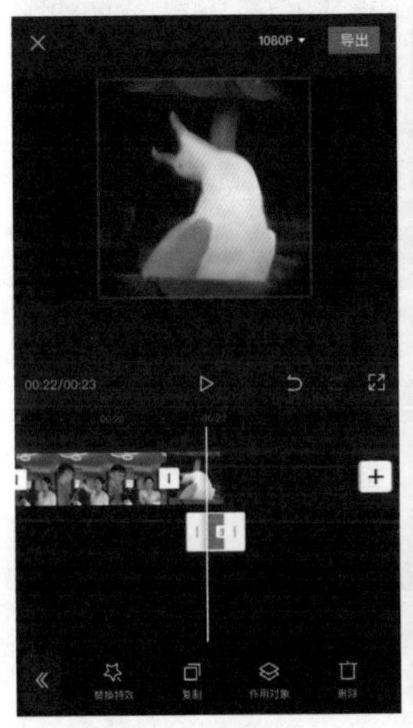

图5-96　设置特效

图5-97　添加音乐

图5-98　设置音量

10. 添加字幕

接下来为剪辑的短视频添加字幕，这里需要先设置视频比例，然后再为短视频添加字幕，其具体操作步骤如下。

① 在剪映编辑界面下面的工具栏中点击“比例”按钮，在打开的工具栏中选择“9：16”选项，将视频画面设置为常见的短视频画面比例，如图5-99所示。

② 将时间线定位到第2个视频素材处，在工具栏中点击“文本”按钮，打开“文本”工具栏，点击“新建文本”按钮，展开“新建文本”窗格，在上面的文本框中输入“别打了，怎么又打儿子”，然后在视频窗格中调整文本大小和位置，将其拖动到视频画面的下方。

③ 在“新建文本”窗格中点击“样式”选项卡，点击“拼音体”按钮，为字幕设置字体样式，如图5-100所示。

④ 点击“动画”选项卡，在“入场动画”列表中选择“打字机Ⅱ”选项，然后拖动最下面的时间滑块，设置动画时长为“1.6s”，点击“确定”按钮，如图5-101所示。

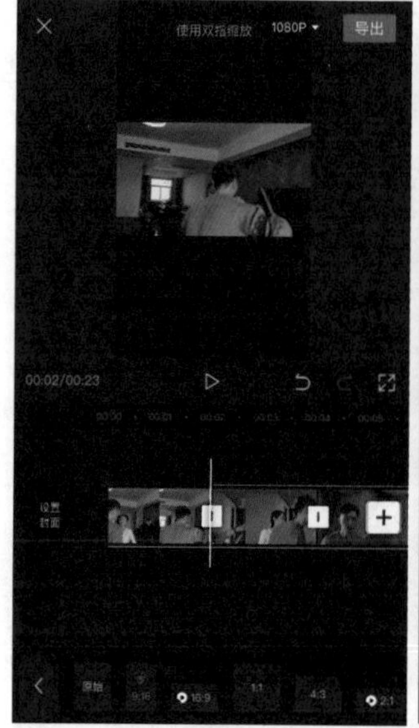

图5-99　设置画面比例

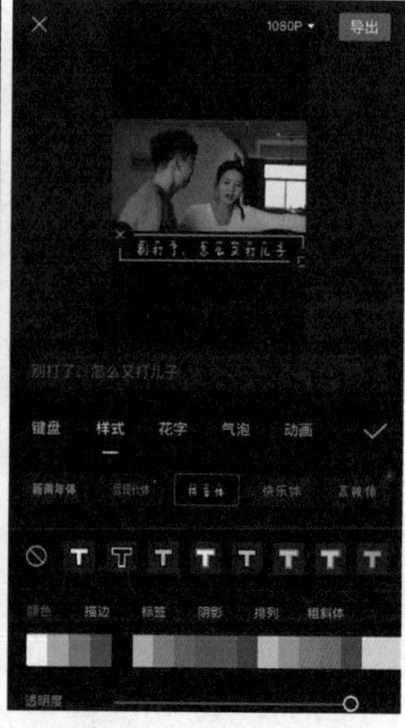

图5-100　添加和设置文本

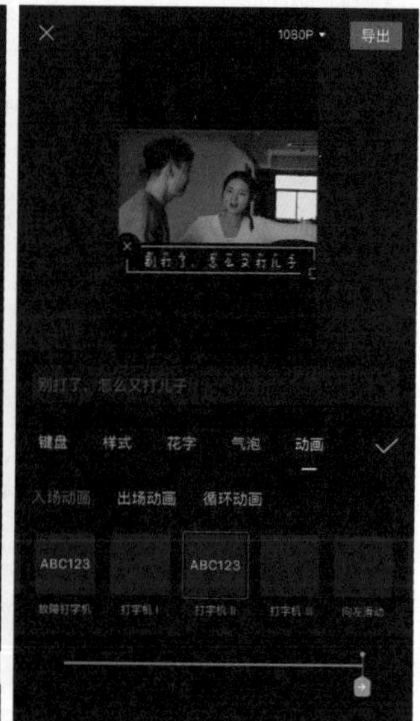

图5-101　添加文本动画

⑤ 将添加字幕时长调整到与第2个视频素材相同，在下面的工具栏中点击“复制”按钮，复制一个同样的字幕，将其拖动到第3个视频素材下方，如图5-102所示。将该字幕的时长调整为与第3个视频素材相同，然后双击字幕，将其中的文本修改为“你这个儿子又跟人瞎比赛”。

⑥ 用同样的方法复制添加其他字幕，为第4个视频素材添加两个字幕，“比赛，好事情呀”和“有竞争才有进步嘛”，时长分别为“2.1s”和“1.4s”；为第6个视频素材添加字幕“他们比赛的是谁的成绩好”，时长为“1.8s”；为第7个视频素材添加字幕“结果呢”，时长为“0.8s”；为第8个视频素材添加两个字幕，“你儿子倒数第一名”和“比得过谁”，时长分别为“0.8s”和“0.6s”；为最后1个视频素材添加两个字幕，“你休息”和“让我来”，时长都为“0.4s”。

⑦ 用同样的方法新建字幕文本“比赛”，然后在视频窗格中调整文本大小并将其拖动到视频画面的上方，在“新建文本”窗格中点击“花字”选项卡，在下面选择一种字体样式，点击“确定”按钮，如图5-103所示。

⑧ 在编辑窗格中将“比赛”文本的时长设置为与整条短视频相同，然后将时间线定位到之前添加的特效视频的位置，将“比赛”文本拖动到视频画面的上方，如图5-104所示，完成添加字幕的操作。

11. 制作封面和片尾

本例中直接使用短视频中的帧画面作为封面，然后导入制作好的视频作为片尾，其具体操作步骤如下。

制作封面和片尾

① 在剪映中打开基本制作完成的短视频，进入其编辑界面，在编辑窗格最左侧点击“设置封面”按钮，如图5-105所示。

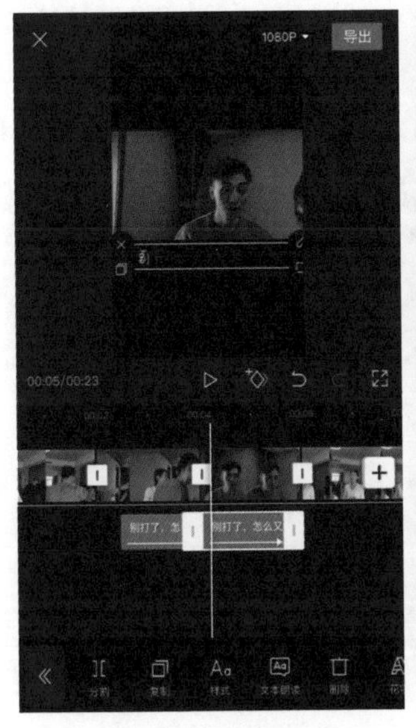

图5-102 复制字幕

图5-103 添加标题字幕

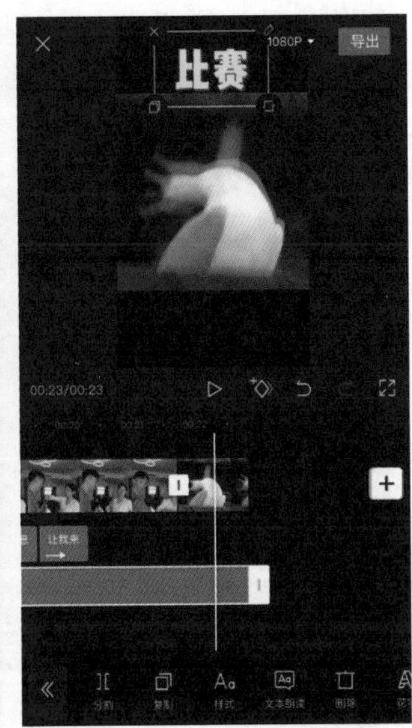

图5-104 设置标题字幕

② 打开设置封面的界面，在编辑窗格中将时间线定位到需要作为封面的短视频画面位置，点击“添加文字”按钮，在打开窗格的文本框中输入“平凡搞笑系列”，然后点击“样式”选项卡，将字体设置为“后现代体”，点击“确定”按钮，最后将添加的文字拖动到标题下方，并调整大小，点击“保存”按钮，如图5-106所示。

③ 返回短视频编辑界面，在编辑窗格中将时间线定位到短视频最后，为其添加制作好的片尾视频（配套资源：\素材文件\第5章\结尾.mp4），如图5-107所示。

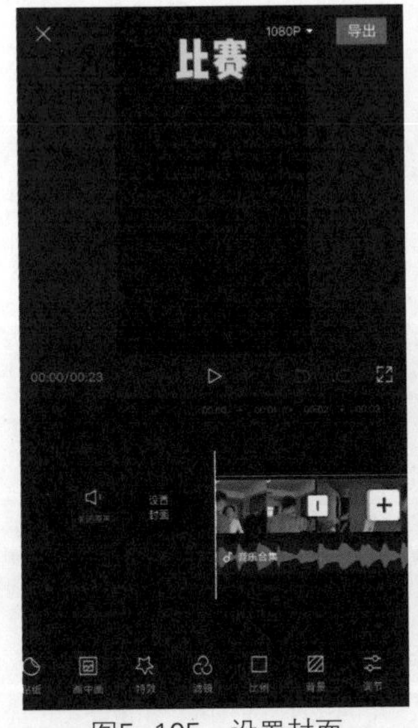

图5-105 设置封面

图5-106 设置封面效果

图5-107 添加片尾

④ 播放预览剪辑后的短视频效果，然后点击右上角的“导出”按钮，将剪辑好的短视频保存到手机中，完成整条短视频的剪辑操作。

课后练习

试着根据本章所学的手机短视频拍摄与剪辑的知识，自己拍摄一个短视频并完成剪辑，然后用黄油相机制作电影海报样式的封面，使短视频呈现出电影大片的效果。

第 6 章

短视频案例分析与实训

如今，观看短视频已成为人们日常生活中常见的休闲娱乐方式，短视频也被广泛应用于商品宣传、品牌塑造等方面。短视频创作者可以先了解短视频的经典案例，分析短视频的脚本、拍摄手法、剪辑手法等，积累相关经验，并结合自身实际情况，创作短视频。下面将拆解短视频的经典案例并加以分析，然后结合实训，帮助读者更快地掌握短视频的创作方法。

学习目标

- 了解手机大片短视频的经典案例。
- 了解微电影短视频的经典案例。
- 了解抖音短视频的经典案例。
- 了解商品短视频的经典案例。
- 掌握不同类型短视频的拍摄过程。

6.1 手机大片短视频

随着科学技术的发展，手机像素逐渐提高，短视频创作者可以随时随地拍摄高清的短视频，这为短视频创作者提供了新的拍摄选择，并提高了短视频的拍摄效率。

6.1.1 手机拍摄的青春大片《泳往春天》

《泳往春天》是由孙媛媛指导拍摄的关于游泳的青春故事，该短视频使用华为Mate 30 Pro手机拍摄了青春期的晓奇为了继续游泳，努力训练，最后获得妈妈支持的故事。该短视频利用华为Mate 30 Pro手机的防水性能，拍摄了大量水下镜头，为用户展现了演员游泳时的姿态，提高了用户的视觉体验。

1. 脚本分析

《泳往春天》的脚本有3部分。第一部分讲述了晓奇妈妈希望晓奇放弃游泳的起因，介绍了晓奇和小伙伴训练的日常；第二部分明确了晓奇不愿意放弃游泳，她得到了小伙伴及保洁阿姨的鼓励；第三部分展示了晓奇通过测试后的日常。

第一部分从泳池切入，晓奇在泳池里训练憋气，并围观了妈妈和教练谈论让她放弃游泳的过程。妈妈走后，晓奇继续训练，但在出水时被篮球打中掉入水里。此时泳池里出现了许多金鱼，如图6-1所示，有人开始用渔网捞鱼。接着，晓奇也被救上岸，并在伙伴们的注视下清醒过来。负责清洁泳池的阿姨过来询问是谁把鱼放入泳池的，晓奇则问是谁用篮球砸自己。晓奇看着泳池，向保洁阿姨“指证”说是刚捡完篮球出水的小伙伴干的，画面顿时转为写实的漫画风格，如图6-2所示，突出小伙伴的无辜与无奈。

图6-1　泳池里出现了许多金鱼

图6-2　写实的漫画风格画面

漫画结束后，两个小伙伴坐在泳池旁的凳子上分享食物，其中一个说自己昨天没吃完的巧克力不见了，打算去找找，镜头也跟着这位小伙伴转移，如图6-3所示，在镜头转移过程中出现了晓奇测试游泳速度的画面，教练含蓄地告诉晓奇要是还想游泳就回家再和妈妈商量。晓奇却不愿意，她心怀一丝不满地沉入水中，一直练习到晚上。这部分讲述了晓奇与妈妈之间的矛盾，以及游泳馆内的训练日常，为第二部分故事的发展做了铺垫。

第二部分一开始，晓奇便通过内心独白的方式表现了自己想要继续游泳的愿望。但要想让妈妈同意自己继续游泳，晓奇必须让自己的游泳成绩达标并获得参加全国比赛的资格，因此她天天训练到很晚。而就在晓奇努力训练时，妈妈却发送语音消息责问晓奇为什么不去上补习班，母女间矛盾趋于明朗。同时，晓奇与保洁阿姨之间也发生了一段“化敌为友”的趣事，保洁阿姨管理日常泳池清洁，晓奇误认为这是在故意为难大家，如图6-4所示，带头与保洁阿姨发生了冲突，但晓奇身体不适时，才发现原来保洁阿姨在暗地里默默关心她，悉心照顾她。

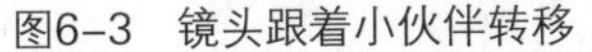

图6-3 镜头跟着小伙伴转移

图6-4 晓奇希望保洁阿姨不用喇叭

夜晚，晓奇看到保洁阿姨在泳池里游泳，如图6-5所示，发现原来保洁阿姨也是一个游泳健将，这也更加激励了她继续练习游泳的决心。但妈妈不同意，想强行将晓奇带走，矛盾陷入白热化。在场的人们纷纷参与解围，一位小伙伴负责劝说晓奇妈妈，保洁阿姨则鼓励晓奇大胆地与妈妈沟通，如图6-6所示。最后，保洁阿姨走过来，提出与伙伴们进行跨年龄组的比试。第二部分明确了晓奇想要继续游泳的决心，展示了晓奇付出的努力，聚焦了母女之间的矛盾，突出了短视频的主题——学会沟通。

图6-5 保洁阿姨游泳的画面

图6-6 保洁阿姨鼓励晓奇

第三部分由晓奇的测试画面引入，教练、小伙伴们、保洁阿姨都在一旁为晓奇加油，而晓奇也终于测试达标，并得到了妈妈的同意（妈妈叮嘱晓奇不能空腹下水），如图6-7所示。短视频最后，小伙伴们一起在水下嬉戏，如图6-8所示。最后的演员表则以水纹波动的泳池作为背景。这一部分告诉用户努力会带来回报，而良好的沟通能赢得对方的理解，升华了短视频的主题。

图6-7 妈妈叮嘱晓奇

图6-8 小伙伴们一起在水下嬉戏

2. 拍摄手法分析

《泳往春天》使用了大量全景、中景、近景、特写等景别，拍摄了晓奇、小伙伴、保洁阿姨，展示了不同人物的性格，强化了故事内容；在拍摄镜头上，多采用固定镜头、运动镜头、主观镜头、俯视镜头和仰视镜头，加强了用户的代入感。

短视频开篇就采用了中景景别、移动镜头和主观镜头，引出了故事的主角——晓奇，以及晓奇的困扰——妈妈不在意晓奇的意见。例如，短视频开篇（见图6-9），采用全景景别和主观镜头拍摄晓奇在水下看妈妈的画面，突出了妈妈的强势，为后续情节晓奇不敢与妈妈交流自己的想法，从而被妈妈误会铺垫。在拍摄游泳镜头时，采用了运动镜头、俯视镜头，从不同方位拍摄了小伙伴们的游泳画面（见图6-10），展示了游泳的魅力，使用户更容易理解晓奇想要继续游泳的心情。

图6-9　晓奇在水下看妈妈的画面

图6-10　小伙伴们的游泳画面

在保洁阿姨第一次出场时（见图6-11），采用了全景景别和推镜头，从正面拍摄了阿姨突然出现在小伙伴身后的画面，通过小伙伴的举动，突出小伙伴与阿姨之间的冲突，树立了阿姨严肃的形象。晓奇测试游泳时，采用了全景、中景、近景和特写景别，以及运动镜头、摇镜头、固定镜头，拍摄了晓奇游泳不合格的一系列画面。图6-12所示为教练委婉告诉晓奇不合格后的特写镜头，展现了晓奇的无措、委屈。

图6-11　保洁阿姨出现在小伙伴身后的画面

图6-12　晓奇的特写镜头

第二部分开始（见图6-13），采用了全景、中景和近景景别，以及运动镜头、固定镜头，拍摄了拿篮球的小伙伴和晓奇告别、晓奇下决心继续游泳的画面，再一次展现晓奇的无助和晓奇对游泳的热爱。在拍摄晓奇夜晚独自训练时（见图6-14），采用了全景、中景、近景和特写景别，以及运动镜头和固定镜头，拍摄了晓奇刻苦训练的画面，及手机在岸边响起的画面，突出了晓奇坚定游泳的恒心，而岸边突然响起提示音的手机，则展示了晓奇妈妈与晓奇的冲突——晓奇妈妈希望晓奇专心学习。

图6-13　晓奇下决心继续游泳的画面

图6-14　晓奇夜晚独自训练的画面

在拍摄晓奇误认为保洁阿姨故意为难大家并与保洁阿姨发生冲突时（见图6-15），采用了全景、近景和特写景别，以及运动镜头、仰视镜头，拍摄了小伙伴围观阿姨的收纳箱的画面，突出了晓奇与阿姨的冲突，为后续剧情做了铺垫，并增强了戏剧性。在拍摄阿姨深夜游泳时（见图6-16），采用了远景、近景、中景和特写景别，以及运动镜头、俯视镜头和固定镜头，分别从阿姨的角度和晓奇的角度拍摄了阿姨游泳的画面，为后续阿姨鼓励晓奇、与小伙伴跨年龄比赛做了铺垫，丰富了保洁阿姨的人物形象。

图6-15 小伙伴围观收纳箱的画面

图6-16 晓奇看到阿姨游泳的画面

在拍摄晓奇训练时（见图6-17），采用了全景、远景、中景、近景和特写景别，以及运动镜头、固定镜头和俯视镜头，拍摄了晓奇为游泳达标做出的努力，再一次体现了晓奇对游泳的热爱，并加强了晓奇的人物形象。在拍摄阿姨安慰晓奇时（见图6-18），采用了近景和中景景别，以及运动镜头、固定镜头，突出了晓奇的无助，解释了阿姨夜间游泳的真相，再一次丰富了人物形象。

图6-17 晓奇训练的画面

图6-18 阿姨安慰晓奇的画面

此外，在拍摄《泳往春天》时，演员还多次手持华为Mate 30 Pro，从演员的角度拍摄视频画面，加强了用户的代入感。

小贴士

为保证画面质量，拍摄时还使用了手机兔笼固定手机。图6-19所示为手机兔笼，图6-20所示为《泳往春天》使用手机兔笼拍摄的画面。

图6-19 手机兔笼

图6-20 使用手机兔笼拍摄的画面

3. 剪辑手法分析

《泳往春天》在开篇采用了J Cut的剪辑手法，先以晓奇的旁白声音引入晓奇在水下的形象，交代了故事背景，使晓奇的出现更加合情合理。在大量游泳画面之间则采用了动作剪辑，在不同角度、不同人物的游泳动作之间切换，全面地展现了游泳的姿态，加强了用户的视觉体验。总体来说，《泳往春天》采用了标准剪辑的手法，将整个故事按时间顺序剪辑，讲述了一个完整的故事，提高了短视频的流畅度。

《泳往春天》多采用无技巧转场，利用心理内容的相似性转场，如晓奇被篮球砸入水里被救上来之后，紧接着就是小伙伴们围在晓奇旁边的画面；利用空镜头转场，如保洁阿姨提出跨年龄组比试后，就利用黑屏转场到晓奇游泳考核的画面。这些无技巧转场使不同短视频内容的衔接更加自然，使故事的发展更加合理。此外，《泳往春天》也有不少漫画画面，这些漫画画面利用了滑动的技巧转场，提升了画面的节奏感。

《泳往春天》采用了大量活泼的BGM，录制了跳水、游泳、演员间交流的声音，丰富了短视频的内容，帮助用户更好地了解短视频背景。在台词设置方面，《泳往春天》多处采用了前后呼应的方法，加强了短视频内容的连贯性。

↘ 6.1.2 实训：使用手机拍摄短视频《小确幸》

本实训要求围绕生活中经常发生的、能让人感到幸福和满足的小事，如好吃的零食、精彩的电视剧、可爱的宠物等，使用手机拍摄并制作属于自己的短视频《小确幸》。

1. 组建短视频团队

拍摄该短视频可以组建一个中型团队，共4人，成员组成和角色分工如下。

- **导演**：导演的主要工作是统筹所有拍摄工作，主要是根据短视频脚本完成短视频拍摄，并在现场进行人员调动，把控短视频的拍摄节奏和质量。
- **主角**：主角是短视频内容的主要演员，在该短视频中有女主角一名。
- **摄像**：摄像的主要工作是拍摄短视频，提出拍摄计划，布置拍摄现场的灯光，需要对短视频内容的成片效果负责。
- **剪辑**：剪辑的主要工作是后期剪辑、制作短视频成片，把控短视频的成片效果。

小贴士

导演、摄像、剪辑等短视频创作团队的成员，在不同短视频团队中分工相同，因此后续实训内容中均不再赘述。

2. 撰写短视频脚本

撰写短视频脚本，需要明确短视频的内容主题。本实训拍摄题目为“小确幸”，根据这个题目，可以拍摄一个与日常生活有关的短视频。完成后的分镜头脚本如表6-1所示。

3. 准备拍摄器材

由于本短视频主要场景在室内，所以使用手机拍摄，另外还准备了稳定器。

表6-1 《小确幸》分镜头脚本

镜号	景别	拍摄方式	画面内容	画外音	音效和BGM	时长
1	近景转全景	侧面拍摄，移动镜头	女主角眺望家中窗外的风景	生活就是生命的展示，需要我们真诚和热烈地拥抱它	流行的BGM	6s
2	近景转特写	正面拍摄	女主角慢慢转过头，对着镜头灿烂地微笑	生活的美好和温暖，来自于日常拥有的无数个“小确幸”	展现青春的BGM	5s
3	近景转中景	正面拍摄，拉镜头	女主角坐着沙发上惬意地吃零食	吃一些自己喜欢的零食	流行的BGM	3s
4	中景	正面拍摄，固定镜头	女主角突然吃到一个变味的零食，向外吐		流行的BGM	5s
5	中景	侧面拍摄，固定镜头	女主角看电视，又笑又哭	追一些感动自己的电视剧	流行的BGM	5s
6	中景	侧面拍摄，固定镜头	女主角一激动，从沙发上摔到地上		流行的BGM	3s
7	中景	侧面拍摄，固定镜头	女主角在做菜，姿势专业且优美	做一些自己爱吃的菜	流行的BGM	8s
8	中景转特写	正面拍摄，固定镜头	一盘焦黑难以辨认的菜		流行的BGM	1s
9	特写	正面拍摄，固定镜头	女主角家中养了一只狗	养一只可爱但不怎么爱遛弯儿的萌宠	流行的BGM	3s
10	中景	背后拍摄	女主角用绳子拉狗出门		流行的BGM	5s
11	近景	正面拍摄	女主角对着狗微笑，再对着镜头微笑	这些“小确幸”会让我们更加热爱自己的生活	流行的BGM	4s

- **手机**：型号为华为Mate 30 Pro，ROM容量为256GB，如图6-21所示。
- **稳定器**：采用智云Crane云鹤3 LAB单反图传稳定器手持拍摄。
- **灯光设备**：主要以室内灯光作为主光，并配合斯丹德LED-416补光灯和金贝110cm五合一反光板。

图6-21 摄像手机

4. 设置场景和准备道具

根据短视频脚本设置场景和准备道具，这两项都比较简单。

●场景：该短视频中的场景全部都在室内，涉及场景有窗边、沙发、厨房、玄关。

●道具：道具包括零食、锅、锅铲、碗、菜、狗等。

5. 现场布光

根据客厅的光照强度选择顺光拍摄，并在拍摄对象侧方使用补光灯增强主角的立体效果，另外，还需打开室内的灯光。

6. 设置拍摄参数

在拍摄短视频前，设置手机的拍摄参数，主要包括视频拍摄模式、闪光灯开/关。这里将视频拍摄模式设置为“1080p HD，60fps”，并关闭闪光灯。

7. 拍摄视频素材

根据撰写的短视频脚本拍摄短视频，拍摄与其相对应的视频素材。另外，拍摄过程中注意景别的变化和镜头的运用，主要运用突出拍摄主体的构图方式。图6-22所示为拍摄的视频素材。

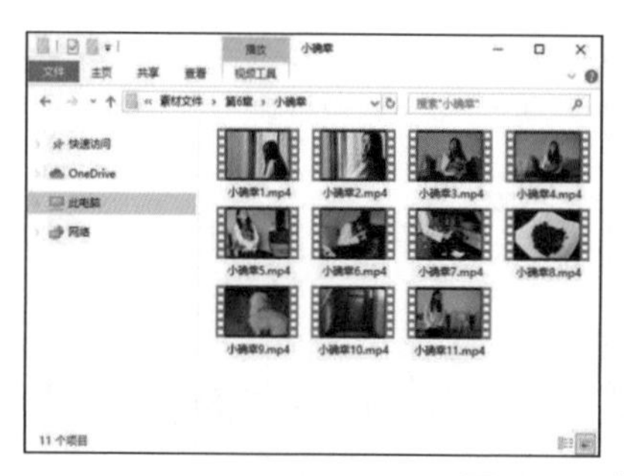

图6-22　拍摄的视频素材

8. 导入和裁剪视频素材

首先将素材文件导入剪映中，并删除多余的视频画面，然后为短视频的开头和结尾设置特效，其具体操作步骤如下。

导入和裁剪视频素材

① 打开剪映App，点击“开始创作”按钮，打开手机资源库，在视频菜选项卡中点击　“小确幸1.mp4”视频素材（配套资源：\素材文件\第6章\小确幸\小确幸1.mp4），在打开的界面中预览视频素材，如图6-23所示，点击“裁剪”按钮。

② 展开“裁剪”窗格，在视频轨道中拖动右侧的滑块裁剪视频，将视频时长缩短为“6.0s”，点击“确定”按钮，如图6-24所示。

③ 返回手机资源库界面，该视频素材已经被裁剪并选中，点击“添加”按钮，如图6-25所示，打开剪映的短视频编辑界面，该裁剪好的视频已经被添加到编辑窗格的视频轨道中。

④ 将时间线定位到添加的视频素材最后，点击编辑窗格右侧的“添加视频”按钮，然后用同样的方法裁剪“小确幸2.mp4”视频素材（配套资源：\素材文件\第6章\小确幸\小确幸2.mp4），左侧滑块选取“1.6s”，右侧滑块选取“0.4s”，并将其添加到视频轨道中。

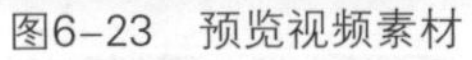

图6-23　预览视频素材

图6-24　裁剪视频

图6-25　导入视频

⑤ 用同样的方法裁剪其他视频素材（配套资源：\素材文件\第6章\小确幸\），并将其依次添加到视频轨道中，完成导入和裁剪视频素材的操作。各个素材的裁剪时间选取情况如下：“小确幸3.mp4”的左侧滑块选取“0.7s”，右侧滑块选取“2.0s”；“小确幸4.mp4”的左侧滑块取“2.4s”，右侧滑块选取“0.5s”；“小确幸5.mp4”的右侧滑块选取“1.2s”；“小确幸6.mp4”的左侧滑块选取“7.5s”，右侧滑块选取“1.3s”；“小确幸7.mp4”的右侧滑块选取“8.5s”；“小确幸9.mp4”的左侧滑块选取“4.1s”，右侧滑块选取“0.8s”；“小确幸10.mp4”的左侧滑块选取“6.0s”；“小确幸11.mp4”的左侧滑块选取“1.4s”，右侧滑块选取“1.3s”。

⑥ 将时间线定位到视频开始位置，在下面的工具栏中点击“特效”按钮，展开“特效”窗格，点击“基础”选项卡，在下面的列表框中选择“变清晰”选项，点击“确定”按钮，为短视频开头添加“变清晰”特效，如图6-26所示。

⑦ 将时间线定位到“00:47”的位置，用同样的方法为其添加“渐隐闭幕”特效，如图6-27所示，完成导入和裁剪视频素材的操作。

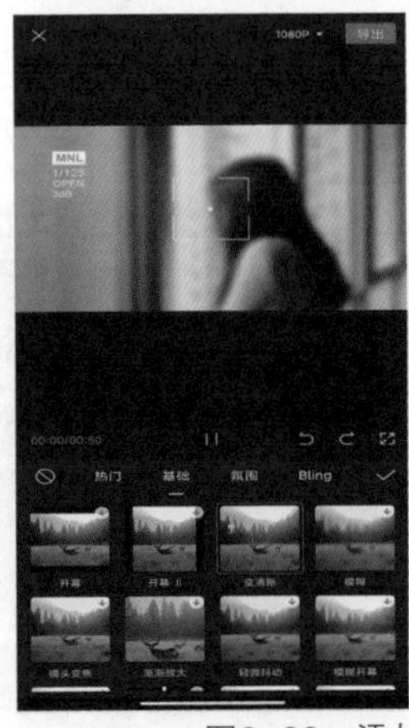

图6-26　添加“变清晰”特效

图6-27　添加“渐隐闭幕”特效

9. 调色

接下来是为短视频调色。由于短视频的主要内容偏向情感，这里通过应用颜色比较明亮的滤镜和暖色调的滤镜，打造短视频温暖的氛围，其具体操作步骤如下。

调色

① 将时间线定位到已裁剪的视频素材中任意位置，返回剪映的编辑界面中，在下面的工具栏中点击“滤镜”按钮，展开“滤镜”窗格，在“精选”选项卡中选择“自然”选项，点击“确定”按钮，如图6-28所示。

② 在编辑窗格中拖动“自然”滤镜左右两侧的滑块，将其时长设置为与整条短视频相同，为短视频应用该滤镜，如图6-29所示。

③ 点击“返回”按钮，返回“滤镜”工具栏，点击“新增滤镜”按钮，展开“滤镜”窗格，用同样的方法添加“质感”选项卡中的“午后”滤镜，并调整时长，如图6-30所示，完成视频素材的调整操作。

图6-28 添加滤镜

图6-29 设置时长

图6-30 继续添加滤镜

10. 添加BGM和旁白

虽然剪映无法分离视频中的音频，但可以关闭视频原声，并为短视频添加BGM和旁白，其具体操作步骤如下。

添加 BGM 和旁白

① 在编辑窗格最左侧，单击“关闭原声”按钮，关闭该短视频的原声，效果如图6-31所示。

② 在编辑窗格中，点击下面工具栏中的“音频”按钮，在展开的窗格中点击“音乐”按钮，打开“添加音乐”界面，在上方的搜索框中输入“melancholy”，点击“搜索”按钮，在结果页面选择第2个选项，点击右侧的“下载”按钮，下载完毕后，再点击“使用”按钮，如图6-32所示。

③ 选中音频文件，分别在“00:02”“00:52”位置点击“分割”按钮，分割音频文件，删除第一段和最后一段音频，移动音频文件的位置，如图6-33所示。

图6-31　关闭原声

图6-32　选择音频文件

图6-33　剪辑音频

④ 点击下方“录音”按钮，再按住界面中的“按住录音”按钮，为短视频录制旁白，效果如图6-34所示。

⑤ 点击视频下方的“播放”按钮，试听旁白的效果，此时，若音频文件的声音较大，旁白的声音较小，则可选中音频文件，点击下方“音量”按钮，向左拖动滑块至“50”，调小音量，点击“确认”按钮，如图6-35所示。

⑥ 选中录音文件，点击下方“音量”按钮，向右拖动滑块至“130”，调大旁白音量，点击“确认”按钮，如图6-36所示，完成添加BGM和旁白的操作。

图6-34　添加旁白

图6-35　调小音量

图6-36　调大音量

11. 添加字幕

接下来为剪辑的短视频添加字幕，这里需要先设置视频比例，然后为短视频添加字幕，其具体操作步骤如下。

① 在剪映编辑界面下面的工具栏中点击“比例”按钮，在打开的工具栏中选择“16 : 9”选项，如图6-37所示。

② 在工具栏中点击“文本”按钮，打开“文本”工具栏，点击“识别字幕”按钮，弹出“自动识别字幕”对话框，点击“开始识别”按钮，如图6-38所示。

③ 字幕识别完成后，视频素材下方将会显示字幕，如图6-39所示。

图6-37　设置画面比例

图6-38　自动识别字幕

图6-39　显示字幕

④ 查看并选中需要修改的字幕，在下方工具栏中点击“批量编辑”按钮，如图6-40所示。

⑤ 在打开的页面中点击需要修改的字幕，打开如图6-41所示的界面，修改字幕内容并点击“确认”按钮，效果如图6-42所示。

图6-40　批量编辑字幕

图6-41　修改字幕

图6-42　修改完的字幕

12. 制作封面

本例中直接使用视频中的帧画面作为封面，其具体操作步骤如下。

① 在编辑窗格最左侧点击“设置封面”按钮，如图6-43所示。

② 打开设置封面的界面，在编辑窗格中将时间线定位到需要作为封面的短视频画面位置，点击“添加文字”按钮，在打开窗格的文本框中输入“小确幸”文本，然后设置文本样式，点击“确定”按钮，拖动文字到合适的位置并调整大小，点击“保存”按钮，如图6-44所示。

③ 播放预览剪辑后的短视频效果，然后点击右上角的“导出”按钮，导出剪辑好的短视频，如图6-45所示，完成整条短视频的剪辑操作（配套资源：\效果文件\第6章\小确幸.mp4）。

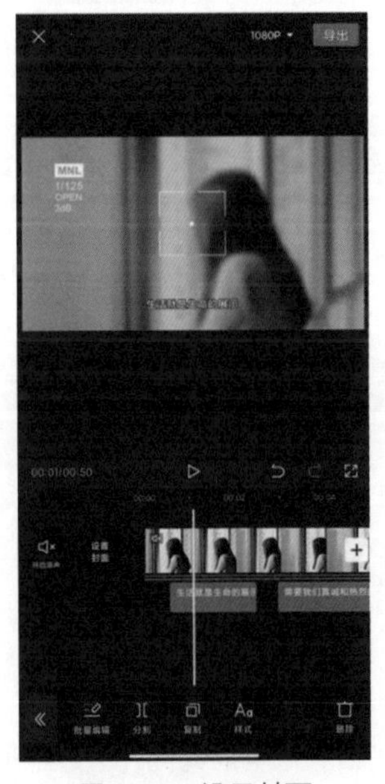

图6-43　设置封面

图6-44　设置封面效果

图6-45　导出短视频

13. 发布短视频

整条短视频制作完成后，就可以将短视频传送并保存到手机中，选择合适的平台发布。这里选择发布在微博平台，其具体操作步骤如下。

① 打开微博App，在首页点击右上角的“发布”按钮，选择“视频”选项，在打开的“视频”页面中，点击导出的短视频，点击“下一步”按钮，如图6-46所示。

② 打开“发微博”页面，设置微博的“标题”“合集”等信息，如图6-47所示，点击“发送”按钮。

③ 短视频发布成功后，将显示在微博平台上，如图6-48所示。

图6-46　选择短视频

图6-47　设置发布信息

图6-48　发布后的效果

6.2　微电影短视频

在现代社会，人们的生活节奏较快，往往更愿意利用碎片化的时间娱乐放松。微电影短视频正是抓住了人们的这种碎片化需求，用相对较短的时间讲述一个完整的故事，输出人们感兴趣的内容。

↘ 6.2.1　温情三幕剧微电影《啥是佩奇》

《啥是佩奇》是张大鹏导演执导的贺岁片《小猪佩奇过大年》的先导片，讲述了爷爷李玉宝为迎接孙子天天回村过年，在全村寻找“佩奇”的故事。该短视频拍摄了大量农村生活的画面，真实地展示了农村生活，加深了用户对李玉宝期盼儿孙回家的共情，引发了大量用户的共鸣。

1. 脚本分析

《啥是佩奇》的脚本分为4个部分。第一部分是李玉宝在山头打电话询问儿子过年回家的场景，引出了后续故事；第二部分为李玉宝询问什么是佩奇的一系列故事，通过荒诞的寻找情节及制作“佩奇”的情景，突出了老人对孙子的宠爱及对儿孙过年回家的期盼；第三部分为李玉宝没等到儿子回家，最后被儿子接入城里的情节，以戏剧性的转折抓住了用户的眼球；第四部分引入短视频的主题，号召用户在春节和家人一起看《小猪佩奇过大年》。

第一部分以重叠的山峦镜头切入，一部老旧的翻盖手机从屏幕左下角伸出，左右摆动着，镜头逐渐拉远，爷爷李玉宝出现在画面中，询问儿子过年什么时候回家，却发现电话那头是3岁的小孙子天天，于是问天天想要什么，得知天天想要佩奇。李玉宝不知道佩奇是什么，但这时电话信号已经变弱，李玉宝听不见天天的话。镜头拉远，短视频的名字出现在画面正中央，如图6-49所示。李玉宝这才发现手机天线掉了，无法再与外界沟通，这为后续第3部分再次给儿子打电话埋下了伏笔。这部分内容解释了短视频标题的来源，加强了后续故事情节的合理性。

第二部分从李玉宝在字典上查“佩奇”的画面引入，再接入李玉宝口头问村里的小朋友、发广播询问全村村民“什么是佩奇”的情景，突出独居老人的无助。然后一位放羊的村民拿着智能手机展示了他查到的“佩奇”，李玉宝否认了该答案并希望该村民继续帮忙搜索，如图6-50所示，但村民拒绝了。

图6-49　短视频名字出现在画面中央

图6-50　李玉宝希望村民继续帮忙搜索

后来，李玉宝还去了杂货铺里买了佩琪洗发水，如图6-51所示，找到了名叫佩奇的拖拉机司机，甚至还询问了下棋的村民。终于，一名村民告诉李玉宝，老三媳妇在北京给人当过保姆，一定知道佩奇是什么。于是，李玉宝连夜去了老三家，得知佩奇就是动画片中的一只小猪，和鼓风机长得很像。于是李玉宝开始模仿鼓风机的形状自己动手制作“佩奇”，如图6-52所示。这部分内容展现了一个农村老人为满足孙子心愿做出的努力，通过喜剧性的情节，加强了故事情节的冲突性，更能引人深思。

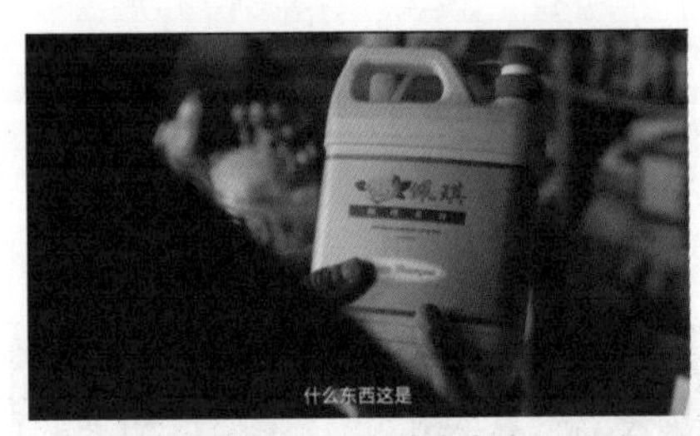

图6-51　佩琪洗发水

图6-52　自己制作“佩奇”

第三部分以临近过年，李玉宝独守家中的画面开始，刻画了没有等到儿子的孤寂老人形象。后来，李玉宝终于找到了自己遗落的手机天线，给儿子打通了电话，但得到的是儿子今年不回来的消息。就在李玉宝孤独地走在回乡的路上之时，儿子开车把李玉宝带去了城里过年。吃饭时，李玉宝拿出了自己给孙子的礼物——一个用鼓风机制作的佩奇，如图6-53所示。这部分故事有较强的现实意味——外出的儿子因各种原因无法归乡，也有戏剧性的转变——儿子接父亲进城过年，提升了短视频的吸引力，为后续引出短视频主题奠定了基础。

第四部分，儿子带着一家人喜气洋洋地去看了有关佩奇的电影，而在农村老家，放羊的村民也兴奋地通过电话告诉李玉宝自己找到了真正的佩奇，李玉宝得意地回复说不用麻烦了，自己已经找到了佩奇。短视频结尾的画面中，一条横幅——“大年初一不收礼 全家进城看佩奇”十分醒目，如图6-54所示，突出了核心主题。这部分是短视频的收尾部分，通过李玉宝与儿孙团聚的热闹场面，将《小猪佩奇过大年》这部电影与团圆主题相关联。

图6-53　用鼓风机制作的佩奇

图6-54　村里的横幅

2．拍摄手法分析

《啥是佩奇》的视频画面贴近现实生活，提升了用户的代入感。在拍摄时运用了远景、全景、中景、近景、特写等景别，大量采用固定镜头和运动镜头，包括拉镜头、跟镜头、推镜头、摇镜头等。

例如，短视频开篇就以远景镜头展现了李玉宝所在的地方——偏远农村，然后以特写镜头展示了李玉宝使用的老式翻盖手机，再使用近景景别，聚焦李玉宝打电话的场景，然后采用了拉镜头逐渐表现出本片主人公——李玉宝在空旷的山顶上打电话的情景，突出了李玉宝打电话的不易，塑造了一个期望儿孙回家过年的老人形象。

该短视频在表现李玉宝查字典时采用了固定镜头和特写景别（见图6-55），突显了一个独居老人对儿孙的期盼；在表现李玉宝询问小孩子时，采用了跟镜头和中景景别（见图6-56），展示了李玉宝的无助，让人分外心酸；在表现李玉宝询问下棋村民时，采用了摇镜头和中景景别，引导用户移动视线——从象棋转移到下棋村民再转移到李玉宝；在表现李玉宝制作“佩奇”时，采用了固定镜头，从不同方位拍摄了全景（见图6-57）、中景、近景（见图6-58）、特写等景别，全方位展现了李玉宝对满足孙子心愿的执着。

图6-55　李玉宝查字典的画面

图6-56　李玉宝询问小孩子的画面

图6-57　李玉宝制作“佩奇”的全景画面

图6-58　李玉宝制作“佩奇”的近景画面

3. 剪辑手法分析

《啥是佩奇》采用标准剪辑，按照时间顺序给用户讲述了一个农村独居老人为迎接孙子回家过年不断努力的故事，加强了短视频内容的流畅度。此外，该短视频还采用了L Cut和交叉剪辑手法。例如，李玉宝来到城里儿子家拿出佩奇时的音效就一直延续到了一家人去看电影的画面，使视频衔接更加自然；李玉宝在制作“佩奇”时，画面不断在锯木头、焊接、询问老三媳妇等场景间切换，加强了短视频的节奏感。

《啥是佩奇》多采用无技巧转场。不同场景之间多采用空镜头转场，即采用黑屏的方式转场；在同一场景中则采用特写转场，通过不同的运镜手法展现拍摄的不同景别。

《啥是佩奇》多采用现场录音，包括寒风呼啸的声音、动物的叫声、拖拉机的声音、唢呐的声音、切菜的声音，以及演员对话的声音等，加强了短视频的真实感、朴实感，也更能抓住用户的心。该短视频只在片尾李玉宝拿出“佩奇”之后，才配上了欢乐、快节奏的BGM，既突出了一家人看到“佩奇”时的惊讶，又突出了欢乐的氛围。

↘ 6.2.2　实训：创作微电影短视频《父母的世界》

父母与子女的关系是人们一直十分关注的问题，不同的人对这个话题的看法不同。本实训要求围绕父母与子女的关系，创作一部微电影短视频《父母的世界》。

1. 组建短视频团队

拍摄该短视频可以组建一个大型团队，共8人，由导演、主角、配角、摄像和剪辑等成员组成。主角和配角角色分工如下。

- **主角：**主角是短视频内容的主要演员，该短视频有男主角一名。
- **配角：**配角是短视频内容的次要演员，该短视频配角是男主角的朋友，有4人。

2. 撰写短视频脚本

撰写短视频脚本，需要明确短视频的内容主题。本实训拍摄题目为“父母的世界”，根据这个题目，可讲述一个发生在父母与子女之间的故事。完成后的分镜头脚本如表6-2所示。

表6-2　《父母的世界》分镜头脚本

镜号	景别	拍摄方式	画面内容	字幕	BGM	时长
1	近景	侧面拍摄，固定镜头	儿子给妈妈发微信	微信内容：妈，今年公司很忙，过年可能要加班，回不来了		4s
2	近景	正面拍摄，固定镜头	儿子在KTV唱歌，十分高兴		愉快的BGM	5s
3	近景	正面拍摄，固定镜头	儿子和朋友们喝酒，一脸欢乐		愉快的BGM	6s
4	中景	侧面拍摄	儿子和朋友们一边喝酒一边聊天，十分开心		愉快的BGM	6s

续表

镜号	景别	拍摄方式	画面内容	字幕	BGM	时长
5	中景	侧面拍摄，固定镜头	儿子手机亮了，收到一条微信，儿子拿起手机查看微信		BGM转温馨低沉	4s
6	近景	侧面拍摄，固定镜头	屏幕上显示微信内容，儿子表情逐渐凝重	微信内容：好的，儿子，在外面不要省钱，吃好点。 妈妈想你了，有时间给妈妈发个视频	BGM转温馨低沉	6s
7	中景	侧面拍摄，固定镜头	儿子突然有点心神不宁，拿起手机给妈妈发了一条微信	微信内容：妈，爸呢？	BGM转温馨低沉	6s
8	近景	侧面拍摄，固定镜头	儿子有点期待，拿着手机等待微信，很长时间也不见回复		BGM转温馨低沉	6s
9	近景	正面拍摄，固定镜头	收到回复，儿子急忙查看		BGM转温馨低沉	6s
10	近景转特写	正面拍摄，推镜头	儿子看到微信内容，流泪	微信内容：你爸以为你要回来，每天都去火车站等你，不过你放心，他每次都穿着你给他买的羽绒服，一点都不冷		8s
11	特写	侧面拍摄，移动镜头	一双脚在路上飞奔		BGM转高潮	8s
12	黑屏	白字		文字：对于你来说，父母是生活的一部分，但对父母来说，你就是他们的全世界		4s
13	黑屏	白字		文字：现在回家，陪陪这个世界上最爱你的两个人		4s

3. 准备拍摄器材

本短视频主要场景在室内，使用相机拍摄，另外还准备了稳定器和滑轨。

- **相机**：型号为松下DC-GH5SGK-K微单相机，镜头为松下标准变焦12-35mm

F2.8二代镜头，如图6-59所示。

- 稳定器：采用智云Crane云鹤3 LAB单反图传稳定器。
- 滑轨：采用至品创造Micro2单反相机滑轨，如图6-60所示。

图6-59　相机和镜头

图6-60　滑轨

4. 设置场景和准备道具

接下来根据短视频脚本设置场景和准备道具。

- 场景：该短视频中的场景大多在室内，只有片尾部分在室外，只需租借一个KTV包间即可。
- 道具：道具包括话筒、手机、水杯等。

5. 现场布光

该短视频主要场景在KTV包间中，布光太强容易导致失真，降低短视频的真实感，因此，直接使用KTV自带的室内光即可。在拍摄室外场景时，选择光线较好的地方即可，无须刻意布光。

6. 设置拍摄参数

在拍摄短视频前，设置相机的拍摄参数，主要设置快门、对焦、分辨率等，并关闭闪光灯，如图6-61所示。

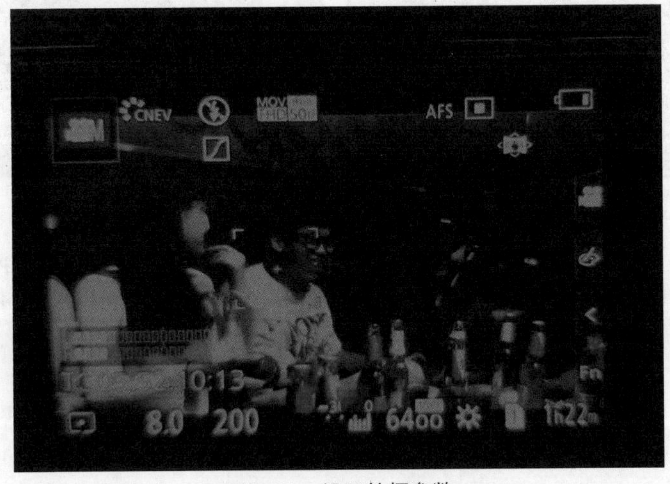

图6-61　设置拍摄参数

7. 拍摄视频素材

根据撰写的短视频脚本拍摄短视频，拍摄与脚本内容相对应的视频素材。另外，拍摄过程中注意景别的变化和镜头的运用，主要运用突出拍摄主体的构图方式。图6-62所示为拍摄的视频素材。

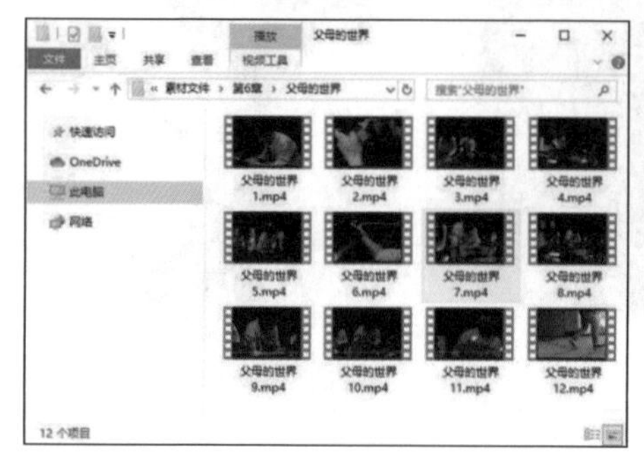

图6-62　拍摄的视频素材

8. 导入和裁剪视频素材

导入和裁剪视频素材

首先将素材文件导入Premiere中，裁剪并删除多余的视频画面，然后为短视频画面设置转场效果，其具体操作步骤如下。

① 在Premiere中新建项目，导入需要剪辑的视频素材（配套资源：素材文件\第6章\父母的世界\）到“项目”面板中，拖动“父母的世界1.mp4”到“时间轴”面板中。

② 在“节目”面板中预览视频素材，选择剃刀工具，单击时间线为“00:00:01:06”的位置，分割视频素材，如图6-63所示，选中不需要的视频素材，单击鼠标右键，在弹出的快捷菜单中选择“清除”命令，删除该段视频素材，效果如图6-64所示。

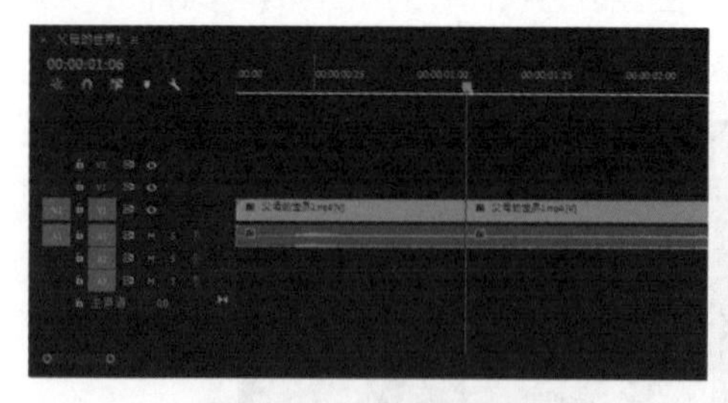

图6-63　分割视频素材

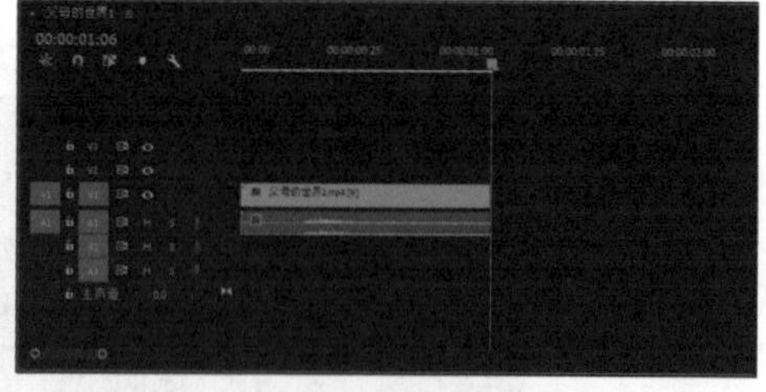

图6-64　删除视频素材后的效果

③ 拖动“父母的世界2.mp4”到“时间轴”面板中“父母的世界1.mp4”后，在时间线为“00:00:02:27”的位置分割视频素材，删除前一段视频素材，将剩余的“父母的世界2.mp4”视频素材拖动到“父母的世界1.mp4”后，如图6-65所示。在时间线为“00:00:05:39”的位置分割视频素材并删除后一段。

④ 使用同样的方法裁剪剩下的视频素材，其中，“父母的世界3.mp4”的分割位置分别为“00:00:06:40”和“00:00:11:05”，“父母的世界4.mp4”的分割位置分别为“00:00:12:00”和“00:00:17:46”，“父母的世界5.mp4”的分割

位置分别为“00:00:22:37”和“00:00:23:17”，“父母的世界6.mp4”的分割位置分别为“00:00:23:23”和“00:00:25:18”，“父母的世界7.mp4”的分割位置分别为“00:00:25:41”和“00:00:29:35”，“父母的世界8.mp4”的分割位置分别为“00:00:31:35”和“00:00:38:42”，“父母的世界9.mp4”的分割位置分别为“00:00:43:26”和“00:00:43:48”，“父母的世界10.mp4”的分割位置分别为“00:00:44:27”和“00:00:51:47”，“父母的世界11.mp4”的分割位置分别为“00:00:53:10”和“00:00:56:22”。完成裁剪后的“时间轴”面板如图6-66所示。

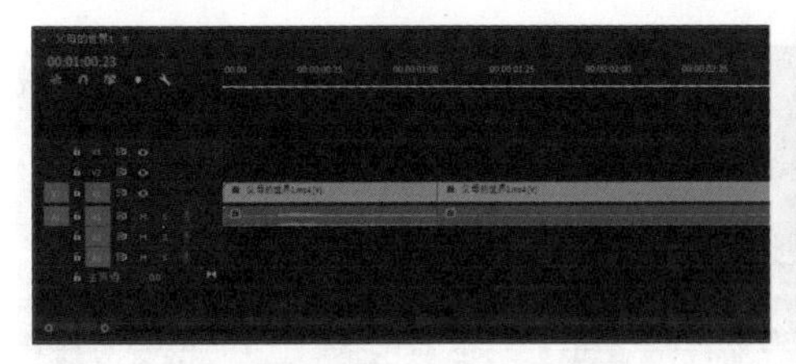
图6-65　拖动视频素材的位置

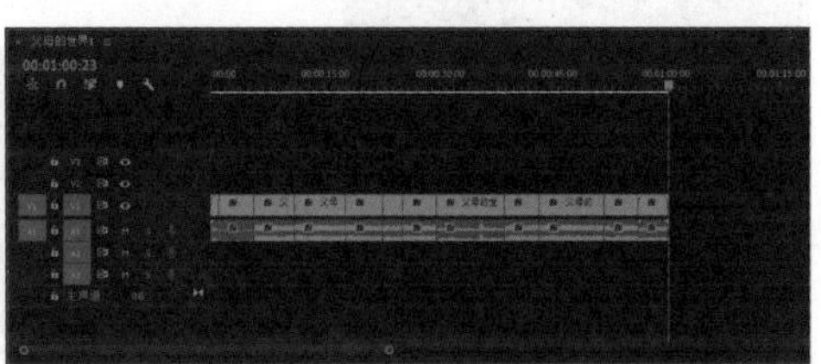
图6-66　完成裁剪后的“时间轴”面板

小贴士

需注意，在每次分割视频素材后，都应删除多余的视频素材并调整视频素材的位置。

⑤ 在“父母的世界1.mp4”和“父母的世界2.mp4”之间、“父母的世界5.mp4”和“父母的世界6.mp4”之间添加“交叉划像”转场；在“父母的世界2.mp4”和“父母的世界3.mp4”之间、“父母的世界8.mp4”和“父母的世界9.mp4”之间添加“菱形划像”转场；在“父母的世界3.mp4”和“父母的世界4.mp4”之间、“父母的世界6.mp4”和“父母的世界7.mp4”之间、“父母的世界9.mp4”和“父母的世界10.mp4”之间添加“盒型划像”转场；在“父母的世界4.mp4”和“父母的世界5.mp4”之间、“父母的世界7.mp4”和“父母的世界8.mp4”之间添加“圆划像”转场。添加转场后的“时间轴”面板如图6-67所示。完成导入和裁剪视频素材的操作。

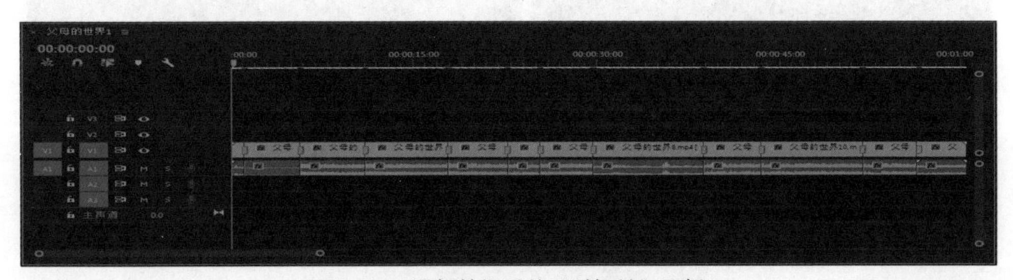

图6-67　添加转场后的“时间轴”面板

9. 调色

调色

接下来就是为短视频调色。短视频的主要场景在KTV包间内，光线较暗，因此需要调整视频画面的色调，其具体操作步骤如下。

① 依次将时间线定位到裁剪完毕的“父母的世界1.mp4”—“父母的

世界11.mp4”素材片段中，在“效果”面板中展开“Lumetri颜色”选项，单击“基本校正”栏中“色调”栏下方的“自动”按钮，如图6-68所示，调整视频画面的色调。

② 单击“节目”面板中的“播放”按钮，预览短视频效果，调色前后的画面对比效果如图6-69所示。

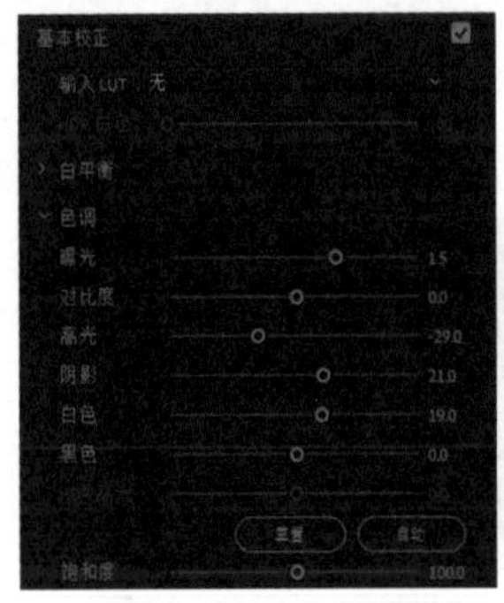

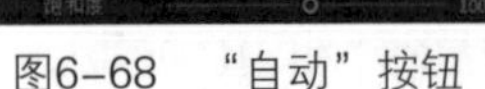

图6-68 “自动”按钮

图6-69 调色前后的画面效果对比

10. 添加字幕

接下来为剪辑的短视频添加字幕，这里由于需要输入的字幕不多，直接在Premiere中添加字幕，其具体操作步骤如下。

① 选择【文件】/【新建】/【颜色遮罩】菜单命令，打开“新建颜色遮罩”对话框，单击“确定”按钮；打开“拾色器”对话框，设置颜色为“#FFFFFF”，单击“确定”按钮；打开“选择名称”对话框，单击“确定”按钮。将颜色遮罩拖动到“时间轴”面板中时间线为“00:00:03:35”的位置，为颜色遮罩添加“裁剪”视频效果，在“效果控件”面板中设置裁剪参数，如图6-70所示，效果如图6-71所示。

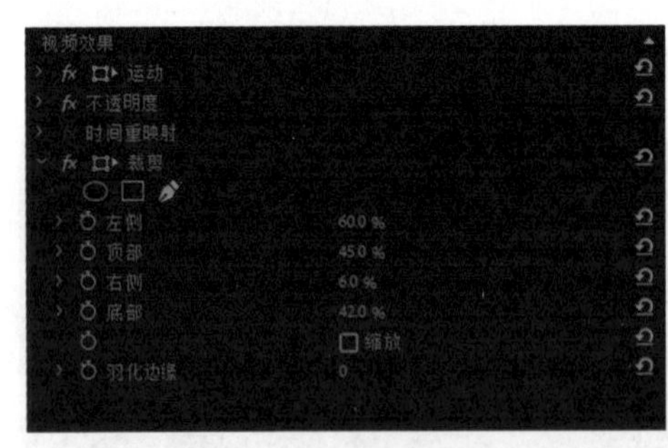

图6-70 设置裁剪参数

图6-71 完成颜色遮罩后的效果

② 选择文字工具，按住鼠标左键不放，在“节目”面板中的颜色遮罩上方绘制一个文本框，输入对应的字幕文本。在“效果控件”面板中设置文本格式，如图6-72所示，效果如图6-73所示。

③ 依次调整颜色遮罩和字幕的持续时间，使二者均在过渡效果前结束，如图6-74所示。

图6-72 设置文本格式

图6-73 添加字幕后的效果

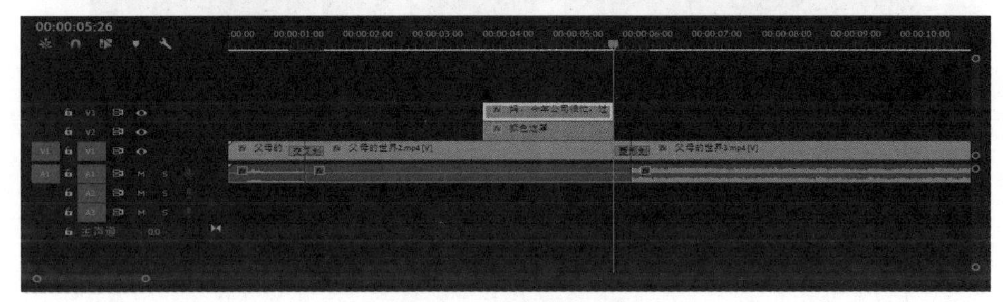

图6-74 调整持续时间

④ 新建一个颜色为“#95EC6B”的颜色遮罩1，拖动到时间线为“00:00:22:49”的位置，添加“裁剪”视频效果，设置裁剪参数。选择文字工具，在颜色遮罩上方绘制一个文本框，输入字幕文本并设置文本格式，效果如图6-75所示。

⑤ 依次将颜色遮罩1和字幕的结束时间调整到时间线为“00:00:25:06”的位置，如图6-76所示。

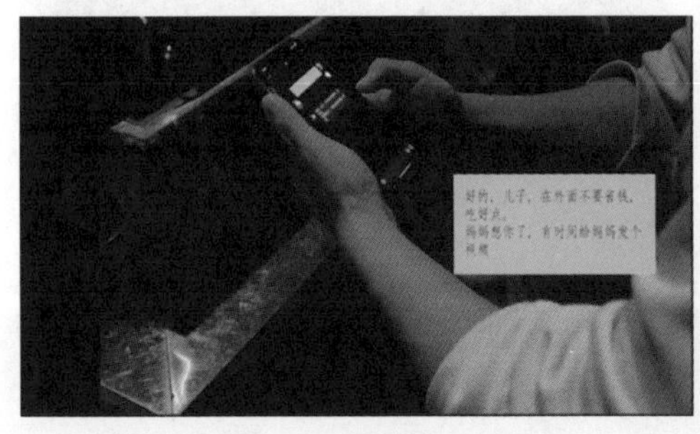

图6-75 添加字幕后的效果

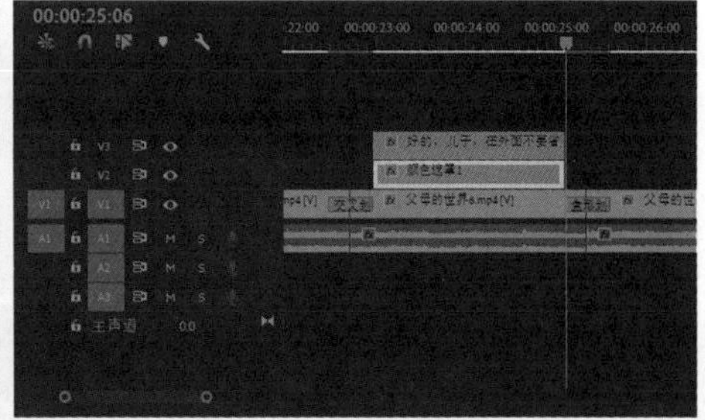

图6-76 调整结束时间

⑥ 使用相同的方法在时间线为“00:00:39:05”的位置添加颜色为“#FFFFFF”的颜色遮罩，设置裁剪参数并绘制文本框，输入字幕文本，如图6-77所示。依次将该颜色遮罩和字幕的结束时间调整到时间线为“00:00:42:30”的位置。

⑦ 使用相同的方法在时间线为“00:00:48:47”的位置添加颜色为“#95EC6B”的颜色遮罩，设置裁剪参数并绘制文本框，输入字幕文本，如图6-78所示。依次将该颜色遮罩和字幕的结束时间调整到时间线为“00:00:51:35”的位置。

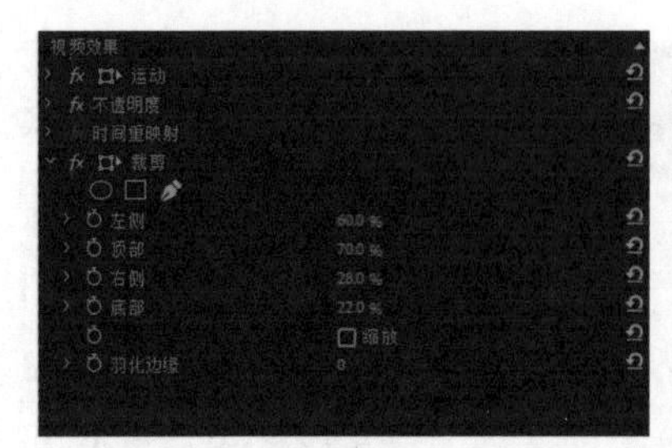

图6-77　裁剪参数与字幕效果

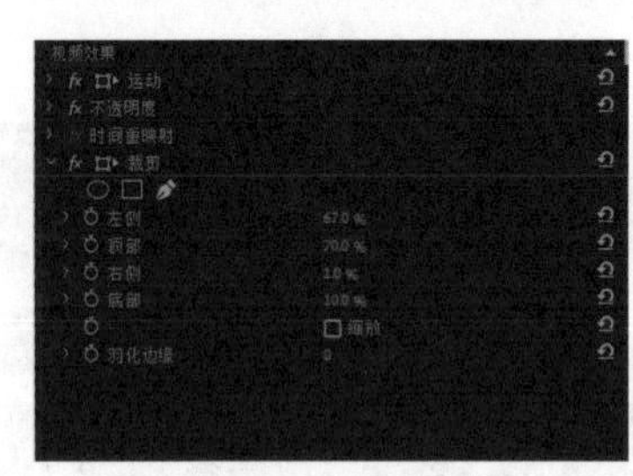

图6-78　裁剪参数与字幕效果

⑧ 将时间线定位到“00:01:00:24”的位置，选择文字工具，在“节目”面板中输入“对于你来说，父母是生活的一部分”，调整文本参数，如图6-79所示，效果如图6-80所示。将字幕的结束时间调整到时间线为“00:01:02:49”的位置。

图6-79　调整文本参数

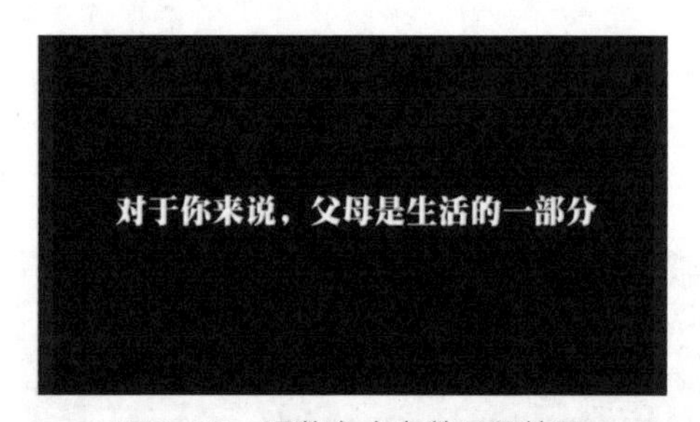

图6-80　调整文本参数后的效果

⑨ 使用相同的方法依次输入后续的字幕文本，并将结束时间依次调整到时间线为“00:01:05:25”“00:01:08:02”的位置，完成后的“时间轴”面板如图6-81所示，完成添加字幕的操作。

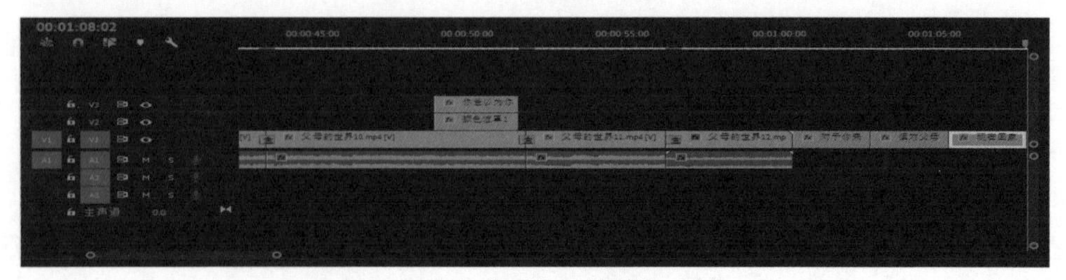

图6-81　完成后的“时间轴”面板

11. 添加BGM

该短视频在拍摄时有较多杂音，因此需要删除短视频原声，并为该短视频添加BGM，最后导出制作完成的短视频，其具体操作步骤如下。

① 在“时间轴”面板中，框选所有视频素材，单击鼠标右键，在弹出的快捷菜单中选择“取消链接”命令。

② 框选A1轨道上的所有音频素材，单击鼠标右键，在弹出的快捷菜单中，选择“清除”命令，删除短视频原声。删除原声后的“时间轴”面板如图6-82所示。

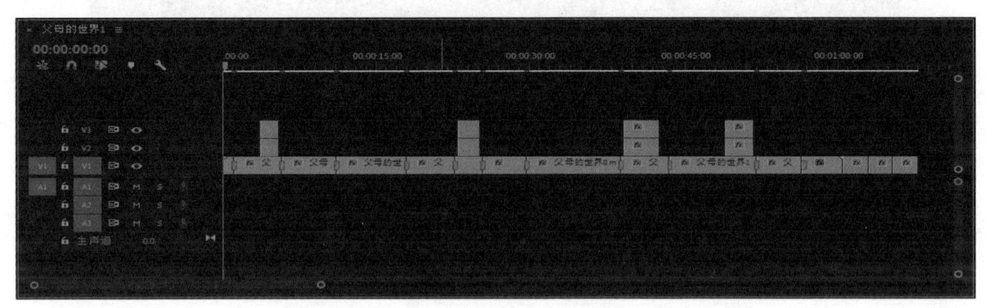

图6-82　删除原声后的“时间轴”面板

③ 选择【文件】/【导入】菜单命令，打开“导入”对话框，选择“父母的世界”音频文件（配套资源：\素材文件\第6章\父母的世界\父母的世界.aac），单击“打开”按钮，如图6-83所示。添加BGM后的“时间轴”面板如图6-84所示。

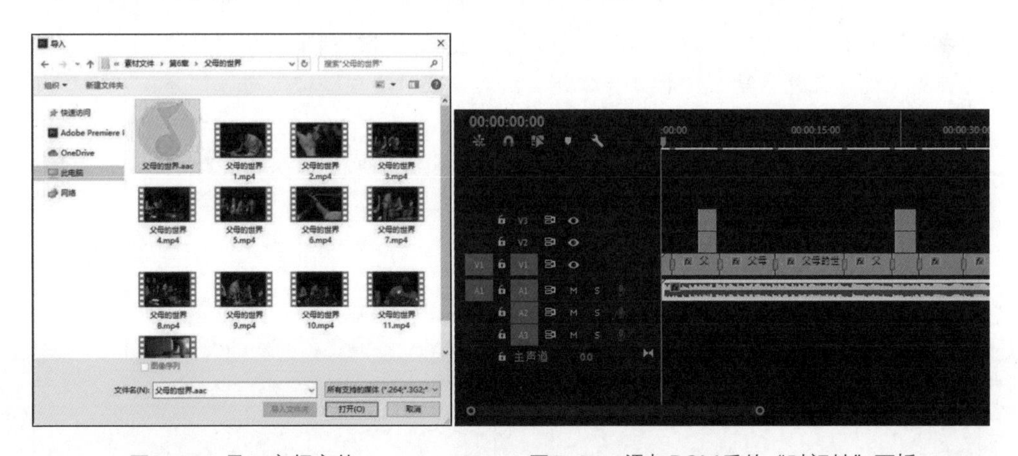

图6-83　导入音频文件　　　　图6-84　添加BGM后的“时间轴”面板

④ 选择【文件】/【导出】/【媒体】菜单命令，打开“导出设置”对话框，在右侧的“导出设置”栏的“格式”下拉列表中选择“AVI”选项，单击选中下方的“使用最高渲染质量”复选框，如图6-85所示，单击“导出”按钮。

⑤ 待Premiere渲染短视频完毕，即可完成短视频的导出操作（配套资源：\效果文件\第6章\父母的世界.avi）。

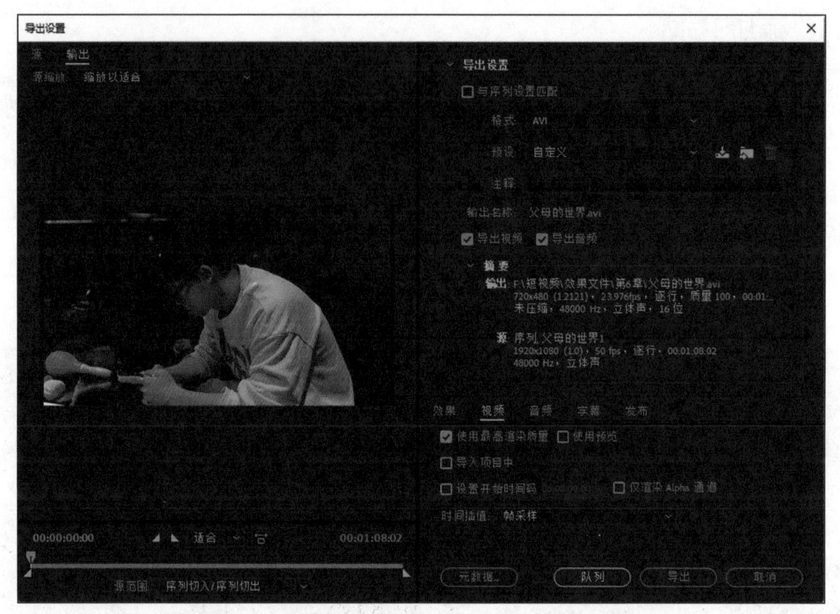

图6-85　导出设置

12. 发布短视频

整条短视频的制作完成后，就可以发布在合适的平台上。这里选择发布在哔哩哔哩，其具体操作步骤如下。

① 登录哔哩哔哩网站，在首页单击右上角的“投稿”按钮，打开“创作中心”页面，单击“上传视频”按钮，在“打开”对话框中选择“父母的世界”视频文件，单击“打开”按钮，然后设置“类型”“标题”“分区”“标签”等基本信息，如图6-86所示。

② 单击“立即投稿”按钮，稿件将进入审核流程，审核完毕后，即会在账号动态栏中展示。

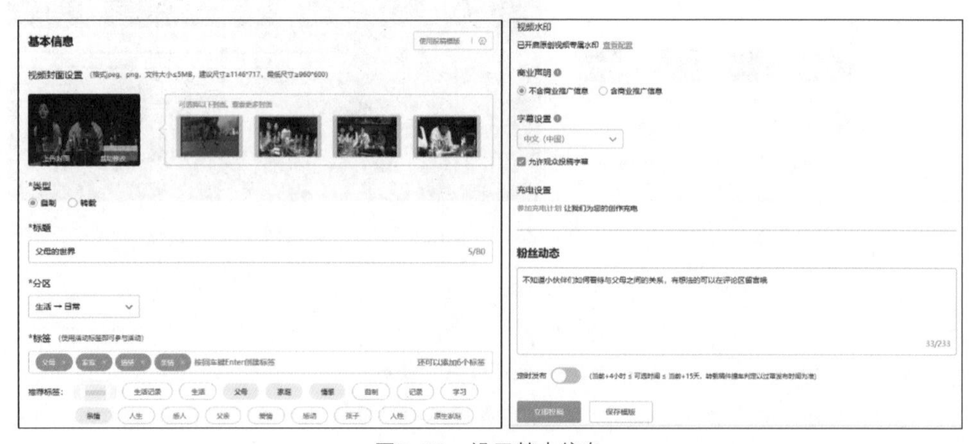

图6-86　设置基本信息

6.3 抖音短视频

抖音是当前热门的短视频平台，很多短视频创作者在该平台上发布作品，其中不乏优秀的短视频。要想提高短视频的创作能力，就需要分析这些优秀的短视频，取长补短。

6.3.1 萌宠类短视频《邻家护士》

《邻家护士》是萌宠类短视频，讲述了猫主人生病发烧后，萌宠“奶糕”为帮助主人治病做出的一系列努力的故事。该短视频整体使用暖色调，画面柔和、温暖，为用户呈现了萌宠——“奶糕”照顾生病主人的故事。

1. 脚本分析

《邻家护士》可分为两部分。第一部分为“奶糕”发现主人生病发烧，为主人降温的情节，为后续“奶糕”学习书本知识的情节做铺垫；第二部分为“奶糕”从书本上学习医学知识并治疗主人的过程，紧扣短视频主题，突显出了“奶糕”的聪明。

第一部分从“奶糕”发现主人有异样开始，“奶糕”先用自己的猫爪试探了主人的额头温度，然后找出了温度计，为主人量了体温，如图6-87所示，发现主人发烧了。于是，“奶糕”希望用冰给主人降温，并用伊丽莎白圈（防止宠物舔毛的用品）在主人头部周围放满冰，如图6-88所示，但并不起作用。这部分内容塑造了一个有一定智商但缺乏正确知识的宠物形象，为后续情节奠定了基础。

图6-87　“奶糕”为主人量体温

图6-88　“奶糕”给主人降温

第二部分从“奶糕”气馁地躺在地上开始，然后，“奶糕”看到了书架上的一本名为《如何成为好医生》的书，拿下来认真学习，如图6-89所示，并跟着书上的指导，先端正了自己的“着装”，然后为主人进行了基础护理，为主人冲泡营养食物，确定用药量等，如图6-90所示。这部分内容具体表现了猫咪是如何一步步学会照顾主人的，丰富了“奶糕”的形象，也与短视频主题、账号定位相契合。

图6-89 “奶糕”学习书本知识

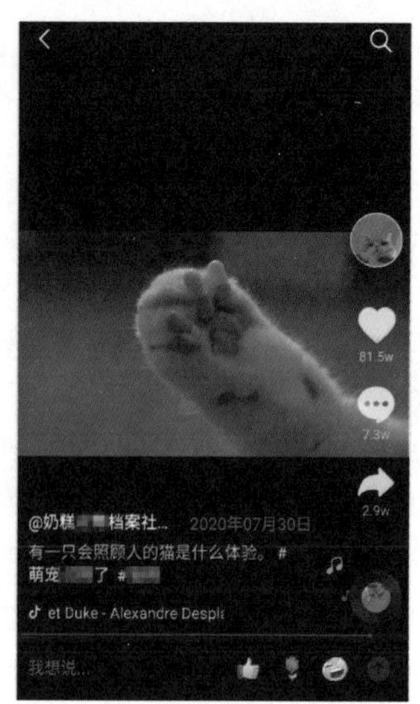

图6-90 “奶糕”确认用药量

2. 拍摄手法分析

《邻家护士》是一个温暖、有趣、有想法的短视频，采用了全景、中景、近景、特写景别，以及固定镜头、移镜头、拉镜头。

第一部分就采用了全景、中景、近景和特写景别，以及固定镜头，拍摄了“奶糕”确认主人生病并想办法为主人降温的情景，塑造了一个想照顾人却力不从心的猫咪形象。

第二部分采用了中景、特写景别和移镜头，拍摄了“奶糕”整理护士服的画面；采用了拉镜头，拍摄了“奶糕”听诊主人的画面，塑造了一个勤奋好学的猫咪形象，增强了故事的情节性，更容易吸引用户的注意。

3. 剪辑手法分析

《邻家护士》按时间顺序讲述了猫咪是如何自学照顾主人的，主要采用了动作剪辑，通过“奶糕”不同动作的衔接保证短视频的自然和流畅。

《邻家护士》利用心理内容的相似性进行转场，通过“奶糕”的一系列行为引起用户的好奇，促使用户对“奶糕”下一步会做出什么举动产生联想，引出后续情节，一步步推动故事发展，加强了短视频的情节性、故事性。

《邻家护士》使用了节奏感较强、比较欢乐的音乐，以及抒情、感性的音乐作为BGM，与“奶糕”调皮、活泼的形象契合，有助于猫咪的形象塑造，并加强了短视频的节奏感。

↘ 6.3.2 实训：创作搞笑类短视频《老板》

在快节奏的生活中，能在短时间内娱乐用户的搞笑类短视频获得了众多用户的喜爱。而在众多短视频分类中，搞笑类短视频一直占据着十分重要的位置。本实训要求以“老板”为主题，拍摄一个带有反转情节的搞笑类短视频，并发布到抖音平台上。

1. 组建短视频团队

拍摄该短视频可以组建一个中型团队，共6人，由导演、主角、配角、摄像和剪辑等成员组成。主角和配角的角色分工如下。

- **主角：**主角是短视频内容的主要演员，该短视频中有男主角一名。
- **配角：**配角是短视频内容的次要演员，该短视频中配角为男主角的保镖，有2人。

2. 撰写短视频脚本

撰写短视频脚本，需要明确短视频的内容主题。本实训题目为“老板”，且要求拍摄搞笑类短视频，因此，可以拍摄一个普通人假扮“老板”的故事。完成后的分镜头脚本如表6-3所示。

表6-3　《老板》分镜头脚本

镜号	景别	拍摄方式	画面内容	台词	音效和BGM	时长
1	全景	正面拍摄，固定镜头	男1从酒店门口走出来，男2、男3分别站在两边问好	男2、男3：老板，早上好	轻松的BGM	4s
2	中景	侧面拍摄，固定镜头	男2对老板说	男2：老板，寻宝的马总和腾飞的马总今天都预约好了要见您，您想先见谁?	轻松的BGM	5s
3	全景	正面拍摄，固定镜头	男1淡定地决定	男1：那就先见小马吧	轻松的BGM	4s
4	中景	正面拍摄，固定镜头	男3帮男1穿上西装	—	展现气势的音乐《上海滩》BGM	6s
5	近景	侧面拍摄，固定镜头	男1帅气地戴上墨镜	—	展现气势的音乐	7s
6	特写	俯拍，固定镜头	男1掰下两颗玉米粒	—	展现气势的音乐	5s
7	特写	正面拍摄，固定镜头	男1仔细地对着镜子把玉米贴到耳朵上当耳钉	—	展现气势的音乐	5s
8	特写	俯拍，固定镜头	男1将手表戴好（表上写着“黄金劳力士”5个字）	—	强调性音效	7s

续表

镜号	景别	拍摄方式	画面内容	台词	音效和BGM	时长
9	全景	侧面拍摄，固定镜头	男3问男1坐什么车出行	男3：老板，今天开劳斯莱斯还是兰博基尼 男1：开我收藏的82年的那个古董车	—	7s
10	中景转全景	侧面拍摄，推镜头	男3把自行车推过来，男1点头骑上车走了	男3：老板，车来了	反转音效	10s

3. 准备拍摄器材

该短视频的场景集中在酒店门口，使用相机拍摄，另外还准备了稳定器和滑轨。

- **相机**：型号为松下DC-GH5SGK-K微单相机，镜头为松下标准变焦12-35mm F2.8二代镜头。
- **稳定器**：采用智云Crane云鹤3 LAB单反图传稳定器。
- **滑轨**：至品创造Micro2单反相机滑轨。

4. 设置场景和准备道具

接下来根据短视频脚本设置场景和准备道具。

- **场景**：该短视频中的场景为酒店门口。
- **道具**：道具包括西装外套、镜子、玉米、自行车等。

5. 现场布光

本短视频的场景集中在酒店门口，根据室外光照强度选择顺光拍摄即可，无须刻意布光。

6. 设置拍摄参数

在拍摄短视频前，设置相机的拍摄参数，主要设置快门、对焦、分辨率等，并关闭闪光灯，如图6-91所示。

7. 拍摄视频素材

根据撰写的短视频脚本拍摄短视频，拍摄与脚本内容相对应的视频素材。另外，拍摄过程中注意景别的变化和镜头的运用，主要运用突出拍摄主体的构图方式，图6-92所示为拍摄的视频素材。

图6-91　设置拍摄参数

图6-92 拍摄的视频素材

8. 导入和裁剪视频素材

首先将素材文件导入Premiere中，裁剪并删除多余的视频画面，然后为短视频画面设置转场效果，其具体操作步骤如下。

① 在Premiere中新建项目，导入需要剪辑的视频素材（配套资源：\素材文件\第6章\老板\）到“项目”面板中，拖动“老板1.MOV”到“时间轴”面板中。

② 在“节目”面板中预览视频素材，选择剃刀工具，单击时间线为“00:00:04:13”的位置，分割视频素材，选中不需要的视频素材，单击鼠标右键，在弹出的快捷菜单中选择“清除”命令，删除该段视频素材，完成后的“时间轴”面板如图6-93所示。

③ 依次拖动“老板2.MOV”“老板3.MOV”“老板4.MOV”“老板5.MOV”“老板6.MOV”“老板7.MOV”到“时间轴”面板中，将时间线定位到“00:00:38:01”的位置，选择剃刀工具分割“老板7.MOV”视频素材，并删除后一段视频素材。完成后的“时间轴”面板如图6-94所示。

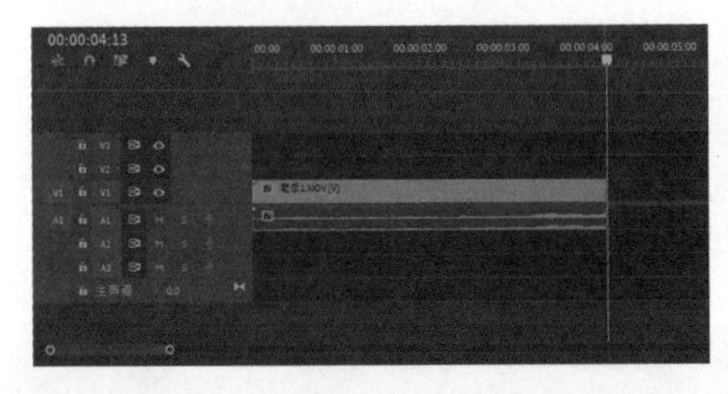

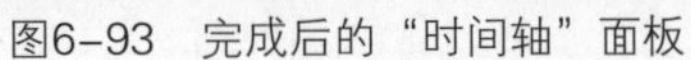

图6-93 完成后的“时间轴”面板

图6-94 完成后的“时间轴”面板

④ 拖动“老板8.MOV”到“老板7.MOV”后，定位时间线为“00:00:39:27”的位置，选择剃刀工具分割“老板8.MOV”视频素材，删除不需要的前一段视频素材，调整“老板8.MOV”的位置。完成后的“时间轴”面板如图6-95所示。

⑤ 使用同样的方法裁剪剩下的视频素材。其中，“老板9.MOV”的分割位置为“00:00:49:34”，“老板10.MOV”的分割位置分别为“00:00:50:13”和“00:00:56:32”。完成后的“时间轴”面板如图6-96所示。

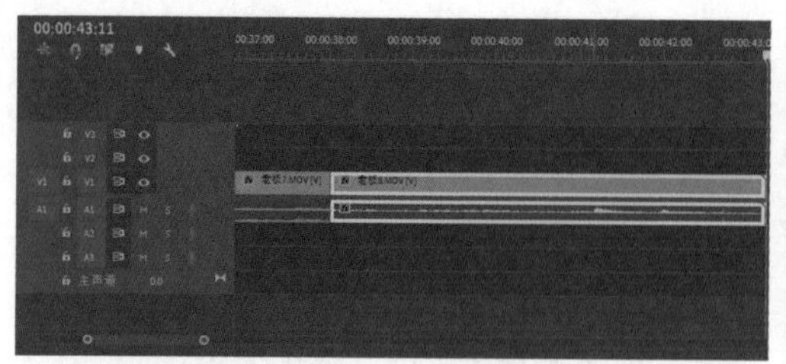
图6-95 完成后的“时间轴”面板

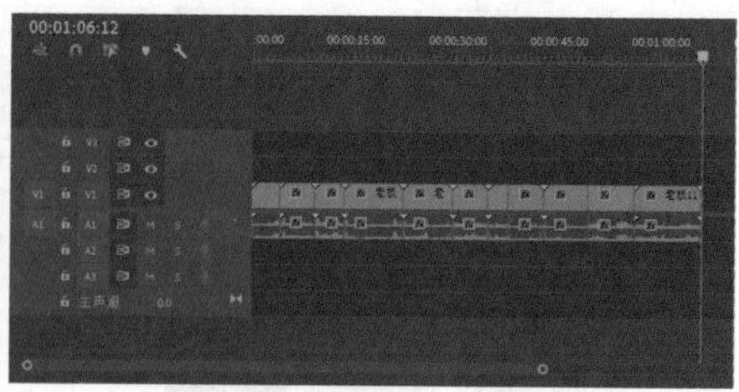
图6-96 完成后的“时间轴”面板

⑥ 在“老板1.MOV”和“老板2.MOV”之间、“老板4.MOV”和“老板5.MOV”之间、“老板6.MOV”和“老板7.MOV”之间、“老板8.MOV”和“老板9.MOV”之间、“老板9.MOV”和“老板10.MOV”之间添加“黑场过渡”转场；在“老板2.MOV”和“老板3.MOV”之间、“老板5.MOV”和“老板6.MOV”之间、“老板7.MOV”和“老板8.MOV”之间、“老板10.MOV”和“老板11.MOV”之间添加“翻转”转场；在“老板3.MOV”和“老板4.MOV”之间添加“白场过渡”转场。完成后的“时间轴”面板如图6-97所示。完成导入和裁剪视频素材的操作。

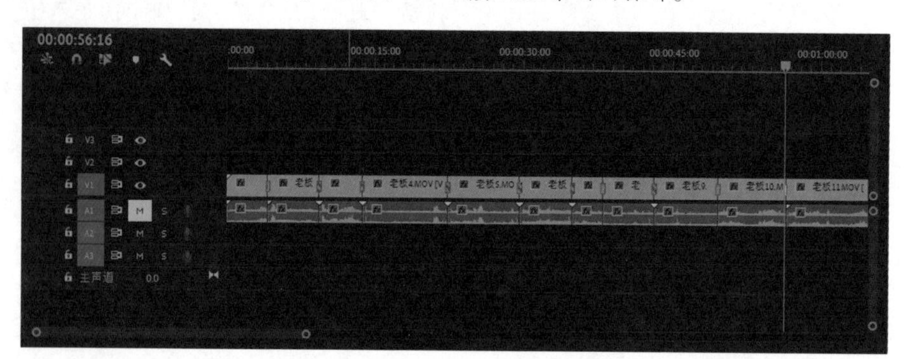
图6-97 完成后的“时间轴”面板

9. 调色

接下来就是为短视频调色。该短视频在室外拍摄，但整体较为昏暗，因此需调亮画面，并根据实际情况调整不同视频素材的画面效果，其具体操作步骤如下。

调色

① 将时间线定位到裁剪完毕的“老板1.MOV”素材片段中，在“效果”面板中展开“Lumetri颜色”选项，在“基本校正”栏的“色调”栏下方调整视频“曝光”“对比度”“高光”“阴影”，其中“曝光”“对比度”“阴影”数值调高，“高光”数值调低，如图6-98所示，色调调整前后的画面效果对比如图6-99所示。

② 依次调整后续素材片段的色调参数，将“老板2.MOV”—“老板10.MOV”的“曝光”“对比度”“阴影”数值调高，“高光”数值调低，将“老板11.MOV”的“曝光”“阴影”数值均调高，“对比度”“高光”数值均调低。图6-100所示为“老板2.MOV”色调参数，图6-101所示为“老板6.MOV”色调参数，图6-102所示为“老板11.MOV”色调参数。

图6-98 调整色调参数

图6-99 色调调整前后的画面效果对比

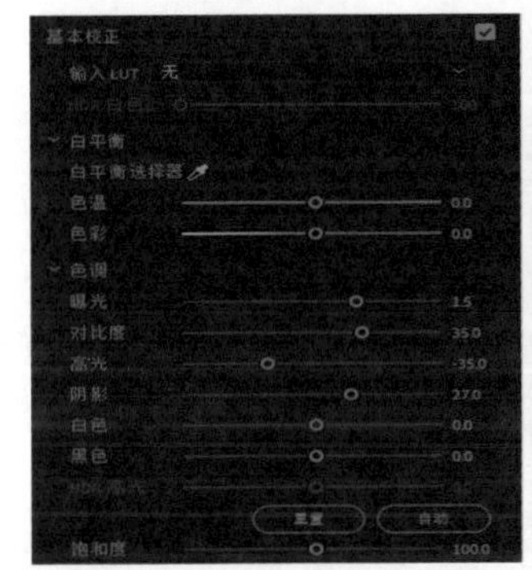

图6-100 “老板2.MOV”色调参数

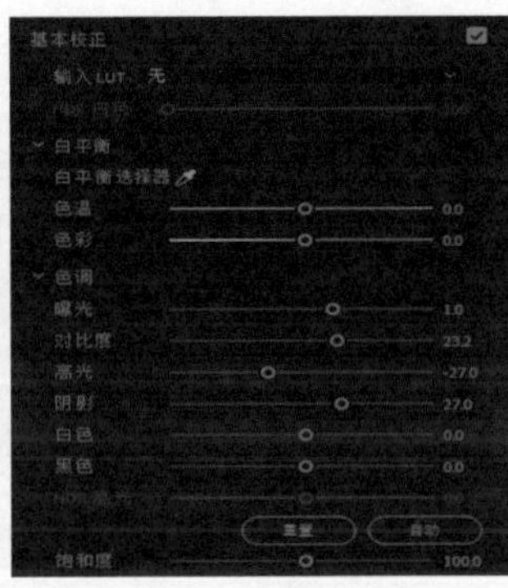

图6-101 “老板6.MOV”色调参数

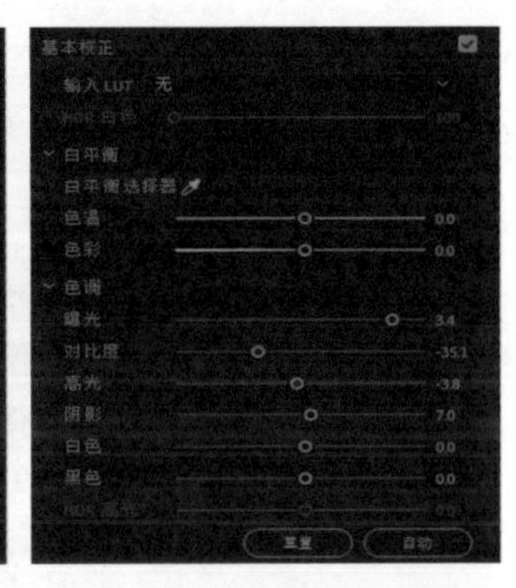

图6-102 “老板11.MOV”色调参数

10. 添加音频素材

该短视频在拍摄时有较多杂音，因此需要删除短视频原声，并为该短视频添加音频素材，其具体操作步骤如下。

① 在“时间轴”面板中，框选所有视频素材，单击鼠标右键，在弹出的快捷菜单中选择“取消链接”命令。框选A1轨道上的所有音频素材，单击鼠标右键，在弹出的快捷菜单中选择“清除”命令，删除短视频原声。

② 选择【文件】/【导入】菜单命令，打开“导入”对话框，选择“入场音乐.mp3”音频文件（配套资源：\素材文件\第6章\老板\入场音乐.mp3），单击“打开”按钮，将“入场音乐.mp3”拖动到“时间轴”面板中A1轨道中，如图6-103所示。

③ 将时间线定位到“00:00:00:49”的位置，选择剃刀工具分割音频文件，删除前一段音频。拖动音频文件到视频开始位置，在时间线为“00:00:13:42”的位置分割音频文件，删除后一段音频。完成后的“时间轴”面板如图6-104所示。

④ 使用同样的方法导入“上海滩.mp3”音频文件（配套资源：\素材文件\第6章\老板\上海滩.mp3），将其拖动到“时间轴”面板中“入场音乐.mp3”后，剪切掉多余的音频。

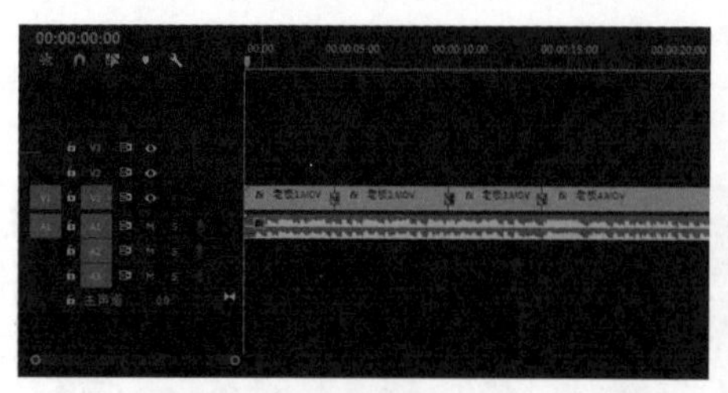

图6-103 “时间轴”面板

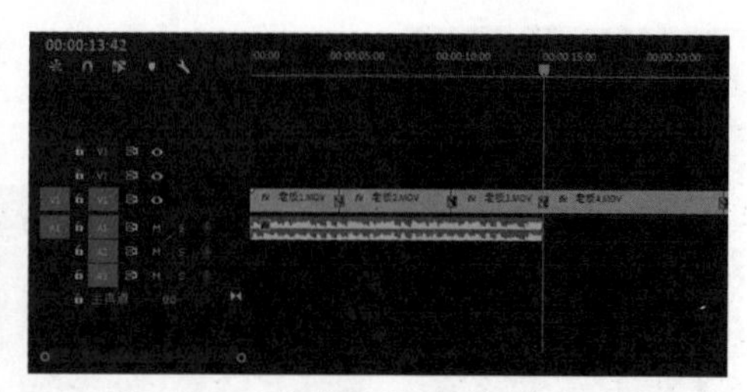

图6-104 完成后的“时间轴”面板

⑤ 使用同样的方法导入“强调性音效.mp3”“反转音效.mp3”音频文件（配套资源：\素材文件\第6章\老板\强调性音效.mp3、反转音效.mp3），分别拖动到“时间轴”面板中A2轨道的“00:00:43:20”和“00:01:00:20”位置，剪切掉多余的音频。完成后的“时间轴”面板如图6-105所示。

⑥ 导入“台词1.m4a”—“台词6.m4a”音频文件（配套资源：\素材文件\第6章\老板\台词1.m4a—台词6.m4a），将“台词1.m4a”拖动到“时间轴”面板中A3轨道的“00:00:00:00”位置，在“00:00:03:41”“00:00:04:41”的位置分割音频素材，并删除空白音频，单击鼠标右键，在弹出的快捷菜单中选择“速度/持续时间”命令，在打开的“剪辑速度/持续时间”对话框中，设置“速度”为“120%”，单击“确定”按钮，移动“台词1.m4a”到“00:00:02:49”的位置。

⑦ 将“台词2.m4a”拖动到“时间轴”面板中A3音频轨道的“00:00:04:13”位置，在“00:00:04:35”的位置剪切音频文件，删除前一段空白音频，将“台词2.m4a”音频文件移动到“00:00:04:25”的位置。将“台词3.m4a”拖动到“台词2.m4a”后的位置。将“台词4.m4a”拖动到“00:00:49:46”的位置，在“00:00:53:00”的位置分割音频素材，并删除后一段多余的音频。将“台词5.m4a”拖动到“台词4.m4a”后的位置。将“台词6.m4a”拖动到“00:00:58:19”的位置，在“00:00:58:45”的位置分割音频素材，并删除前一段多余的音频。完成后的“时间轴”面板如图6-106所示。

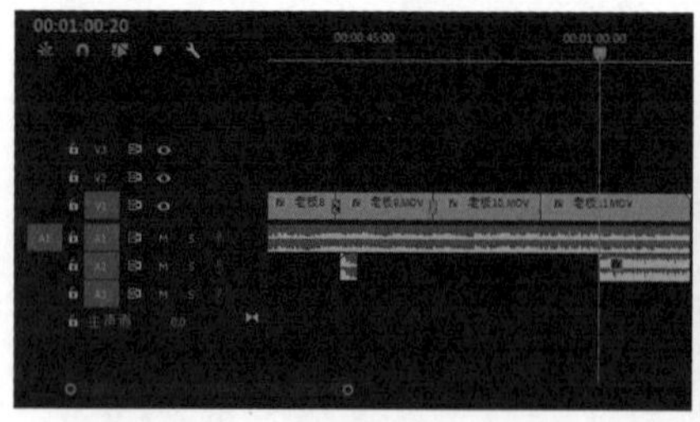

图6-105 完成后的“时间轴”面板

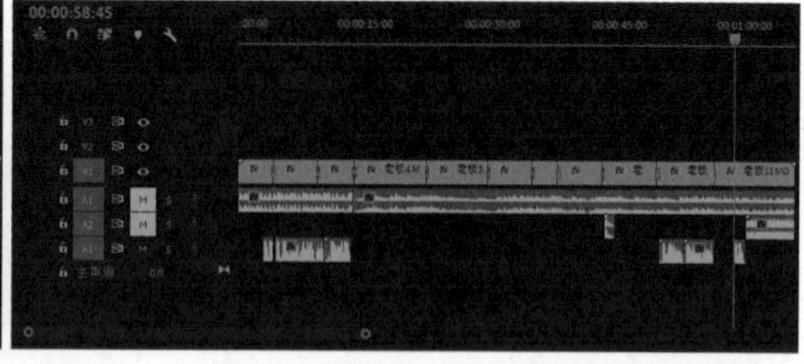

图6-106 完成后的“时间轴”面板

11. 添加字幕

接下来为短视频添加字幕。由于需要输入的字幕不多，这里直接在Premiere中添加字幕文本，最后导出短视频，其具体操作步骤如下。

① 选择文字工具，在时间线为“00:00:02:49”的位置输入“老板，早上好”字幕文本，设置文本参数，如图6-107所示。

② 在“时间轴”面板中将字幕结束时间调整到“00:00:04:06”的位置。选择选择工具，调整字幕在视频画面中的位置，完成后的效果如图6-108所示。

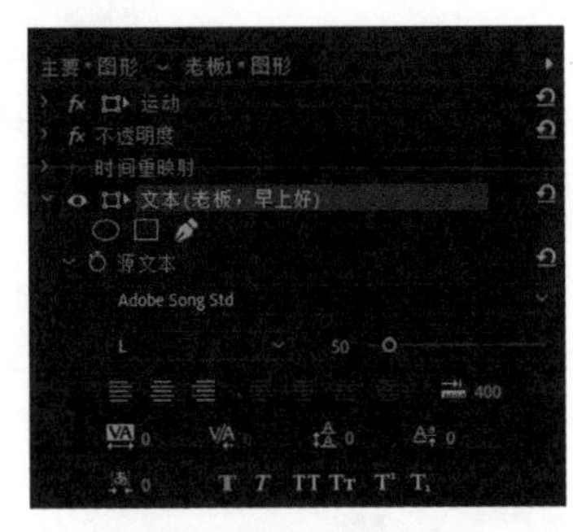

图6-107　设置文本参数

图6-108　完成后的效果

③ 使用同样的方法添加其他字幕文本，并调整字幕文本的持续时间，完成后的“时间轴”面板如图6-109所示。

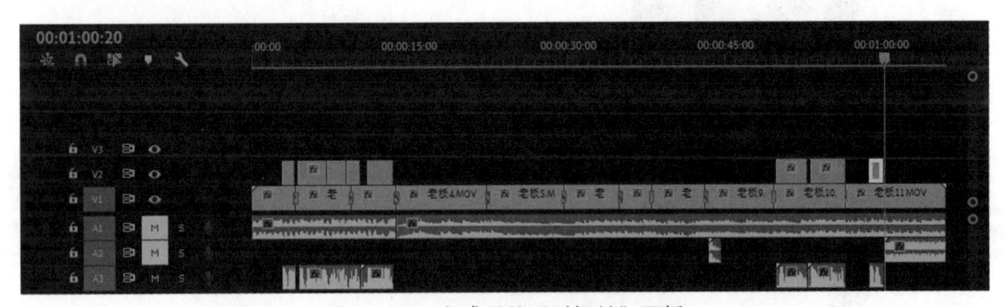

图6-109　完成后的“时间轴”面板

④ 选择【文件】/【导出】/【媒体】菜单命令，打开“导出设置”对话框，在右侧的“导出设置”栏的“格式”下拉列表中选择“H.264”选项，单击选中下方的“使用最高渲染质量”复选框，如图6-110所示。单击“导出”按钮，导出短视频（配套资源：\效果文件\第6章\老板.mp4）。

图6-110　导出设置

12. 发布短视频

整条短视频制作完成后，就可以传送并保存在手机中，选择合适的平台发布，这里选择抖音平台，其具体操作步骤如下。

① 打开抖音App，点击下方“发布”按钮，在打开的页面中点击右下方的“相册”按钮，选择“视频”选项卡，点击选择之前制作的短视频，如图6-111所示，点击“下一步”按钮，在打开的界面中，再次点击“下一步”按钮，再在打开的界面中，点击“下一步”按钮。

② 打开“发布”界面，设置短视频封面，填写相关信息，如图6-112所示，点击“发布”按钮即可发布短视频，发布完成后可在“我”页面中的“作品”选项卡中查看。

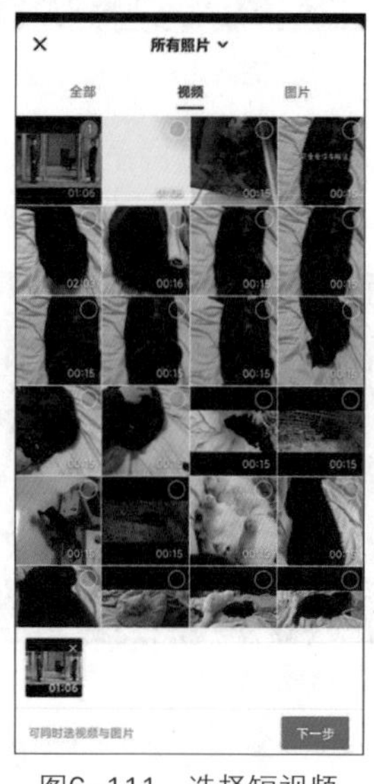

图6-111　选择短视频

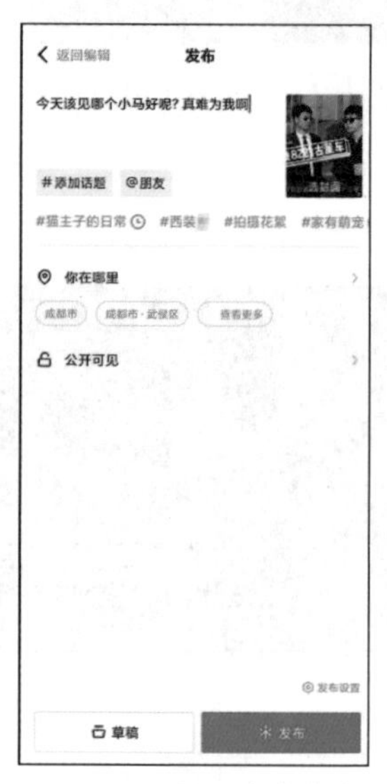

图6-112　设置发布信息

6.4 商品短视频

随着互联网的快速发展，商品短视频这种能生动、形象地展示商品特色的内容表现形式受到了众多短视频创作者的青睐。他们纷纷借助短视频来推广商品。因此，对短视频创作者来说，掌握商品短视频的拍摄也是十分有必要的。

↘ 6.4.1 商品短视频《放肆吃到饱》

作为人们熟知的麦片品牌，王饱饱常出现在各大短视频“达人”的短视频中。2020年11月7日，王饱饱在官方微博发布了一条短视频（以下称《放肆吃到饱》），全方位展现了自身的商品。该短视频节奏明快、画面简约，能充分调动用户的兴趣。

1. 脚本分析

《放肆吃到饱》短视频较为简短，主要拍摄了女主角撕开王饱饱麦片包装，冲泡麦片、装盘麦片，最后与好友分享的过程。

短视频以女主角撕开王饱饱麦片包装开篇，通过向上飞舞的食材展示了不同口味的王饱饱麦片中的用料，如图6-113所示；然后展现了牛奶倒入盛装王饱饱麦片餐具中的画面，展示了王饱饱麦片的一种吃法——冲泡牛奶；再以装在盘子里的王饱饱麦片、水果等的画面，如图6-114所示，展示了王饱饱麦片的另一种吃法——干吃。最后，心情愉悦的女主角一边吃着王饱饱麦片，一边打电话与朋友分享，如图6-115所示，并将自己的感受发布到了互联网上。短视频的最后还展现了旗下所有口味的麦片商品，并打出了自己的宣传标语，如图6-116所示。

图6-113　展示麦片用料

图6-114　装在盘子里的麦片、水果

图6-115　女主角打电话与朋友分享

图6-116　展示所有麦片商品和宣传标语

2. 拍摄手法分析

《放肆吃到饱》以色彩鲜明、具有冲击力的画面，向用户展示了王饱饱麦片的用料、吃法，给用户带来了关于麦片的视觉冲击。该短视频多使用全景、中景、近景和特写景别，以及固定镜头和推镜头。

例如，视频开篇就使用了中景景别和固定镜头，拍摄了女主角撕开王饱饱麦片包装的场景，并通过女主角的眼神、动作，表现了其对王饱饱麦片的期待，引发用户的好奇；采用特写景别和固定镜头，拍摄了空中飞舞的麦片食材，将麦片的用料直观地展示给了用户，给用户带来了视觉冲击；采用全景景别和推镜头，拍摄了所有口味麦片商品的展示场景，加深了用户对商品的印象。

3. 剪辑手法分析

《放肆吃到饱》采用了动作剪辑手法剪辑了与女主角有关的画面，加强了短视频的流畅性；采用了匹配剪辑，剪辑了麦片摆盘的画面，提升了短视频的节奏感。

《放肆吃到饱》既采用了技巧转场，又采用了无技巧转场。其中，技巧转场采用了推和划的手法，如展示不同摆盘的麦片时就用了划的手法，如图6-117所示。无技巧转场多采用空镜头转场和特写转场，如倾倒牛奶时就使用了特写转场，拍摄了倾倒牛奶的特写镜头，如图6-118所示，然后切换到搅拌麦片的镜头。

图6-117　运用了划手法的转场

图6-118　特写镜头画面

《放肆吃到饱》采用了欢快的BGM，突出了王饱饱是能给人带来欢乐的麦片这个主题。整条短视频中，除开篇撕包装的声音和结尾念宣传标语的旁白外，声音只有BGM，加强了短视频的节奏感。

↘ 6.4.2　实训：创作商品短视频《童装》

本实训要求为某品牌童装商品拍摄短视频，以展示童装商品的上身图，包括正面、侧面效果，并结合字幕表现童装商品的卖点。

1. 组建短视频团队

拍摄该短视频可以组建一个中型团队，共4人，由导演、主角、摄像和剪辑等成员组成。该短视频有主角1名，为展示童装商品的小模特。

2. 撰写短视频脚本

撰写短视频脚本，需要明确短视频的内容主题。本实训要求拍摄童装商品短视频。完成后的分镜头脚本如表6-4所示。

表6-4 《童装》分镜头脚本

镜号	景别	拍摄方式	画面内容	字幕	BGM	时长
1	全景	正面拍摄，固定镜头	小模特坐在地毯上	缤纷系列 宝宝的最爱	轻松的BGM	3s
2	中景	侧面拍摄，固定镜头	小模特拍打一旁的童装商品	纯棉纱布 吸汗透气	轻松的BGM	4s
3	中景	正面拍摄，移镜头	小模特的正面上身着装效果及一旁的童装商品	色彩缤纷 款式新颖	轻松的BGM	5s
4	中景	侧面拍摄，移镜头	拍摄模特全身及旁边的童装商品	不含荧光剂 真正的零甲醛	轻松的BGM	5s
5	全景	正面拍摄，移镜头	拍摄小模特与环境的整体效果	宝宝喜欢 妈妈更放心	轻松的BGM	7s

3. 准备拍摄器材

由于该短视频需要全方位展示童装的上身效果，所以使用相机拍摄，另外还准备了稳定器和滑轨。

- **相机**：型号为松下DC-GH5SGK-K微单相机，镜头为松下标准变焦12-35mm F2.8二代镜头。
- **稳定器**：采用智云Crane云鹤3 LAB单反图传稳定器。
- **滑轨**：至品创造Micro2单反相机滑轨。

4. 设置场景和准备道具

接下来设置场景和准备道具。

- **场景**：该短视频的场景为室内。
- **道具**：道具包括地毯、不同颜色的童装商品、玩偶、花篮等。

5. 现场布光

该短视频的场景固定在室内窗边，可以根据室内光照强度选择逆光拍摄，无须刻意布光。

6. 设置拍摄参数

接下来设置相机的拍摄参数，主要设置快门、对焦、分辨率等，并关闭闪光灯。

7. 拍摄视频素材

根据撰写的短视频脚本拍摄短视频，拍摄与脚本内容相对应的视频素材。另外，拍摄过程中注意景别的变化和镜头的运用，主要运用突出拍摄主体的构图方式，图6-119所示为拍摄的视频素材。

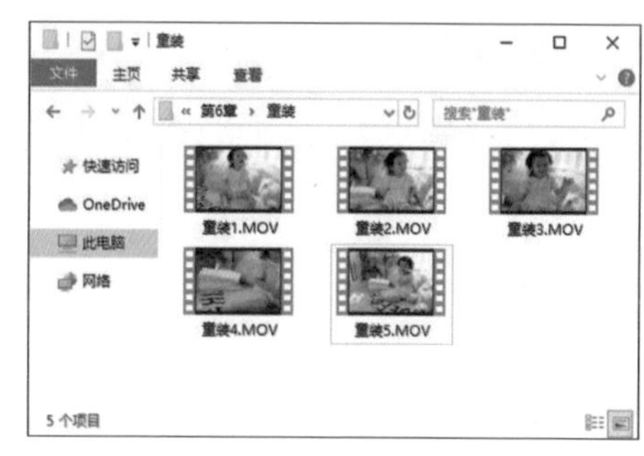

图6-119　拍摄的视频素材

8. 导入和裁剪视频素材

首先将素材文件导入Premiere中，裁剪并删除多余的视频画面，然后为短视频画面设置转场效果，其具体操作步骤如下。

导入和裁剪视频素材

① 在Premiere中新建项目，导入需要剪辑的视频素材（配套资源：\素材文件\第6章\童装\）到“项目”面板中，拖动“童装1.MOV”到“时间轴”面板中。

② 选择剃刀工具，分别在时间线为“00:00:02:40”和“00:00:05:15”的位置分割视频素材，删除前后两段视频素材，移动“童装1.MOV”视频素材至时间线为“00:00:00:00”的位置。完成后的“时间轴”面板如图6-120所示。

③ 拖动“童装2.MOV”—“童装5.MOV”到“时间轴”面板中，使用相同的方法剪切视频素材。其中，“童装2.MOV”的分割点在时间线为“00:00:11:01”和“00:00:15:06”的位置，“童装3.MOV”的分割点在时间线为“00:00:18:41”和“00:00:24:04”的位置，“童装4.MOV”的分割点在时间线为“00:00:25:29”和“00:00:30:44”的位置，“童装5.MOV”的分割点在时间线为“00:00:40:49”和“00:00:48:11”的位置。依次调整视频素材的位置。完成后的“时间轴”面板如图6-121所示。

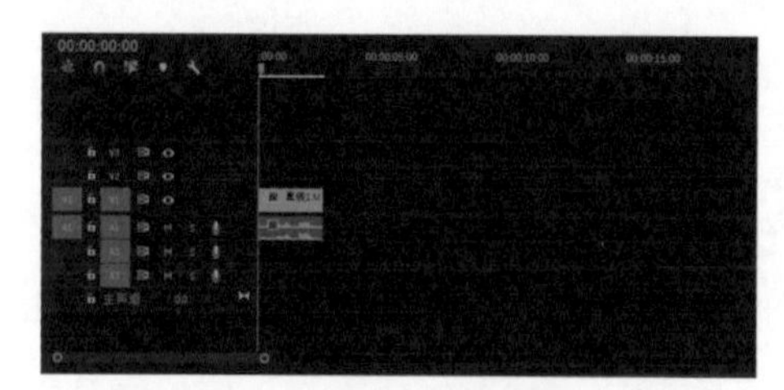

图6-120　完成后的“时间轴”面板

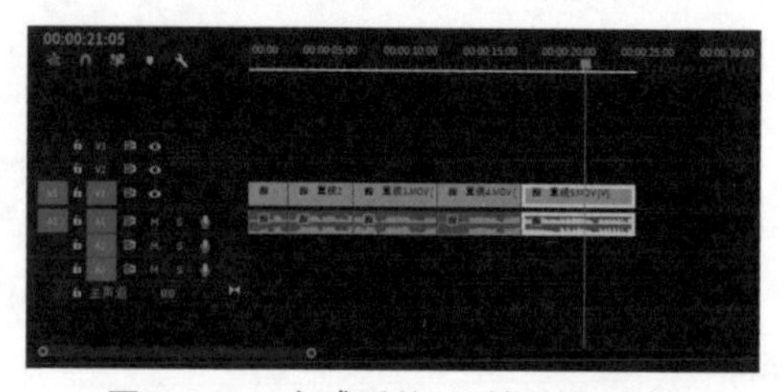

图6-121　完成后的“时间轴”面板

④ 在“童装1.MOV”与“童装2.MOV”之间添加“交叉溶解”转场，在“童装2.MOV”与“童装3.MOV”之间添加“胶片溶解”转场，在“童装3.MOV”与“童装4.MOV”之间添加“径向擦除”转场，在“童装4.MOV”与“童装5.MOV”之间添加“随机擦除”转场。在“效果控件”面板分别调整每个转场效果的出现时间。完成后的“时间轴”面板如图6–122所示。

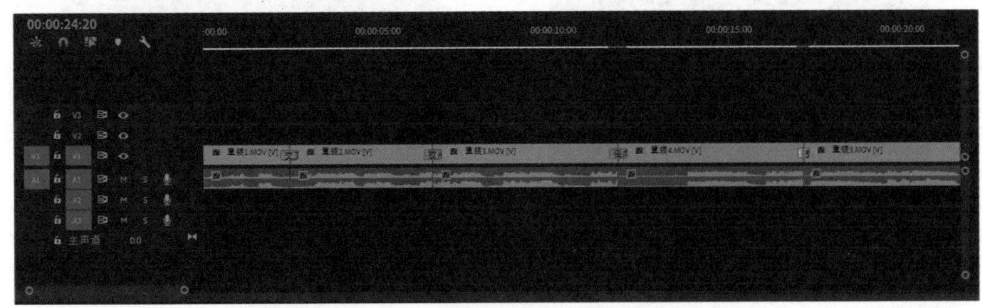

图6–122　完成后的“时间轴”面板

9. 调色

接下来就是为短视频调色。该短视频在室内拍摄，整体效果较为昏暗，因此需调亮画面，并根据实际情况，调整不同视频素材的画面效果，其具体操作步骤如下。

调色

① 将时间线定位到裁剪完毕的“童装1.MOV”素材片段中，在“效果”面板中展开“Lumetri颜色”选项，在“基本校正”栏的“色调”栏下方调整视频“曝光”“对比度”“高光”“阴影”，其中“曝光”“对比度”“阴影”数值调高，“高光”数值调低，如图6–123所示，色调调整前后的画面效果对比如图6–124所示。

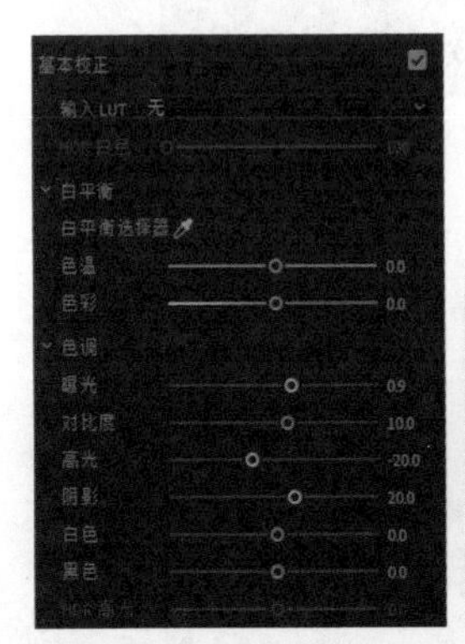

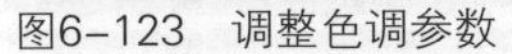

图6–123　调整色调参数

图6–124　色调调整前后的画面效果对比

② 依次调整后续视频素材片段的色调参数，将“童装2.MOV”—“童装5.MOV”的“曝光”“对比度”“阴影”数值调高，“高光”数值调低。图6–125所示为“童装2.MOV”色调参数，图6–126所示为“童装3.MOV”色调参数，图6–127所示为“童装4.MOV”色调参数，图6–128所示为“童装5.MOV”色调参数。

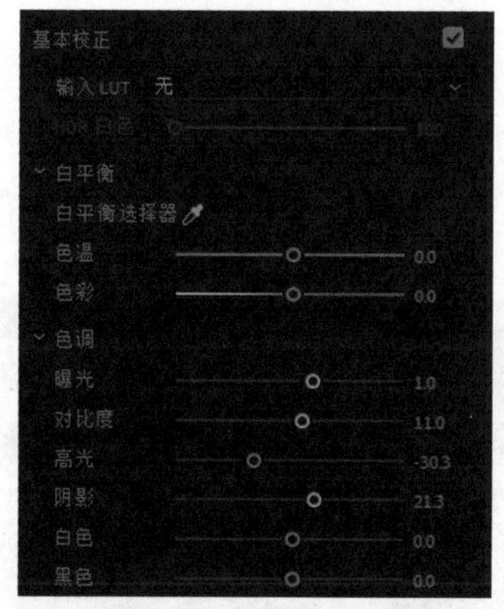

图6-125 “童装2.MOV”色调参数

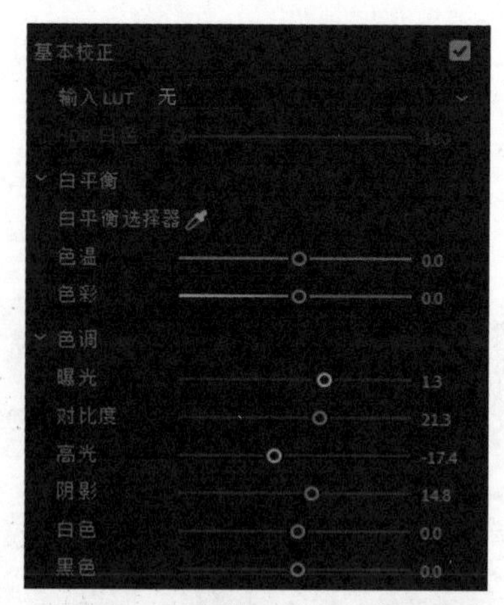

图6-126 “童装3.MOV”色调参数

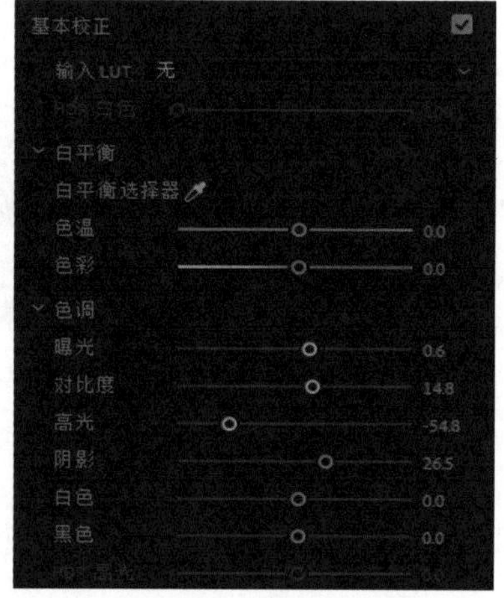

图6-127 “童装4.MOV”色调参数

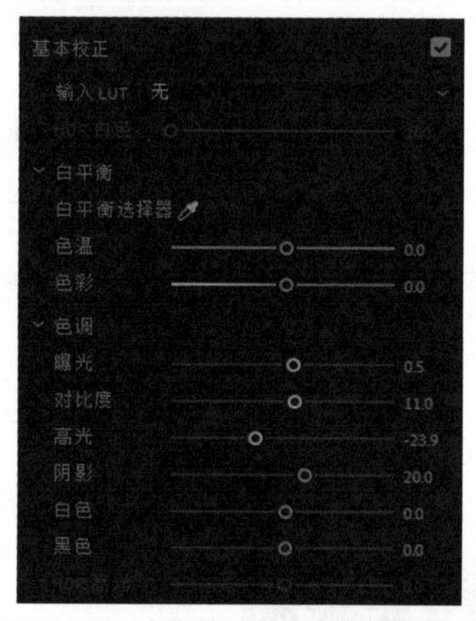

图6-128 “童装5.MOV”色调参数

10. 添加BGM

该短视频在拍摄时，因需要引导小模特做动作，产生了较多杂音。因此在制作商品短视频时就需要删除短视频原声，然后为该短视频添加BGM，其具体操作步骤如下。

添加 BGM

① 在“时间轴”面板中框选所有视频素材，单击鼠标右键，在弹出的快捷菜单中，选择“取消链接”命令。框选A1轨道上的所有音频素材，单击鼠标右键，在弹出的快捷菜单中选择“清除”命令，删除该短视频原声，如图6-129所示。

② 选择【文件】/【导入】菜单命令，打开“导入”对话框，选择“BGM.mp3”音频文件（配套资源：\素材文件\第6章\童装\背景音乐.mp3），单击“打开”按钮，将“背景音乐.mp3”拖动到“时间轴”面板中A1轨道中。

③ 将时间线定位到“00:00:24:20”的位置，选择剃刀工具分割音频文件，删除后一段音频。完成后的“时间轴”面板如图6-130所示。

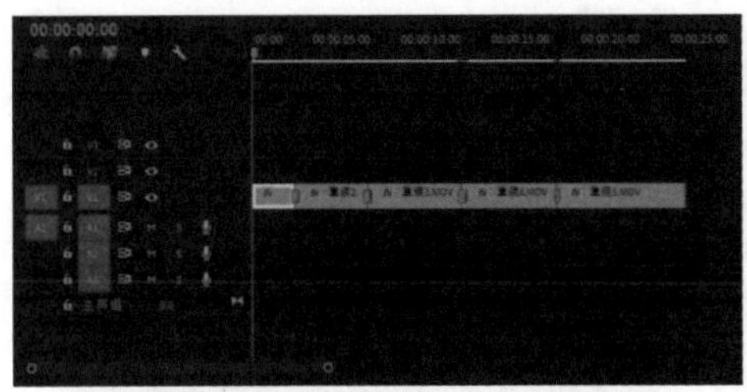

图6-129 删除原声后的“时间轴”面板

图6-130 完成后的“时间轴”面板

11. 添加字幕

接下来为短视频添加字幕，这里使用新建开放式字幕的方式为短视频添加字幕，最后导出短视频文件，其具体操作步骤如下。

① 选择【文件】/【新建】/【字幕】菜单命令，打开“新建字幕”对话框，在“标准”下拉列表中选择“开放式字幕”选项，如图6-131所示，单击“确定”按钮。

② 将“项目”面板中的“开放式字幕”文件拖动到“时间轴”面板V2轨道中，将“开放式字幕”文件的持续时间调整为与整个视频的时间相同。

③ 在“项目”面板中双击“开放式字幕”文件，打开“字幕”面板，在“在此处键入字幕文本”栏中输入“缤纷系列　宝宝的最爱”文本，设置“入点”为“00:00:00:12”，“出点”为“00:00:02:11”，如图6-132所示。

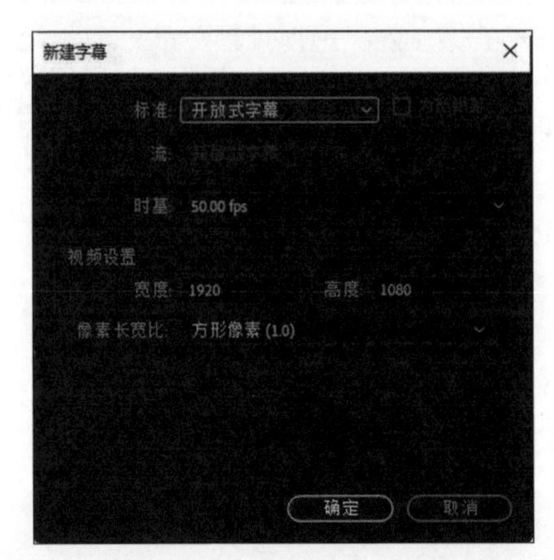

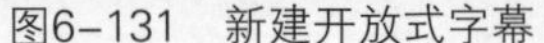

图6-131 新建开放式字幕

图6-132 添加字幕文本

④ 选中文本，设置文本大小为“80”，单击“字幕”面板上方的“加粗”按钮，加粗文本。选中“缤纷系列”文本，单击“背景颜色”按钮，单击“拾色器”按钮，设置“背景颜色”为“#FFFFFF”；单击“文本颜色”按钮，单击“拾色器”按钮，设置“文本颜色”为“#000000”。

⑤ 选中“宝宝的最爱”文本，使用同样的方法，设置“背景颜色”为“#3093F3”，“文本颜色”为“#EDDE46”。在“打开位置字幕块”按钮上单击左下角的位置，调整字幕位置，效果如图6-133所示。

⑥ 在“字幕”面板中，单击右下方的“添加字幕”按钮，添加剩余的字幕文本。其中，前半部分字幕文本格式与“缤纷系列”字幕文本格式相同，后半部分字幕文本格式与“宝宝的最爱”字幕文本格式相同。完成后的“字幕”面板如图6-134所示。

图6-133　字幕效果

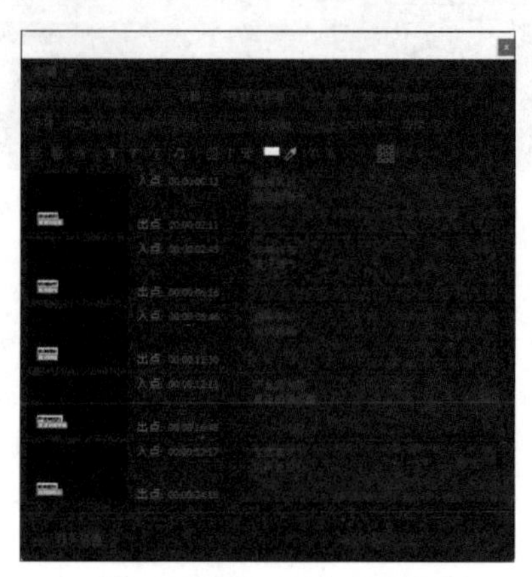

图6-134　完成后的“字幕”面板

⑦ 在“节目”面板中单击“播放”按钮，预览并调整短视频效果，完成后选择【文件】/【导出】/【媒体】菜单命令，打开“导出设置”对话框，设置相关信息，单击“导出”按钮导出短视频（配套资源：\效果文件\第6章\童装.mp4）。

12. 发布短视频

导出短视频后就可以选择合适的平台发布该短视频。商品短视频常发布在电子商务网站、微信、微博平台中，用于展示商品的特点。这里选择微博平台，将短视频传送到手机中，通过网页发布短视频，其具体操作步骤如下。

① 登录网页版微博，在首页上方的文本框中，输入“童装上新，用料安全，多种颜色可供选择”，单击下方“视频”按钮，打开“打开”对话框，选择“童装.mp4”视频，如图6-135所示，单击“打开”按钮，上传短视频。

② 在打开的“上传普通视频”对话框中，设置相关信息，如图6-136所示，单击“完成”按钮，然后单击微博首页文本框右下角的“发布”按钮，即可将短视频发布到微博平台。

图6-135　选择上传的视频

图6-136　设置相关信息

6.5 课后实操——创作短视频《英雄》

英雄在字典上的释义有“才能勇武过人的人”“具有英勇品质的人”“无私忘我、不辞艰险、为人民利益而英勇奋斗、令人敬佩的人”。在现实生活中，英雄有许多种，如危难关头救人于水火、遇到难题挺身而出的人。本实操要求以“英雄”为主题，创作一个与英雄有关的短视频。

1. 组建短视频团队

拍摄该短视频可以组建一个大型团队，由导演、主角、配角、摄像和剪辑等成员组成。主角和配角的角色分工如下。

- **主角：**主角是短视频内容的主要演员，该短视频中有主角2名，一个讲述英雄故事的男孩和一位提问的老师。
- **配角：**配角是短视频内容的次要演员，该短视频中的配角是其他学生，有7～8人。

2. 撰写短视频脚本

撰写短视频脚本，需要明确短视频的内容主题。本实操的拍摄主题为“英雄”，可以拍摄一个关于英雄的故事。完成后的分镜头脚本如表6-5所示。

表6-5　《英雄》分镜头脚本

镜号	景别	拍摄方式	画面内容	台词	音效	时长
1	中景	侧面拍摄，固定镜头	老师在讲台上发问	老师：同学们，你们知道谁是英雄?	感人的BGM	3s
2	中景转近景	正面拍摄，推镜头	衣着朴素的男孩，眼里闪动着光芒，自信地举起了手		感人的BGM	2s
3	中景	侧面拍摄，固定镜头	老师看到了男孩，指着他说	老师：好，这位同学，你说	感人的BGM	2s
4	近景	正面拍摄，固定镜头	男孩脸上写满了自豪	男孩：老师，我父亲是英雄	感人的BGM	2s
5	全景	正面拍摄，固定镜头	同学们在交头接耳，男孩看了看四周		感人的BGM	4s
6	近景	正面拍摄，固定镜头	男孩有些难堪地低下了头		感人的BGM	3s
7	中景	正面拍摄，固定镜头	老师很是诧异，疑惑地问	老师：为什么你父亲是英雄呢	感人的BGM	2s

续表

镜号	景别	拍摄方式	画面内容	台词	音效	时长
8	近景	正面拍摄，固定镜头	男孩鼓起勇气，坚定地发言	男孩：因为我妈说，在我两岁的时候，他在地震中为了救全村的人，去了很远的地方，就再也没回来过	感人的BGM	8s
9	特写转近景	正面拍摄，拉镜头	男孩脸上流露出激动、勇敢的神情，身体坐得笔直		感人的BGM高潮部分	3s
10	黑屏	白字		画外音：岁月静好是因为有人在负重前行，这些人都是——英雄！	感人的BGM高潮部分	6s

3. 准备拍摄器材

本短视频的场景集中在教室内，使用相机拍摄，另外还准备了稳定器和滑轨。

- **相机：** 型号为松下DC-GH5SGK-K微单相机，镜头为松下标准变焦12-35mm F2.8二代镜头。
- **稳定器：** 采用智云Crane云鹤3 LAB单反图传稳定器。
- **滑轨：** 至品创造Micro2单反相机滑轨。

4. 设置场景和准备道具

接下来设置场景和准备道具。

- **场景：** 该短视频中的场景为教室内。
- **道具：** 直接使用教室中原有的物品即可。

5. 现场布光

本短视频的场景多在教室内，可以根据室外光照强度选择顺光拍摄，无须刻意布光。此外，在拍摄时可将教室窗帘全部拉开，增强画面效果。

6. 设置拍摄参数

在拍摄短视频前，设置相机的拍摄参数，主要设置快门、对焦、分辨率等，并关闭闪光灯，如图6-137所示。

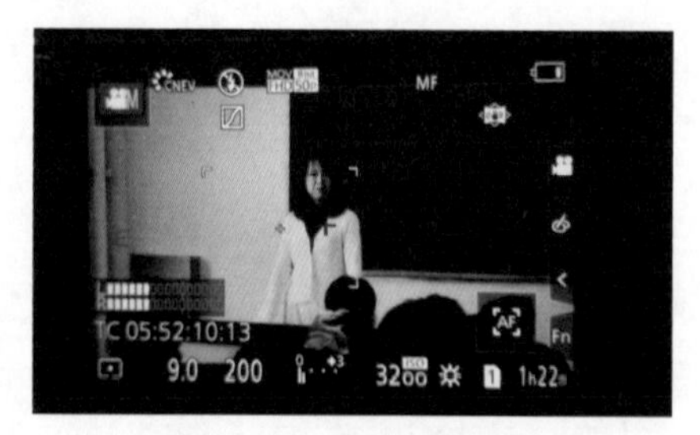

图6-137　设置拍摄参数

7. 拍摄视频素材

根据撰写的短视频脚本拍摄短视频，拍摄与脚本内容相对应的视频素材。另外，拍摄过程中注意景别的变化和镜头的运用，主要运用突出拍摄主体的构图方式，图6-138所示为拍摄的视频素材。

图6–138　拍摄的视频素材

8. 导入和裁剪视频素材

首先将素材文件导入Premiere中，裁剪并删除多余的视频画面，然后为短视频画面设置转场效果，其具体操作步骤如下。

① 在Premiere中新建项目，导入需要剪辑的视频素材（配套资源：\素材文件\第6章\英雄\）到“项目”面板中，依次拖动“英雄1.mp4”—“英雄9.mp4”视频素材到“时间轴”面板中。

② 在“节目”面板中预览视频素材，选择剃刀工具，依次单击时间线为“00:00:02:47”“00:00:06:43”“00:00:08:49”“00:00:15:12”“00:00:18:38”“00:00:21:26”“00:00:24:17”“00:00:26:20”“00:00:28:12”“00:00:30:22”“00:00:38:12”“00:00:41:23”的位置，分割视频素材。选择选择工具，选择并删除“英雄1.mp4”“英雄9.mp4”视频素材的后一段和“英雄4.mp4”视频素材的前一段，保留“英雄3.mp4”“英雄5.mp4”“英雄6.mp4”“英雄7.mp4”“英雄8.mp4”视频素材中间的一段。完成后的“时间轴”面板如图6–139所示。

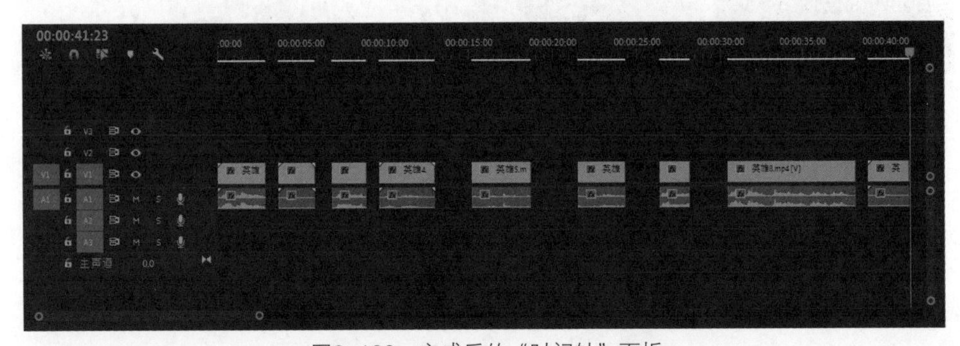

图6–139　完成后的“时间轴”面板

③ 移动“时间轴”面板上视频素材的位置，使视频素材形成故事情节完整的短视频。

④ 在“英雄1.mp4”“英雄2.mp4”之间、“英雄6.mp4”“英雄7.mp4”之间添加“推”转场，在“英雄2.mp4”“英雄3.mp4”之间、“英雄5.mp4”“英雄6.mp4”之间、“英雄7.mp4”“英雄8.mp4”之间添加“交叉缩放”转场，在“英雄3.mp4”“英雄4.mp4”之间、“英雄4.mp4”“英雄5.mp4”之间、“英雄8.mp4”“英雄9.mp4”之间添加“翻页”转场。在“效果控件”面板分别调整每个转场效果的出现时间。完成后的“时间轴”面板如图6–140所示。

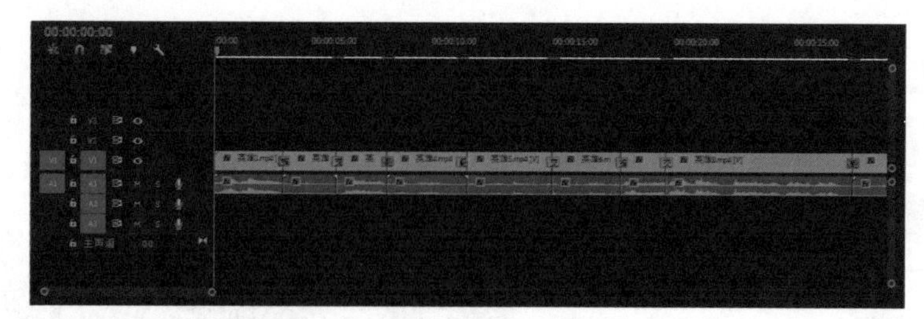

图6-140　完成后的“时间轴”面板

9. 调色

接下来就是为短视频调色。该短视频在室内拍摄，整体效果较为昏暗，因此需调亮画面，并根据实际情况，调整不同视频素材的画面效果，其具体操作步骤如下。

① 将时间线定位到裁剪完毕的“英雄1.mp4”素材片段中，在“效果”面板中展开“Lumetri颜色”选项，在“基本校正”栏的“色调”栏下方调整视频“曝光”“对比度”“高光”“阴影”，其中“曝光”“对比度”“阴影”数值调高，“高光”数值调低，如图6-141所示，色调调整前后的画面效果对比如图6-142所示。

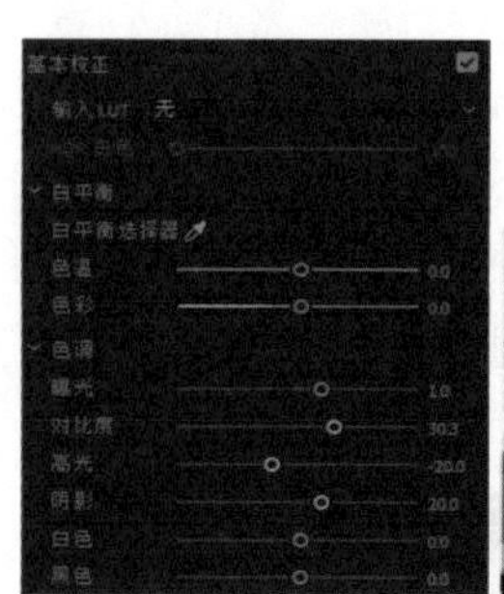

图6-141　调整色调参数

图6-142　色调调整前后的画面效果对比

② 依次调整后续素材片段的色调参数，“英雄2.mp4”“英雄3.mp4”“英雄7.mp4”的“曝光”“对比度”“阴影”数值调高，“高光”数值调低；“英雄4.mp4”的“对比度”“阴影”数值调高，“曝光”“高光”数值调低；“英雄5.mp4”“英雄6.mp4”“英雄8.mp4”“英雄9.mp4”的“曝光”“高光”“阴影”数值调高，“对比度”数值调低。图6-143所示为“英雄4.mp4”的色调参数，图6-144所示为“英雄5.mp4”的色调参数。

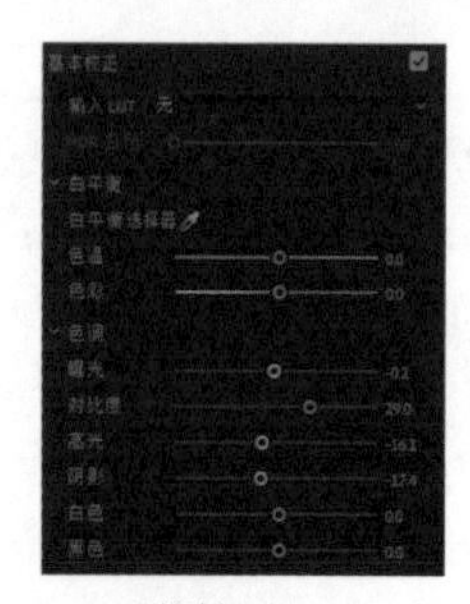

图6-143　“英雄4.mp4”色调参数

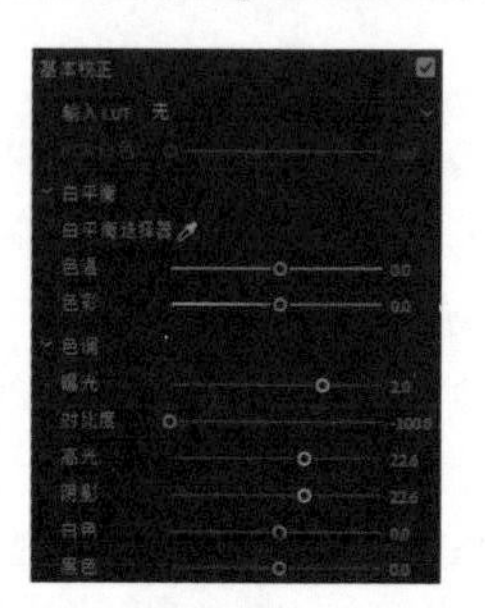

图6-144　“英雄5.mp4”色调参数

10. 添加字幕

接下来为短视频添加字幕，这里使用新建开放式字幕的方式为短视频添加字幕，并使用直接输入文字的方法制作最后一幕的黑屏白字字幕，其具体操作步骤如下。

① 选择【文件】/【新建】/【字幕】菜单命令，打开“新建字幕”对话框，在“标准”下拉列表中选择“开放式字幕”选项，单击“确定”按钮。

② 将“项目”面板中的“开放式字幕”文件拖动到“时间轴”面板V2轨道中，将“开放式字幕”文件的持续时间调整为与整条短视频的时间相同。

③ 在“项目”面板中双击“开放式字幕”文件，打开“字幕”面板，在“在此处键入字幕文本”栏中输入“同学们，你们知道谁是英雄？”，设置“入点”为“00:00:00:00”，“出点”为“00:00:02:34”，如图6-145所示。

④ 选中文本，设置字体大小为“65”，单击“字幕”面板上方的“加粗”按钮，加粗文本；单击“背景颜色”按钮，设置“不透明度”为“0%”；保持“打开位置字幕块”按钮上默认状态，效果如图6-146所示。

图6-145　添加字幕文本

图6-146　字幕效果

⑤ 在“字幕”面板中，单击右下方的“添加字幕”按钮，添加剩余的字幕文本，格式与前面的字幕文本相同。其余字幕的出入点如图6-147所示。

⑥ 将时间线定位到“00:00:29:05”的位置，选择文字工具，在“节目”面板中拖动鼠标指针，创建文本框，在文本框中输入“岁月静好是因为有人在负重前行，这些人都是——英雄！”。在“效果控件”面板中，设置字幕文本格式，如图6-148所示。完成后的效果如图6-149所示。

图6-147　其余字幕的出入点

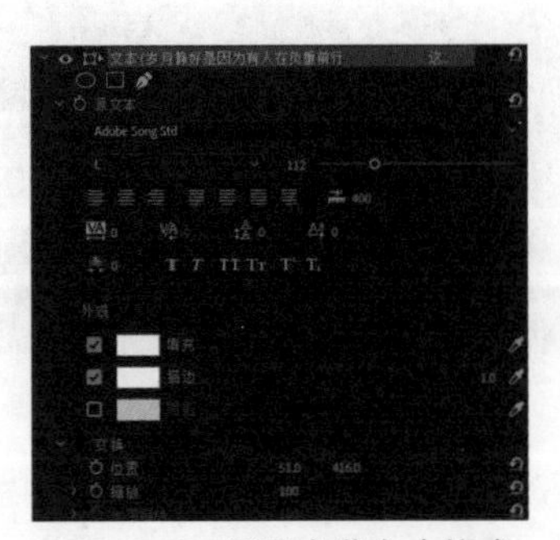

图6-148　设置字幕文本格式

⑦ 在“时间轴”面板中，将字幕文本的结束时间调整到时间线为“00:00:35:27”的位置。完成后的“时间轴”面板如图6-150所示。

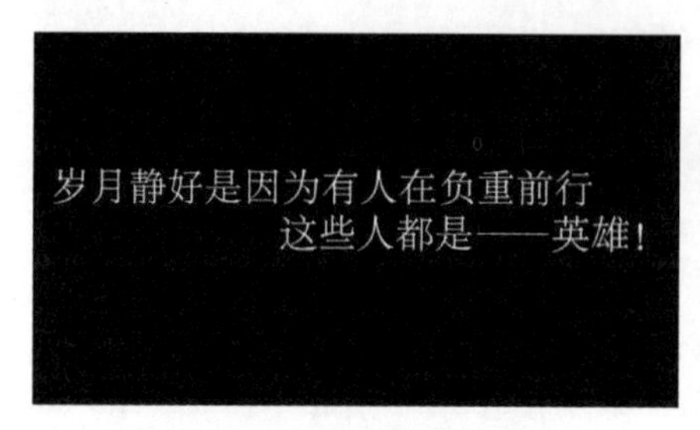

图6-149　完成后的效果

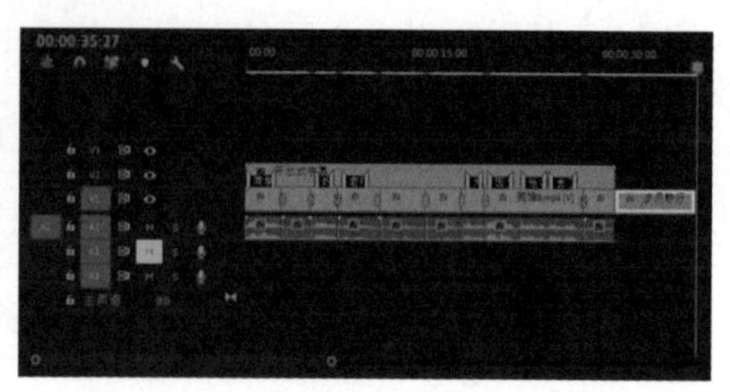

图6-150　完成后的“时间轴”面板

11. 添加音频素材

该短视频在拍摄时，录入了导演喊“开始”的声音，但在剪辑视频素材时，已将这部分杂音剪去，因此，只需添加音频素材，然后调整BGM的音量，最后导出短视频即可，其具体操作步骤如下。

添加音频素材

① 选择【文件】/【导入】菜单命令，打开“导入”对话框，选择“平凡天使.mp3”“英雄.mp3”音频素材（配套资源：\素材文件\第6章\英雄\平凡天使.mp3、英雄.mp3），导入需要的音频文件。

② 将“平凡天使.mp3”拖动到“时间轴”面板中A2轨道中，选择剃刀工具，在时间线为“00:00:39:00”“00:01:14:27”的位置，分割音频素材，删除前后两段不需要的音频素材，移动剩余音频素材至“00:00:00:00”的位置。完成后的“时间轴”面板如图6-151所示。

③ 将“英雄.mp3”拖动到“时间轴”面板中A3轨道中时间线为“00:00:29:05”的位置。

④ 在“节目”面板中单击“播放”按钮，预览完成的短视频，发现BGM声音较大，因此需要调低其音量。在“时间轴”面板中选中“平凡天使.mp3”音频素材，在“效果控件”面板中的“声道音量”栏中，设置“左”“右”均为“-6.0dB”，如图6-152所示。

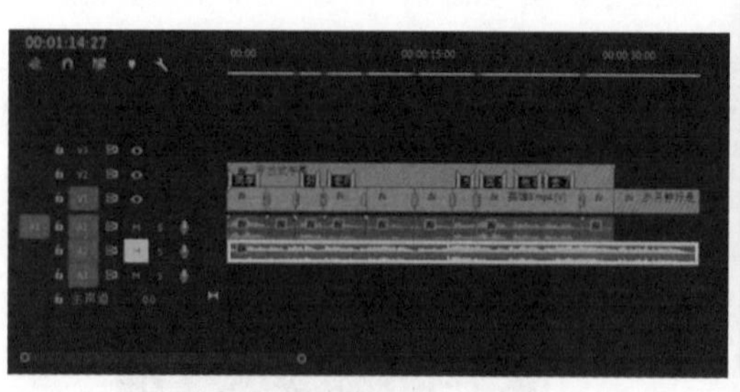

图6-151　完成后的“时间轴”面板

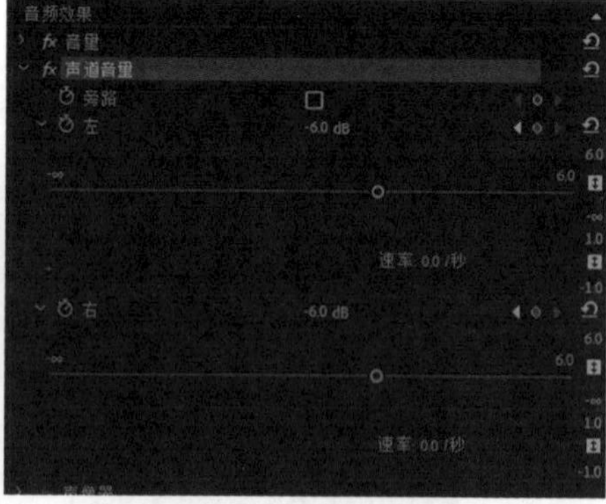

图6-152　设置声道音量

⑤ 选择【文件】/【导出】/【媒体】菜单命令，打开“导出设置”对话框，在右侧“导出设置”栏中的“格式”下拉列表中选择“H.264”选项，在“预设”下拉列表中选

择“匹配源–高比特率”选项，单击“输出名称”后的超链接，在打开的“另存为”对话框中设置储存位置和名称，单击选中下方的“使用最高渲染质量”复选框，如图6–153所示，单击“导出”按钮，导出短视频（配套资源：\效果文件\第6章\英雄.mp4）。

图6–153 导出设置

12. 发布短视频

制作完成后，可将《英雄》短视频传送到手机中，然后选择合适的平台发布，这里选择西瓜视频，其具体操作步骤如下。

① 打开西瓜视频App，点击页面下方的“发布”按钮，在打开的页面中，点击“上传”按钮，在打开的页面中点击选择“英雄.mp4”视频，打开“发布”页面，设置相关信息，如图6–154所示。

② 点击页面上方的“添加封面”按钮，打开“选择封面”页面，滑动视频，选择视频中的某一帧画面作为封面，如图6–155所示。

图6–154 设置相关信息

图6–155 选择视频封面

③ 点击右上角的“去制作”按钮，在打开的“制作封面”页面中，点击“Vlog”选项卡，选择下方“城市街景记录”选项，更改封面上的文字内容，并更改文字对应的样式，如图6-156所示。

④ 点击右上角的“完成”按钮，即可转码视频，并进入审核流程，此时将打开“内容管理”页面，如图6-157所示。审核完成后，用户即可看到该短视频。

图6-156　设置视频封面

图6-157　“内容管理”页面

课后练习

试着根据本章所学的短视频案例分析的相关知识，从网上找一个表现社会正能量的短视频，分析并学习其拍摄手法，然后仿照拍摄一个短视频，要求展示个人积极向上的日常生活。